南京近代教育建筑史研究

王荷池　著

中国建筑工业出版社

图书在版编目（CIP）数据

南京近代教育建筑史研究 / 王荷池著. —北京：
中国建筑工业出版社, 2022.11
ISBN 978-7-112-27554-0

Ⅰ. ①南…　Ⅱ. ①王…　Ⅲ. ①教育建筑－建筑史－南
京－近代　Ⅳ. ①TU244-092

中国版本图书馆CIP数据核字（2022）第109966号

责任编辑：王予芊　李　阳　张　健
责任校对：王　烨

本书全面、深入、系统地研究了南京近代教育建筑、共分为七章，包括第一章　绪论、第二章　南京近代教育建筑的产生背景与发展概略、第三章　1840—1911年的南京近代教育建筑、第四章　1912—1937年的南京近代教育建筑、第五章　1937—1945年的南京近代教育建筑、第六章　1945—1949年的南京近代教育建筑、第七章　南京近代教育建筑的历史成因探讨。

本书适合建筑学专业学生，建筑学研究方向学者，民国史、民国文化、南京文化研究学者以及教育学研究学者和爱好者使用。

南京近代教育建筑史研究
王荷池　著
*
中国建筑工业出版社出版、发行（北京海淀三里河路9号）
各地新华书店、建筑书店经销
北京蓝色目标企划有限公司制版
北京中科印刷有限公司印刷
*
开本：787毫米×1092毫米　1/12　印张：17⅔　字数：357千字
2022年10月第一版　2022年10月第一次印刷
定价：**71.00**元
ISBN 978-7-112-27554-0
（39730）

序　　言

王荷池同志整体花费了将近十年的时间整理这部著作，令人欣喜的是：现在这部著作终于可以面世了。这部著作是她在这十年里，竭尽全力对南京近代时期的教育建筑做的一个全面、深入、系统的研究成果，包括完整的史学研究、对现存的二百余座教育建筑的现场调研、测绘成果等。这是迄今为止关于南京近代教育建筑最为完整的一部著作。

南京近代建筑在中国近代建筑史上有着独特的地位，是中国近代建筑史的缩影。南京不仅是洋务运动的开局之地，也是中华民国的首都。1840 年鸦片战争之后，清政府开展洋务运动，李鸿章等人在南京建造了金陵机器制造局。清政府解除禁教政策后，西方国家的基督教、天主教的传教士也纷纷来到南京来从事传教、办学、开设医院等活动，从此开始了南京西方建筑的传播路线。

众所周知，所谓的近代建筑，主要是指 1840 ~ 1949 年前后（即从第一次鸦片战争起至中华人民共和国成立前后）在中国新建的一批建筑。基于形式与建造逻辑，中国近代建筑受到西方文化及现代化观念影响的、带有现代特点。这类建筑从形式、空间、功能、技术、材料等方面均体现出从传统性向现代性的转变，南京近代教育建筑也毫不例外地存在着这个转变过程。在历史文化的交汇中，教育建筑形成了一种从传统向现代转变的特殊演进形式。其转型规律为：中国封建教育及西方传教式等封闭式、小规模、僵化的教育方式向现代开放式、大众化、系统化和科学化的转型；其转型过程是逐步的，不完整的，在近百年来并未彻底地完成教育的现代性转型，仍为探索期。目前我国现行的从”小学—中学—大学”的教育体制是西方国家的舶来品。教育建筑作为现代教育的载体，是西方教育思想文化在南京的形成、发展的有形实物，是中西教育和文化交融的重要历史见证。作者通过几年的认真努力，由“点—线—面”进行系统性研究，全面梳理了从”幼儿园—小学—中学—大学”的完整教育体系的学校建筑，将其发展特点、发展规律、发展脉络、代表性建筑进行了全景式呈现。尤其是其中列举的几个最具代表性的这个建筑案例，比如金陵大学、金陵女子大学、汇文书院等一批具有代表性的典型案例进行了深入地研究，这些学校建筑有的具有西方大学建筑特色，也有中国传统建筑形式，这些学校的建设，很好地体现了现代教育体制在中国的发展进程。

另外，该著作在史料研究的基础上，在建筑思想方面也做了很好的探索，尤其是探索了教育机制、思想文化在建筑上的一种反应；建筑作为一个物质载体，和教育、社会之间的一种互动。在这个整篇著作里都做了比较详细和彻底的分析。所以，基于交叉学科的视角，从社会学、人类学、建筑学等学科，对这种现象做了翔实的分析和梳理。这是一篇能够填补南京近代建筑史研究空白的一本专著，相信能为当今建筑史的研究提供很好的样板，也能为其他的学者提供很好的史学资料参考。

周琦

2022 年 10 月

前　言

南京素有“天下文枢”“东南第一学”的美誉，教育水平一直位于中国前列，南京城在中国近代史上占据重要的历史地位。因此，以“南京近代教育建筑”为研究对象具有重要的历史意义和代表性。目前针对南京近代教育建筑的研究以个案居多，呈现独立、分散的状态，本书首次全面、深入、系统地研究南京近代教育建筑，以期对当今教育建筑遗产保护提供历史线索，为当今的校园建设提供经验。

本书以史学研究为主，史论分析为辅，史、论结合。在爬梳剔抉国内外大量原始档案、史料的基础上结合实地考察研究，引入社会学、教育学的研究成果进行交叉学科研究，系统地呈现了南京教育建筑的近代化历程，整体梳理了南京近代教育建筑的历史发展脉络，深入剖析其发展特征，并揭示其背后的发展动因。本书通过对南京近代教育建筑发展演变的分析，揭示了近代教育从传统向现代转型的内在过程和发展规律，探讨了近代教育理念的变迁如何影响教育建筑空间的发展。通过翔实的建筑案例分析，深入剖析了南京近代教育建筑的技术特征。

本书研究内容由七章组成。第一章为绪论，明确了研究对象与内容、研究方法与思路，对已有的研究成果进行了综述。第二章为南京近代教育建筑的产生背景与发展概略，对研究分期、分类的缘由进行阐述，提纲挈领地总结了南京近代教育建筑的特征，描述了目前现状。第三至第六章为南京近代教育建筑的历史研究，以南京教育建筑的近代化进程为主线，从纵横两个剖面展开。纵剖面根据南京近代教育建筑的发展特点将1840—1949年划分为四个历史时期，以时间为序梳理南京近代教育建筑的历史发展脉络；横剖面依本土与殖民两条线索，分别探讨了四个历史时期中的本土学校与教会学校的建筑本体特征、校园规划建设特征以及相应的学校建设策略、规章制度等，并总结出各历史时期教育建筑的发展动因。纵横两个剖面的研究形成了南京近代教育建筑阶段性特征的翔实考证与历史发展脉络的全景式呈现。第七章为南京近代教育建筑的历史成因探讨，从社会、政治、经济、文化、教育等方面去认识教育建筑发展的历史逻辑和发展动因，以期论从史出、史论结合。

前言

目　　录

第一章　绪论

第一节　本书研究对象与范围

一、研究对象

本书研究对象为南京近代受西学影响、引入西学教学内容和教学方式的新式学堂（校）的建筑，不包括服务科举考试的旧式教学机构。新式学堂（校）包括南京近代教育史上从蒙养园（幼稚园）至高等学堂（校）的一套完整的学校体系和一系列的新式军事学堂（校）。本书根据办学主体将南京近代学校划分为本土学校和教会学校两类；根据办学层次划分为初、中等学校（含小学校、中学校、中等师范学校、中等职业学校）、高等学校（含专科学校、大学校）。因为中国近代注重军事教育、南京军校众多的特点，将军事学校建筑也列为研究对象。

教育建筑的概念基本等同于学校建筑（School Building），广义的学校建筑是为达成教育目标而设立的教学活动场所，将校舍（Building）、校园（Campus）、运动场（Play grounds）、附属设施（Facilities）加以适当安排，形成一个整体适宜的教育环境，从而实现教育计划。校舍指校内各类建筑物；运动场包括各类球场、田径场等；校园指校舍与运动场所占校地之外的庭园空间；附属设施指各类配合校舍、运动场使其功能更完备的各项附属建筑。狭义的学校建筑仅指校舍。本书既探讨校舍，也在分析校园规划时涉及广义的学校建筑。

二、研究范围

本书研究对象的时间范围是1840—1949年。笔者无意涉及关于中国近代史时间跨度的一些争议，根据南京近代教育自身的发展变化确定教育史分期，因学校建筑与学校是不可分割的整体，当有开办学校的需求时会立即有相应的学校建设，因此以教育史分期确定南京近代教育建筑的分期。其教育史分期主要受教育目标和学制的影响，在不同历史时期，政府颁布了不同的教育目标和学制，以此引导教育业的发展，从而相应地影响了教育建筑的发展。基于此，南京近代教育建筑的发展大致可划分为四个历史分期：1840—1911年晚清时期、1911—1937年北洋政府时期和国民政府时期、1937—1945年日占时期、1945—1949年抗战胜利后时期。

本书将1840年作为南京近代教育建筑的起点。自鸦片战争开始，南京部分书院受西学影响开始改良，教会学校在南京出现。

研究空间主要为南京明城墙内的学校，部分学校在城墙附近或城墙外的汤山、栖霞等地建校，也列入研究范围。

三、相关概念解释

学堂

晚清时期《癸卯学制》将国人办学机构一律称为学堂。教会学校名称不一，但多以书院称之。故本书在第三章将各办学机构统一称之为学堂，不纠结于校名，对应的学堂房屋依照《癸卯学制》的规定称之为堂舍。

学校

民国成立后，《壬子学制》改学堂为学校，国人自办的办学机构称之为某校，教会办学机构也纷纷效仿，改名为某校，此后一直以学校称之。因此本书在后续章节将各办学机构统一称之为学校，对应的学校房屋称之为校舍。

校园

凡是学校教学用地或生活用地的范围，均可称作校园，本书中的校园包含有幼儿园，小学校园，中等学校校园，高等学校校园，军事学校校园。

本土学校

本书中的本土学校是指中国人自办的各级各类新式学堂（校），根据办学层次可分为初、中等学堂（校）、高等学堂（校）、军事学堂（校）等。

教会学校

本书中的教会学校是指西方教会在南京开办的学校，包含天主教会、基督教会开办的初、中等学校和高等学校。

教育制度

教育制度指各级各类教育机构与组织的体系及其管理规则。包含两方面：各级各类教育机构与组织的体系、教育机构与组织体系赖以生存和运行的整套规则，例如各类教育法律、法规、条例等。本书所涉及的教育制度包括政府以学制、规则或法规的形式制定的、在全国范围内推行的、涉及学校房屋设置要求的各种制度规则。本书主要探讨了中国近代最具影响力的四大学制，即1902年颁布的《壬寅学制》、1904年颁布的《癸卯学制》、1912—1913年颁布的《壬子·癸丑学制》及1922年颁布的《壬戌学制》，这四个学制针对国人自办的各级、各类学校的房屋设置要求均提出了详细的规定，有效地指导了学校建设。

第二节　本书研究内容与方法

一、研究内容

本书研究的焦点是近代教育的变迁与教育建筑的空间营造。根据教育建筑与教育业唇齿相依的特点，本书对“近代教育的变迁如何影响教育建筑空间营造”展开研究，将近代教育的转型分为三种方式，分别探讨了这三种教育转型方式所对应的教育建筑空间形式：第一类是中国传统教育建筑向新式学堂的转型（如南京的私塾、书院和学宫改造成适应西学教学的新式学堂）；第二类是教会学校的出现（西方教育建筑的进入及其本土化发展）；第三类是受西学影响国人创办的一系列新式学堂（如洋务学堂、初中高等学校建筑从传统向现代的转型）。三类教育建筑的空间场所与其教育方式是吻合的，近代教育理念直接影响了近代教育建筑的空间形制，“教”与“学”需要什么样的空间，建筑空间设置应与之相配套。

本书的研究内容主要包括历史学和建筑学两项内容，于史学研究层面来讲，需要大量精准客观的一手资料作为研究基础；于建筑学层面来讲，需要大量建筑的原始图纸、测绘资料、历史照片作为研究的客观依据。本书在文献查阅结合实地考察和测绘的基础上，综合运用社会学、教育学、城市规划学等多学科交叉研究，使得建筑史研究不仅见物，也见其背景和人的影响，探讨了南京近代教育建筑“是什么”“为何是”“如何是”等问题。

二、研究方法

1. 文献查阅结合实地考察

本书以史料结合实地考察和测绘的方法进行研究。在广泛搜集史料的基础上，经多方考证鉴别材料的真伪，全面系统地梳理史料，有主有次、合理取舍原始资料，并结合现场考察和实物测绘进行详细研究。

本书对史料的挖掘与探寻力求“珍稀、全面”，深入挖掘一手资料，结合二手资料。历经6年多的史料搜集，查阅了国内外大量档案馆、图书馆和校史馆，如美国耶鲁大学图书馆、哈佛燕京图书馆、中国第一历史档案馆、中国第二历史档案馆、南京市档案馆、南京城建档案馆、南京各历史名校的校史馆等，搜集到了南京近代全部高等学校、重要的初、中等学校、重要军事学校等百余所学校的近300份原始图纸、大量的历史照片、文书档案等，填补了目前国内史料的空白，纠偏了以往的研究成果。

对于现存于南京的近代教育建筑，笔者全部进行了现场考察，并对重要建筑进行测绘。

在史料梳理的过程中，笔者本着“有一分史料说一分话的原则”，结合大量的档案史料，以全景扫描的方式，分类总结出各级各类学校的建设特征。例如借助大量的统计表和分析图，大致厘清了学校数量、学校类型的发展趋势，在南京城的分布状况和发展动态，并总结了各类学校的选址方式、校园规划、建筑形态、建筑功能等方面的特征。笔者采用数据和分析图的方式，以期更加精准、客观、清晰地呈现南京近代教育建筑的特征和发展脉络，从而探索历史发展的内在规律性。

2. 多学科交叉研究

本书引入社会学、教育学、城市规划学的研究成果，对南京近代学校创办的社会背景、推动南京近代教育建筑产生和发展的重要历史事件和历史人物进行了深入的探讨。对近代教育建筑的发展动因、发展脉络、与城市规划的关系进行了揭示。近代新式学校的产生与近代社会变革等重大历史事件和历史人物息息相关：如鸦片战争之后南京出现了西方教会学校，洋务运动带来了洋务学堂，庚子新政期间，废科举、兴学堂，新式学堂渐成体系；再如近代教育建筑的发展受制于近代教育业与建筑业的双重影响，本书在厘清南京教育发展史的基础上，结合南京颁行的城市规划和建设法规，对照各级各类学校的建造实况，详细探讨了教育制度、城市规划、建设法规在南京近代教育建筑的影响力度和实施状况。

3. 比较研究

本书根据南京近代“两种力量、两种办学”并存的实况，将同时期内国人自办的本土学校与西方教会学校在学校数量、空间分布、营建特征等方面进行横向对比研究；将同类型同层次的学校在不同历史时期进行纵向对比研究，以期探寻现象表面的内在联系。

第二章　南京近代教育建筑的产生背景与发展概略

南京近代教育建筑的产生、发展与近代教育业的产生、发展唇齿相依，本章首先以1840年以前中国境内的西方教会学校作为近代教育建筑研究的“序幕”进行简要介绍，其次分析南京近代教育建筑的产生背景，对南京近代教育建筑研究分期、分类的缘由进行阐述，最后总结南京近代教育建筑的特征，描述目前现状。通过本章的论述，解释后续章节南京近代教育建筑历史分期及分类研究的缘由，并对全书起到提纲挈领的作用。

第一节　1840年以前中国境内的教会学校

清朝时传教士最早设立学校的地区是沿海岛屿及少数大陆城市，虽然清政府实行禁教政策，但仍有外国传教士潜入内地秘密传教。基督教会在华创办学校发端于英国传教士马礼逊（Robert Morrison），1818年马礼逊在澳门创办了英华书院（Anglo-Chinese College）[1]，是第一所专门教授华人的初级教会学校。1834年英国传教士古特拉富夫人（Msr Gudieff）在澳门设立女塾[2]，1839年法国天主教会在上海漕宝路设立读经班，后改为民新小学[3]。1839年美国传教士布朗（S.R.Brown）在澳门创设马礼逊学校，1842年该校迁往香港后学校规模扩大[4]。1840年鸦片战争后英国凭借《南京条约》强迫“五口通商”，教会势力迅速发展到内地，学校规模扩大。

1840年以前西方教会在华创办的学校规模较小，校舍简陋，但实行编班授课的新式教学方式，重视科学、算术、地理等新式教育内容[5]，开中国近代新式教育之风，是为近代教育建筑西化的内在动因与影响因素之一。

---

❶ 程方平，刘民 . 中国教育制度沿革 [M]. 长春：吉林人民出版社，1999：429.
❷ 李楚材 . 早期的教会教育 [J]，档案与历史，1987：2.
❸ 刘惠吾 . 上海近代史 [M]. 上海：华东师范大学出版社，1985：248.
❹ 程方平，刘民 . 中国教育制度沿革 [M]. 长春：吉林人民出版社，1999：430.
❺ 程方平，刘民 . 中国教育制度沿革 [M]. 长春：吉林人民出版社，1999：429-430.

第二节　南京近代教育建筑的产生背景

一、晚清时期清政府的教育变革

1840年鸦片战争打破了中国的闭关锁国，一系列不平等条约的签订给人民带来的沉重负担导致内乱迭起，在此内忧外患的背景下，清政府为抵御强敌入侵和继续维持其统治，被迫进行了自上而下的变革，其中教育作为一项重要的改革，被赋予了救亡图存的历史使命，一方面，传统教育体系赖以生存的社会基础发生动摇；另一方面，面对战争的失败，传统教育危机的最根本原因在于无力承担培养人才、富国强兵的重大责任。在此社会背景下，传统教育体系渐趋解体，新式学堂应运而生。

当时教育改革历经洋务兴学—维新兴学—新政兴学，教育改革逐渐深入，学堂数量逐渐增长，尤其是庚子新政后引进日本学制，清政府先后颁布了《壬寅学制》《癸卯学制》以引导学堂建设，1905年科举制度的废除更是促进了新式学堂的发展，至1911年新式教育已成体系。

二、晚清时期南京的教育变革

南京在清政府教育改革的背景下开始开办各类新式学堂。

洋务运动时期，曾国荃、张之洞、刘坤一等封疆大吏皆是洋务运动的倡导者和推动者，在兴办洋务实业的过程中深感人才的缺乏，因此将兴学育才作为洋务新政的急务，在南京积极创办新式学堂，引进西学，为南京近代教育的发展打下了基础。自1890年首创江南水师学堂，后陆续开办了江南陆军学堂、矿物铁路学堂、储才学堂等[1]。戊戌变法时期，在清政府“改书院、兴学堂”的政策下，南京两江总督刘坤一制定江南“设省府县各学堂以植其本，另设农工商等学堂以造其精”的办学目标，筹设各等学堂，将书院改为中小学，计划设立铁路、农务、茶务、蚕桑等实业学堂，广派人员出国游学[2]。庚子新政后，南京先后创办了大、中、小学，农工商各实业学堂、师范学堂、半日学堂、传习所等各类新式学堂百余所，并大力发展军事学校，发展女子教育和学前教育，逐步形成了近代教育体系[3]。

在清政府创办新式学堂的同时，西方教会凭借不平等条约的保护在南京创办教会学堂。自1875年法国天主教会在石鼓路天主教堂内始创小学后，西方教会先后创办了十余所大中小教会学堂。

三、晚清时期南京城市的近代化转型

1899年南京在下关设立金陵关，南京正式开埠[4]。开埠通商后，南京开始城市的近代化转型，一是新建了商埠街，修筑大马路[5]，直接影响了洋务学堂的选址。下关开埠后，洋务学堂集中在下关并沿大马路设置。二是中西文化与科学技术的交流，也促进了城市交通的发展，在1904—1911年，沪宁铁路和津浦铁路先后建成，开通了南京与上海、天津的陆地交通，在南京市内，将已建成的下关至碑亭巷的马路延伸至贡院、通济门，同时又建造了三牌楼至陆军学堂、大行宫至西华门、内桥至升平桥的三条马路。1908年建造了下关至中正街（今白下路）全长7.3km的市内铁路。1912年政府主动开放浦口通商。三是西风东渐已成潮流，新式学堂迅速发展，部分学校出现“洋楼”，南京城市的近代化转型直接促进了新式学堂的发展。

---

❶ 南京市地方志编纂委员会．南京教育志（上册）[M]. 北京：方志出版社，1998：8-9.

❷ 徐传德．南京教育史 [M]. 北京：商务印书馆，2006：169-171.

❸ 徐传德．南京教育史 [M]. 北京：商务印书馆，2006：175.

❹ 王云骏．民国南京城市社会管理 [M]. 南京：江苏古籍出版社，2001：11.

❺ 大马路位于南京市鼓楼区下关，南北走向，北到江边，南接商埠街，长616m，宽11m，1895年（清光绪二十一年）由时任两江总督的张之洞下令修筑，1907年拓宽。由于大马路毗邻商埠码头，是通往南京城内的主要干道，带动了经济的繁荣，中国近代许多重大的历史事件和重要的开埠通商活动都发生在这里。大马路曾是南京市最繁华的地段。

第三节　南京近代教育建筑的发展概略及现状

一、南京近代教育建筑发展分期

学校建筑是学校不可分割的要素，当有开办学校的需求时才有相应的学校建设，虽然教育建筑也受到当时建筑业发展的影响，但是教育业的发展才是影响教育建筑发展的主要因素。

近代中国一直视教育为改变社会落后的有力工具，政府将教育作为一项重要事业开展，办学意向、教育目标与当时的政府直接相关，政府均颁布相应的学制作为最高准则来引导学校建设，不同时期政府的办学意向、教育目标、学制等直接决定了各时期教育建筑的特点，本书将其分为四个时期。

1. 晚清时期（1840—1911 年）

南京时称江宁府，自鸦片战争后，随着西学的传入和经世致用思潮在南京的传播，部分书院开始改良，在教学内容上增加自然科学等西学内容，辟建相应的科学实验室。本书将 1840 年作为南京近代教育建筑的起点。随后清政府开展的洋务运动带来了一系列洋务学堂的开办，庚子新政后清政府确定“忠君、尊孔、尚公、尚武、尚实”的教育目标，颁布《壬寅・癸卯学制》引导学堂建设。在此教育目标和学制引导下，南京教育并未完全摆脱传统教育的影响，相应的教育建筑特征为新旧并存。

2. 民国前期及南京国民政府时期（1912—1937 年）

中华民国成立后，改江宁府为南京市，南京临时政府教育部废除“忠君、尊孔”，颁布《壬子・癸丑学制》，教育建筑随之变化，旧学祭孔场所消失。北洋政府时期南京教育建筑继续发展，《壬戌学制》使近代教育改革定型，教会学校也趁乱扩张。南京国民政府时期政府大力推行教育，在《首都计划》及相应的建筑法规、政策引导下，学校建设由教育部门与建设部门共同定夺，历经“黄金十年”的稳步发展，该时期学校数量达至历史顶峰，相应地学校建设亦全面兴盛。

3. 日占时期（1937—1945 年）

日本侵华战争摧毁了南京大量教育建筑，大多数学校内迁，该时期的日伪政权不可能投入过多的精力与经费进行学校建设，教育建筑以修缮为主，同时出现了少数日本人开办的学校。

4. 抗战胜利后国民政府迁都南京时期（1945—1949 年）

抗战胜利后内迁的学校迁回南京复校，抗战期间在大后方建立的部分学校也随国民政府迁至南京办学，政府为解决大量师生的教学与生活问题，开始了原校舍的修缮和新一轮的学校建设，在“迅速复校”的指导思想下，学校建筑修缮与新建并存，以经济实用为主。

二、南京近代教育建筑分类

根据中国近代历史的社会背景，南京近代教育建筑一直有着“两种力量、两种办学”并存的特点，这两类学校因为办学主体、教育目标、建校方式不同，其教育建筑的特点也不同，因此，本书依据外来与本土两条线索，将各历史时期南京近代教育建筑分为本土学校与教会学校分别探讨，再根据办学层次，将本土学校划分为初中等学校、高等学校、军事学校三类，将教会学校划分为初中等学校、高等学校两类，各类型的学校建筑特征明显。

本土学校有一个脱胎于传统书院过渡到近代新式学堂的演变过程，发展轨迹是由最初对传统建筑的沿袭与改造，而后逐步发展到对于西方先进教育建筑类型的接纳和吸收的过程；教会学校因为直接采用西方国家的校园建设模式，学校建筑在功能上不存在演变过程，只是随着规模的扩大而逐步完善。

三、南京近代教育建筑的空间分布

南京近代教育建筑区域分布有以下特点：一是由集中式转向均衡式分布；二是由城墙内发展至城墙外。具体而言，1929 年前，南京除城北下关的几所洋务学堂外，大多数学校集中在南京城中和城南。1929 年后中小学校根据人口密度在全城合理分布，高等学校则依据历史文脉或环境交通因素选址，军事学校位于城东或根据军事演练的需要设置在城墙外。教会学校受传教活动的影响，清末集中在城中及城北鼓楼一带，随着传教范围扩大，在全城皆有分布。

影响南京近代教育建筑区域分布的主要因素如下：

1. 历史、社会、文化因素

清政府推行洋务运动后，受下关开埠的影响，新创办的洋务学堂集中在城北下关，临近大马路设置。

因城南老城区历来繁华，人口稠密，设有江宁府学及各类书院，因此利用旧书院或寺观公所民房改建的新式学堂仍位于城中和城南老城。新建的高等学堂多考虑历史文脉、环境及交通因素，例如规模最大的高等学堂——三江师范学堂，选址于明朝国子监旧址，坐落于风景优美的北极阁下，背倚玄武湖，是为水青木秀宜建学府之地。

2. 人口因素——主要体现于中小学校

晚清学堂集中在城南人口稠密区，中小学之校舍分配得益，按市内人口之情形酌量设置。

3. 教学需要——主要体现于军事学校

南京国民政府时期新建一系列的军事院校，因军事演练需要，需设置大型的军事演练场、打靶场、军事观测塔和相应的营房设施，因此，为配合军事教学需要及不伤害人畜的客观需求，军事学校位于城东或城墙外。例如中央陆军军官学校设在城东明故宫附近，炮兵学校选择于城外汤山，工兵学校位于光华门外。

4. 传教活动——主要体现于教会学校

教会学校主要受传教活动影响，多位于教堂、教会医院附近，共同形成宗教文化圈，扩大教会影响。例如南京的教会中小学、教会大学多邻近教堂、教会医院设置。

5. 土地价格

土地价格是影响学校分布的重要因素，尤其是高等学校需要购买大片土地建造校舍，城北和城西荒凉，地价相对低廉，并且容易买到整片土地。例如金陵大学在城北鼓楼西坡购地2000余亩作为永久校址，随后建设的金陵女子大学则选择鼓楼西南方向的随园陶谷一带作为校址，这些校址位于城北或城西。

四、南京近代教育建筑的特征

1. 学校建筑通常以群体的形式出现

教育建筑区别于其他类型的建筑：不以单幢建筑出现，是由教学、教辅、生活用房及体育活动场所等各种不同使用功能的单体建筑组合成建筑群体，共同构成一个完整的校园。

近代教育建筑最大的特点是“编班授课”，引进了西学教学内容，从中国古代以“智育”为核心的传统教育过渡到“全面发展”为目标的现代教育，其对应的建筑形式也从“分馆授业”“门闱之学”、与传统建筑有着鲜明的“共性”的学宫书院，过渡到建筑功能与建筑形式相对应的学校建筑。

2. 同类型、同层次的教育建筑有着鲜明的共性

在统一的教育目标、教育内容、教育形式下；在统一的教育制度和建筑法规的引导下，同层次、同类型的学校其建筑功能设置相似，所不同的在于建筑形式的选择上或校园规划的手法上，因此，同时期的初、中等学校或高等学校，学校房屋设置基本一致，各学校均设有教学建筑——教室、实验室、科学馆；教辅建筑——办公楼、大礼堂等；生活用房——食堂、宿舍等；运动场所——体育馆、体操场等。中国现代学校中的各主要建筑类型在当时已经基本形成。

3. 南京作为国民政府的首都，有着不同于其他地方城市的教育建筑特色

这种特色主要表现在学校类型之特色上，南京作为国民政府的首都，在国民党“办军队学校才能出军官，有军官才能扩编军队，有军队才能实现一统天下”的指导思想下[1]，为培养效忠“党国”的军事人才，以首都南京为开办军校的主要基地，创立了一批成规模成体系的军事学校，这批选址考究、规模宏伟的军事院校，是南京近代教育建筑区别于其他地方教育建筑的一大特色。

另外，在建筑特色上，南京作为国民政府统治的中心，中外建筑师云集，政府也大力投入资金进行学校建设，教育建筑数量众多，建筑质量较好，设计手

[1] 徐传德.南京教育史[M].北京：商务印书馆，2006：270.

法多样。

4. 南京教育建筑的地域性特征

无论是本土学校和教会学校都体现了建筑的地域性特征，南京因地处南北交汇、东西交错的重要地理位置，这些地域性特征也使得南京的教育建筑中西兼容，校园形态多样化。为适应南京夏热冬冷的气候环境，南京近代教育建筑在设计上也做出了相应的处理。南京夏天炎热，雨水较多，室内易潮湿，多数教育建筑底层抬高，设置通风孔，并在室外散水处做明沟排水。这点从目前保存完好的原国立中央大学、金陵大学、金陵女子大学旧校址建筑群中均有体现。利用外廊或环廊解决遮阳问题，遇雨天时学生可在外廊活动。有些学校为适应南京夏热冬冷气候，在建筑内部设置天井，改善生活环境，例如金陵中学的学生宿舍“口字楼”初期为两幢独立的楼房，后来将四周连接，围合成中间的天井院落，为学生提供舒适的生活环境。

5. 传统教育建筑中“围墙”的延续

无论是本土学校还是教会学校，都以围墙封隔四周，以隔市嚣。中国传统书院四周就有围墙与外界分割，“院者，垣也”，这种围墙的形式直接延续至近代学校中。本土学校多用围墙将校内建筑与周边建筑分隔，教会学校通常在四周筑以围墙，采用西方中世纪修道院的住宿学院制模式，实行封闭管理，配套有食堂、学生宿舍等后勤服务设施，并建有钟楼或礼拜堂等宗教服务用房，目的是创造一个基督教氛围的小天地。

五、南京近代教育建筑的现状

南京近代教育建筑类型齐全，数量众多，中华人民共和国成立后大多数建筑仍作为学校使用。近年来，随着各校老校区的发展和新校区的建设，南京教育建筑遭到重创，除原国立中央大学、金陵大学、金陵女子大学等几所著名的高等学校的旧校址建筑保存完好外，其他教育建筑大多已经拆除，尤其是中小学校建筑损失严重。现存建筑目前多数已列为文物保护对象，截至2017年，南京遗存的近代教育建筑包括以下类型。

1. 洋务学堂建筑

江南水师学堂旧址目前尚存的历史建筑有英籍教官楼1座、长廊4跨、东西四合院式的学员寝室和讲堂5间、半边亭1座、巴洛克式的大门牌坊一座[1]。江南陆师学堂旧址现存的历史建筑有：教学楼1座（现为南京师范大学附中校内的鲁迅纪念室）、德籍教员楼1座、教员楼后的平房一排（位于现中山北路江苏省省级机关管理局内）[2]。

2. 本土中小学建筑

目前尚存的历史建筑有南京市立二中1936年建造的教学楼（现为田家炳高级中学办公楼），原国立中央大学附属中学建造的杜威院和望钟楼（现南京师范大学附属小学校内），国民革命军遗族学校建筑群（现解放军南京军区前线歌舞团）等。

3. 本土大学建筑

目前保存较好的有原国立中央大学旧址，现为东南大学四牌楼校区。此外，原国立中央政治大学校本部尚存大门1座，校分部地政学院尚存教学楼1座。

4. 军事学校建筑

目前保存较好的有原中央陆军军官学校旧址、陆军炮兵学校旧址，现为其他单位使用。

5. 教会中小学建筑

南京近代教会中小学建筑设计考究，但多数学校已经拆除了这些建筑。目前尚存的历史建筑有金陵中学钟楼1座、汇文女子中学教师住宅1座（现为人民中学汇文楼）、育群中学教学楼1座（现为中华中学劳动楼）、道胜中学教学楼、办公楼、教师住宅等历史建筑4座（现为南京市第十二中学约翰·马吉图书馆、道胜楼、尊道楼、益智楼）。

6. 教会大学建筑

目前保存较好的有金陵大学旧址（现为南京大学鼓楼校区）、金陵女子大学旧址（现为南京师范大学随园校区）。此外，金陵神学院旧址尚存教堂1座（百年堂）、传教士住宅1座，现为南京医科大学使用。金陵女子神学院旧址尚存教学主楼1座、办公楼1座，学生宿舍2座，现为艺术金陵产业园使用。

---

[1] 来源于江南水师学堂旧址墙基石简介。

[2] 来源于江南陆师学堂旧址墙基石简介。

上述现存的南京近代教育建筑目前仍在使用，是当今学校建筑的重要组成部分，是学校历史文化的象征，这些历史建筑在当今的校园中仍然扮演着重要的角色。

本章小结

南京近代教育建筑是伴随着近代教育变革而产生的，在“改书院、兴学堂”的教育变革前提下，在南京城市近代化转型的背景下，南京开始了新式学堂的建设。

南京近代教育建筑的发展受当时社会、政治、经济、文化、教育业的发展、建筑业的发展、人为因素等多方面的影响，是逐步近代化的过程，具有鲜明的时代特征和脉络清晰的时间分期属性。南京教育体系齐全，学校类型丰富，其教育建筑与其他城市相比更具有代表性和特殊性，当时创办的一系列成规模、成体系的军事学校形成了南京近代教育特色。在学校选址与空间分布方面，由晚清时期的集中式分布过渡到民国时期根据人口密度均衡分布，随着学校数量的增加，学校建设突破城墙范围，部分学校在城墙外择址新建。南京的近代教育建筑中西兼容，校园形态多样化。为适应南京夏热冬冷的气候环境，在设计上也作了相应的处理。

目前，南京遗存有相当数量的近代教育建筑，有洋务学堂建筑、中小学校建筑、大学建筑等，大多数历史建筑目前仍在各学校中作为教育建筑使用，有些已经被列为文物保护对象，有些在城市发展的过程中被遗忘或拆除，尚需加大保护力度，以期充分利用这些宝贵的建筑资源。

第三章　1840—1911 年的南京近代教育建筑

1840—1911 年是南京近代教育建筑初创期。一方面，在内忧外患的社会背景下，清政府对教育业进行了一系列的变革，创办了一系列的新式学堂，相应的学堂建设也随之开展。洋务学堂开启新式学堂建设之先河，维新变法加快了南京新式学堂建设的步伐，庚子新政后，新政学堂渐成体系，晚清南京的新式学堂建筑奠定了近代教育建筑的基础。另一方面，在一系列不平等条约签订后，西方教会开始在南京创办学堂，移植西方教学体系的同时移植了与之相适应的学堂房屋形制。

本章第一节分析了晚清社会背景，第二节和第三节根据南京近代新式学堂“两种力量、两种办学”并存的特点，将本土学校与教会学校分别讨论后再作对比研究（第四节）。详细论述了晚清时期本土学校与教会学校的建筑本体特征、校园规划建设特征以及相应的学校建设策略、规章制度等，并总结出该时期教育建筑的发展动因。在梳理学校建设史料时，以点线面结合的思路，先对晚清时期的学堂建设实况进行综述，归纳出该时期南京近代教育建筑的类型、学校数量、空间分布、营建特征；再对各类学堂分类研究，结合大量实例针对洋务学堂、维新学堂、新政学堂（初中等学堂、高等学堂、军事学堂）的选址与规划、建筑功能与形态、建筑技术等建筑本体特征和发展动因进行了详细探讨；最后选取典型案例进行深入剖析，通过对该时期国人最早创办的江南水师学堂和教会创办的规模最大的汇文书院进行详细解析，以期全面展现该时期教育建筑的特征。本章是为南京近代教育建筑发展特征研究的第一份样本，也为后续章节的研究提供了基础和参考依据。

第一节　晚清南京的社会背景和学堂建设的关联因素

一、晚清南京的社会背景

清朝时期南京称江宁府，南京城（明城墙内区域）为江宁府的府城，此城为江宁县与上元县共治。1853 年太平天国定都江宁府并改名为天京，1864 年清军攻陷天京后，复改天京为江宁府，仍隶属江南省江宁布政司[1]。

在经济方面，江南历来为富庶之地，南京地处南北交汇、东西交错的重要地理位置，得益于沿

[1] 南京市地方志编纂委员会办公室编．南京简志 [M]. 南京：江苏古籍出版社，1986：4.

江交通的便利，临近近代文明最发达的上海，又为两江总督驻所，经济发展水平在当时处于全国前列，有相对充足的资金进行学堂建设。

在人口方面，1864 年以前南京有人口 20 余万人，1864 年太平天国失败后，人口跌至 3 万人，1911 年缓慢增至 26.7 万人。

在社会风气方面，南京社会风气相对开放，得益于张之洞、刘坤一等热衷办学的封疆大吏，又有张謇、缪荃孙等热心办学的学者，新式学堂建设位于全国前列。

综上所述，沿江便利的交通条件、南京城的近代化转型、相对充足的学堂建设资金，为南京新式学堂的开展提供了有利条件。

二、清政府的教育变革促成新式学堂的开办

两次鸦片战争的失败迫使清政府进行自上而下的变革，其中教育被视为重要改革。在此形势下，南京开始改书院、兴学堂，传统教育体系渐趋解体，新式学堂应运而生。经历了洋务兴学、维新兴学到新政兴学的数次变革，南京的新式学堂从零散的几所洋务学堂逐渐发展至成规模、成体系的新政学堂，1901—1911 年，南京先后创办了大中小学，蒙养院、女学、农工商实业学堂、师范学堂、军事学堂、传习所、半日学堂等各类新式学堂共百余所，逐步形成了蒙养院、初中等学堂、高等学堂一套完善的新式学堂体系[1]。

三、鸦片战争之后西方教会学堂的出现

1840 年鸦片战争之后，清政府被迫解除了一百多年的“禁教”政策，在不平等条约的“保护”下，西方教会在南京创办教会学堂，成为独立于清政府主权之外的另一支办学力量。

南京虽较早定为通商口岸，但因太平天国建都南京，西方教会不敢前来，直至 1875 年，法国天主教会始在石鼓路天主教堂内创办小学，而后西方教会陆续创办了小学、中学，1910 年合并组建了南京的第一所教会大学——金陵大学堂[2]。

南京的教会学校一度领先于国人办学，近代南京最早的幼稚园、小学、中学均肇始于西方教会，教会学校一度成为本土学校的效仿对象。

四、西方建筑文化的传入

在签订《南京条约》后，西方国家的经济与文化开始涌入我国内地。虽然太平天国统治南京的 11 年间一切建筑形式皆袭旧制，但太平天国失败后，1864 年即有法国传教士来南京复建教堂，此后大量建造的教堂、教会学堂、教会医院建筑均为西方建筑形制，西方建筑文化的传入为南京近代新式学堂仿西式形制做出了楷模。此外，洋务派积极主张学习西方科学技术，主张“师夷长技以制夷”，部分洋务学堂参照西方建筑形制进行建造。

至辛亥革命前后，南京的一些官方建筑都相继仿造西式形制，并引以为荣，在这一段时期内几乎形成一股仿洋思潮[3]。

五、主导学堂建设者：清政府官员、西方教会

洋务学堂建设由历任两江总督主导。庚子新政之后，1902 年江宁府设两江学务处为新式学堂教育行政机关，1906 年改设为江宁提学使司，下设学务公所，内分总务、专门、普通、实业、图书、会计等六科，管辖南京城内一切新式学堂的建造[4]，学堂建设的主导者为清政府官员。政府大力兴建的高等学堂多由两江总督亲自主导，初、中等学堂由两江总督督办。

另一支办学力量——教会学校则由西方教会主导建设，不受清政府节制，由教会聘请西方建筑师设计或教会从本国拿来设计图纸进行建造。

南京传统工匠的组织形式是水木作坊，是以木构架为主体的中国传统建筑构造方式与施工工艺相适应而发展起来的，统称“民匠”[5]。随着近代建筑的发展，

---

❶ 徐传德 . 南京教育史 [M]. 北京：商务印书馆，2006：175.

❷ 南京市地方志编纂委员会 . 南京教育志（上册）[M]. 北京：方志出版社，1998.

❸ 刘先觉，张复合，村松伸，等 . 中国近代建筑总览南京篇 [M]. 北京：中国建筑工业出版社，1992：3.

❹ 南京市地方志编纂委员会 . 南京教育志（上册）[M]. 北京：方志出版社，1998：1526.

❺ 季秋 . 中国早期现代建筑师群体：职业建筑师的出现和现代性的表现（1842—1949）——以南京为例［D］. 南京：东南大学建筑学院，2014：35.

南京的营造业逐步建立了新的组织机构，开始采用新的施工技术。1858 年以后，相继出现了协隆、隆泰等由洋行经营的营造厂，开始在南京使用西式建筑技术，原来的陈明记、应美记等水木作也改名为营造厂。至 1911 年南京有营造厂 113 家，能承建三层以下的砖木结构房屋[1]。其中南京著名的陈明记营造厂承建了南京早期大量的教会学校建筑，如明德女中、汇文书院建筑群等[2]。

第二节 划时代的变革——本土新式学堂的创办

一、新式教育目标下的学校建设需求

清朝晚期，教育承担了“救亡图存”的历史使命，一切学堂之设，均在此教育目标下进行。国人创办的新式学堂经历了传统书院局部功能改造—洋务学堂—维新学堂—新政学堂的过程。洋务学堂教育目的为“师夷长技以制夷”，因此学堂类型有军事、技术、外国语学堂三类；维新运动将教育改革深入到制度层面，南京依照清政府要求将大小书院改为新式学堂；新政学堂以“忠君、尊孔、尚公、尚武、尚实”为教育宗旨，南京相应地开办了蒙养园、小学堂、中学堂、中高等农工商实业学堂、初级优级师范学堂、高等学堂、军事学堂。

新的教育内容和教育模式[3]决定了新的建校需求。换言之，学科或教学内容需要什么样的空间，建筑空间的设置应与之相配套。

中国古代传统教育以“智育”为核心，以应付“科举考试”为目标，以“经史子集”等儒学为教育内容，以“个别传授及诵读、写字、作文等死记硬背”为教育方式[4]，其对应的建筑空间是以仪式场所、治学场所、游憩场所构成的书院和学宫。

然而近代洋务学堂以军事、技术、外国语等为主要教学内容，因此学堂房屋的设置须与此相对应，兵操场、西学讲堂、实习工厂、洋教习住宅等新式建筑类型应运而生。

新政学堂在保持旧学读经课程的同时引入了自然科学知识、技能教育、军事教育等新式教学内容，清政府在《癸卯学制》中明确规定了各类学堂的课程内容[5]，南京各学堂照章行事[6]：1902 年官办新式小学增加了格致（自然研究）、图画、手工和农业、商业、体操；1908 年创办的蒙学堂设有修身、字课、习字、读经、史学、体操课程[7]；实业学堂除开设普通学堂上述课程外，另设农工商等专业课程，并设有实习课，设有农事试验场、实习工厂、商业实践室等供学生操作实践；师范学堂完全科开设修身、读经讲经、中国文学、教育学、历史、地理、算术、博物、物理及化学、习字、图画、体操等 12 门课程。女学与男学分开设置[8]，女子师范学堂另设家事、缝纫、手艺、音乐、体操等课程[9]。因此，新式学堂教育内容的改变直接为建筑空间的设置模式提出了要求：各学堂必须设置用于体育运动或军事训练的体（兵）操场；用于中学、西学教学用的讲堂；用于生理化等自然科学的实验室、标本室；服务于各农工商实业学堂的各种专业实习场所等。

---

[1] 刘先觉，张复合，村松伸，等 . 中国近代建筑总览南京篇 [M]. 北京：中国建筑工业出版社，1992：14.

[2] 笔者采访金陵中学校友谢金才、陈明记营造厂厂长陈烈明的后人，根据陈家后人提供的陈明记营造厂早期承建明德女中、汇文书院的原始账本、施工过程记录等原始资料得知。

[3] 教育大辞典对教育模式的解释为：教育模式是在一定社会条件下形成的具体式样，可以解释为某种教育和教学过程的组织方式、反映活动过程的程序和方法。由教育目的、教育体制和教育内容组成的一个宏观控制的连续统一体，是由一定课程观指导下的，课程内容及其进程和安排在时间和空间方面的特定组合方式。

[4] 李兴华 . 民国教育史 [M]. 上海：上海教育出版社，1997：495.

[5] 具体条文详见《奏定初等小学堂章程》《奏定高等小学堂章程》《奏定中学堂章程》《中等农工商实业学堂章程》；舒新城 . 中国近代教育史资料（上册）[M]. 北京：人民教育出版社，1961：392-758.

[6] 南京市地方志编纂委员会 . 南京教育志（上册）[M]. 北京：方志出版社，1998：663-664.

[7] 南京市地方志编纂委员会 . 南京教育志（上册）[M]. 北京：方志出版社，1998：254-255.

[8] 南京市地方志编纂委员会 . 南京教育志（上册）[M]. 北京：方志出版社，1998：242.

[9] 南京市地方志编纂委员会 . 南京教育志（上册）[M]. 北京：方志出版社，1998：917-918.

另外，自洋务学堂开始引进西方的“编班授课”教学方式[1]，也对建筑空间提出了要求：教师既要讲解还要板书，学生既要听讲也要记笔记，这就要求教室的光线和视线能满足听与写等教学需要，新式教室较之传统私塾或书院讲堂内部的昏暗光线环境须能有所改进。

此外，由于晚清“女禁”未开，女学与男学分开设置[2]，必须另外设置女子学堂。

二、清政府制订新式学制引导学堂建设

1. 统一学制之前新式学堂的自主性建设（1840—1895 年）

庚子新政之前，清政府没有统一的教育立法，洋务学堂和维新学堂的建设清政府皆无统一标准。正如陈旭麓先生评价：晚清洋务运动是一场“东一块西一块的进步”，零零碎碎，缺少整体管控。南京的洋务学堂由时任两江总督主导，委托熟悉学堂建设的相关人员进行设计建造[3]。

2. 庚子新政之后清政府统一学制管控（1902—1911 年）

1902 年清政府颁布了《钦定学堂章程》(《壬寅学制》)，但因不够完善未能施行。1904 年清政府又颁布了《奏定学堂章程》(《癸卯学制》以下简称《学制》）并在全国范围推广施行，该学制一直沿用至清朝灭亡，为各类学堂的开办、教学模式、学堂房屋配置提出了统一指导方针[4]。

(1)《癸卯学制》统一学堂的分类与教学模式

《学制》将各办学机构统一名称为“学堂”，并称其房屋设备为“堂舍”[5]。《学制》将学堂分为初等、中等、高等三级。初等学堂含蒙养园、初等小学堂及高等小学堂；中等学堂含普通中学堂、初级或简易师范学堂、中等实业学堂；高等学堂含高等学堂及大学预科、高等实业学堂、优级师范学堂、分科大学等。《学制》针对各学堂的课程设置、教学模式等做出了统一、明确的规定。

(2)《癸卯学制》详定各类学堂的房屋配置要求

《癸卯学制》首先在《学务纲要》中对各类学堂房屋设备提出了总要求，如：宜首先急办师范学堂，各省办理学堂员绅宜先派出洋考察；各学堂一体练习兵式体操，配备体操场；陆军大学堂宜筹建设等。另外，针对从“蒙养园”至“大学堂”的房屋设置进行了明确规定，专列《屋场图书器具章》详细规定各类学堂的建筑类型与功能设置要求（原文详见附录四），各学堂建筑功能大致分为教学、教辅、生活、运动用房四类[6]：

教学用房——通用讲堂、生理化、图画等专用讲堂等。

教辅用房——器具标本储藏室、图书室、礼堂、教职员室、专业实习场所等。

运动场地——体操场（室内室外）等。

生活用房——学生寝室、自习室、教员宿舍、厨厕、食堂、盥洗室、养病所等。

《癸卯学制》主要是针对各学堂的建筑类型与功能设置进行了统一规定，但是各类功能空间如何组织，学堂如何规划布局、建筑形态如何选择，均未给出指导意见，这些“未尽事宜”则需取决于学堂建设者的想法。其实这也是《癸卯学制》的先进之处——抓住了学堂建设的核心问题：确定教育模式，以教育模式决定建筑空间模式，首要问题是解决学堂的使用功能。

---

[1] 1862 年京师同文馆最先开始采用编班授课，南京的洋务学堂已采用编班授课制。李兴华 . 民国教育史 [M]. 上海：上海教育出版社，1997：495-497. 高时良 . 中国近代教育史资料汇编——洋务运动时期教育 [M]. 上海：上海教育出版社，1992：474.

[2] 南京市地方志编纂委员会 . 南京教育志（上册）[M]. 北京：方志出版社，1998：242.

[3] 高时良 . 中国近代教育史资料汇编——洋务运动时期教育 [M]. 上海：上海教育出版社，1992：479.

[4] 学制的制订并非一蹴而就。最早提出“仿照国外、构建学制”的是容宏。之后较早勾画出中国近代学制轮廓的是郑观应，提议“仿西方学制，文武各分大、中、小三等，设于各州县者为小学，设于各府省会者为中学，设于京师者为大学”。戊戌变法期间维新派在京师大学堂开办之初制订了大学堂的第一个章程——《奏议京师大学堂章程》，然而，以清政府名义，在全国范围内正式开始“统一学制”，针对各学堂进行管控则始于庚子新政之后。

[5] 见《奏定学堂章程》具体条文。

[6] 舒新城 . 中国近代教育史资料（上册）[M]. 北京：人民教育出版社，1961：385-683.

同时，因《癸卯学制》统一了各类学堂的功能设置要求，从而使得同层次同类型的学堂其建筑功能具有鲜明的“共性”。

3. 南京建筑管理制度的落后与城市基础设施改良

清政府在南京未设立专门的城市建设管理机构。1840—1853 年，大部分工程事项仍由区域性行政机构“两江总督署”管理，太平天国占领期间（1853—1864 年）没有设立专门管理南京城市规划的机构，1864 年重新划归两江总督署管理直至清朝灭亡[1]。

晚清南京没有营建法规引导城市建设，两江总督署管理期间对学堂建设最有影响的是道路交通的改善，从而影响了学堂的区域分布。1895 年两江总督张之洞主持修建的江宁马路自下关、仪凤门经鼓楼至两江总督署，连通了城北会场与下关及城南老城，清政府还修建了一条穿城小铁路，此后新建学堂大多数沿江宁马路设置，见表 3-1。

4. 教育制度在学堂建设中的实施状况

晚清时期南京各类学堂的建造主要受清政府颁布

教育制度的实施状况（1860—1911 年） 表 3-1

实施时间	教育宗旨	教育制度		颁布者	推行方式	实施状况
		名称	内容			
1862—1895 年	自强求富		洋务学堂		由洋务派发起，两江总督推行	创建了一系列的洋务学堂，主要有军事、技术、语言学堂等
1898 年	变法图存	《明定国是诏》	改武科制度，改书院为兼习中、西学的新式学堂	清政府	光绪皇帝以诏书的形式号令全国施行，令各省督抚地方官员推行	南京的大小书院改为新式学堂，创办了陆军小学堂和中学堂及军事速成学堂
1901—1911 年	忠君、尊孔、尚公、尚武、尚实	《癸卯学制》	《癸卯学制》对各类学堂的房屋设置要求皆有详细规定。 校址校地 中小学宜取往来适中之处，以便学生入学，可以书院、寺观公所改之。 单体建筑 小学以平房为宜。 建筑功能 初中等学堂： 设各类讲堂等教学用房；图书室、礼堂、教职员室等教辅用房；学生寝室、厨厕、食堂等生活用房；体操场等活动场地。 高等学堂与实业学堂：另设专业实习场所。 师范学堂：另设附中、附小。 军事学堂：各省设武学堂，陆军大学堂宜筹设	清政府	清政府颁布，要求全国一体遵循，南京由两江总督推行	南京开办有女学堂、蒙养园、中小学堂、高等学堂、各类实业学堂、军事学堂等。 总体实施效果 各学堂基本按学制要求建设。 校址校地的实际状况 学堂多由书院、祠堂改建而成，集中在城中、城南人口稠密区。 单体建筑的实际状况 中小学堂房屋均为平房，大学堂有少数重点建筑为 2 ～ 3 层的洋楼。 建筑功能的实施状况 大多数学堂房屋简陋，各学堂按学制要求均设有讲堂和体操场，礼堂一般与讲堂合用。高等学堂设有专业实习场所，师范学堂附设中小学堂作为实习场所。庚子新政后，南京开办了陆军中小学堂、各类武备学堂

本表来源：笔者根据《癸卯学制》规定的各类学堂的房屋设置要求，结合南京新式学堂实际建造等史料综合绘制。

[1] 左静楠. 南京近代城市规划与建设研究（1865—1949）[D]. 南京：东南大学建筑学院，2016：25.

的教育制度[1]引导和管控，以自上而下的方式在全国范围内推行，各学堂照章行事，见表 3-1。

三、新式学堂的实际建造状况

1. 办学力量及学堂类型

晚清新式学堂主要由清政府和私人创办。清政府创办的学堂称为官立学堂，私人创办的学堂称为私立学堂。自鸦片战争后至清廷灭亡，南京先后创办了洋务学堂、维新学堂、新政学堂。初中等学堂有官办和私立两类，高等学堂为清政府创办，清廷不允许私人创办大学[2]。

2. 营建特征

官办新式学堂由两江总督及地方官员主持修建，采取先奏准后建造的方式。以南京最早创办的洋务学堂江南水师学堂和规模最大的高等学堂三（两）江师范学堂为例详述如下：首先由时任两江总督向清廷上奏，详细说明创办该学堂的缘由、校址校地的初步选择、学堂建设资金的筹措状况等，获得清廷批准后方可建造。具体建造时，先由两江总督等政府官员择定校址，购买校地，然后托熟悉学堂建设的人进行学校设计，招雇匠人令其各自密开造价，择其价格最低者与之核实后定议，令其如式包造[3]，因此官办学堂从筹建至设计皆由两江总督等清政府官员执行，学堂房屋样式深受清廷官员的影响。私立学堂房屋多用旧房改建而成。

在建造经费方面，官办学堂经费一般由中央和地方政府共同拨款，或由有关地区和部门共同分担经费以及原书院学产收入等。例如 1895 年两江总督张之洞创建江南陆军学堂及铁路专门学堂需开办费、经常费共计白银 6 万余两，由江海关每年划拨 4 万两，镇江海关每年拨 7 千两，尚差 2 万余两由江苏各府州县凑齐。1902 年筹办三（两）江师范学堂其常年经费由江苏藩司每年筹银 4 万余两，安徽、江西两省各按学生额数每名每年协助龙洋 1 百元，再以江宁银圆局铸造铜圆岁获盈余弥补经费之不足。私立学堂经费由创办者筹措，官府适当补贴[4]。

从学堂建筑本体层面上讲，学堂类型从零散到渐成体系，建筑功能受西学影响逐渐演变。具体而言：一是办学数量逐渐增加。起初国人创办的洋务学堂仅有零星几所，随着变革的深入和学制的颁布施行，南京新政学堂发展至百余所，类型齐全，渐成体系。二是在封建社会皇权一统的背景下，清廷颁布教育法令，自上而下在全国范围内推行，针对学堂建设实施管控，各地方官员依照教育法令督造，因此，学堂建筑“共性多、个性少”，同层次、同类型的学堂其房屋设施趋于统一。三是学堂建筑功能受西学影响逐渐发展演变，西方建筑形态传入，部分学堂内出现“洋楼”。虽然晚清大多数学堂由民房寺观公所或书院改造而成，但会根据西学要求进行改造以求适用，出现了适应新学教学用的普通讲堂和生理化专用讲堂、用于学生聚会和行礼庆祝之用的礼堂、图书室、学生宿舍、体操场等，有明显的教学用房、教辅用房、生活用房、体育活动场所之分，但功能混杂布置。此外，在清政府“中体西用”的办学思想下，晚清南京的新式学堂旧学与新学建筑并存，一直保留旧学对应的祭孔场所。

3. 空间分布

洋务学堂集中在下关，沿江宁马路设置。南京开埠与城市基础设施的建设直接影响了洋务学堂的分布。

新政学堂大多数由书院、民房、寺观公所改建而成，集中在城南和城中，受到明初南京城文教建筑布局的影响；新建的新政学堂位于城北鼓楼、北极阁一带，主要从自然环境、历史文脉、交通便利等因素综合考虑；军事学堂位于城东，利用小营、明故宫附近

[1] 教育制度是指各级各类教育机构与组织的体系及其管理规则，包含各种各样的教育法律、规则、条例等。本书所讨论的教育制度主要指《癸卯学制》《壬子学制》《壬戌学制》等三个中国近代最具影响力的学制在学校房屋设置方面的要求。

[2] 徐传德 . 南京教育史 [M]. 北京：商务印书馆，2006：157-189.

[3] 高时良 . 中国近代教育史资料汇编——洋务运动时期教育 [M]. 上海：上海教育出版社，1992：468-471；见沈秉成：江南创设水师学堂工竣开课谨陈筹办情形折（光绪十六年十二月二十日 1891.1.29）.

[4] 南京市地方志编纂委员会 . 南京教育志（下册）[M]. 北京：方志出版社，1998：1575.

的将军署这两处演武厅集中设置，沿袭晚清军事机构在城内的布局，如图 3-1 所示。

四、传统书院的局部改造

1858 年《天津条约》签订后，南京正式定为通商

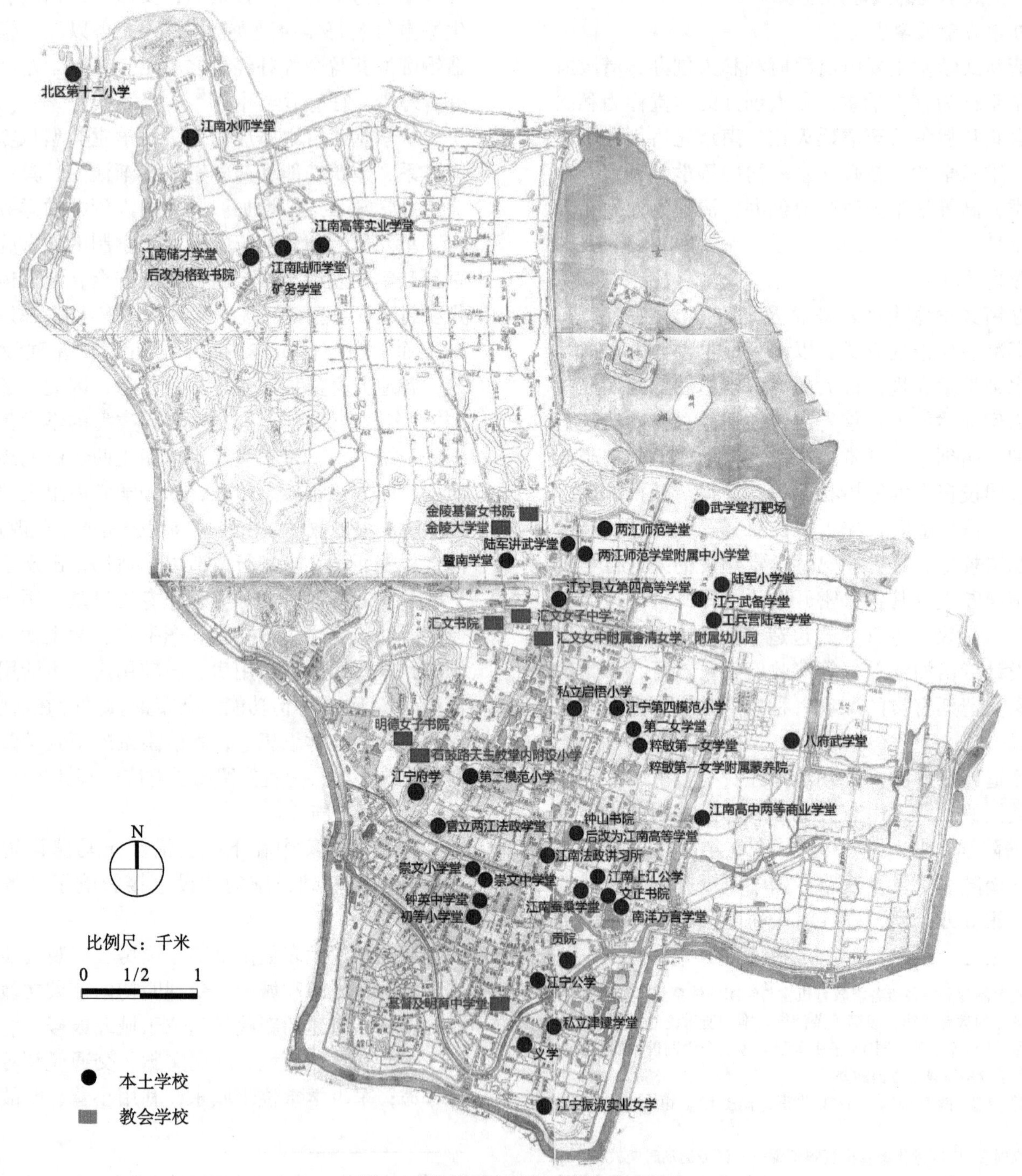

图 3-1　晚清南京的新式学堂分布图

图片来源：笔者自绘，底图来源：1910 年南京地图

口岸。随着西方文化的传入和经世致用思潮的传播，南京部分书院开始改良，在教学内容上增加了光学、电学、化学、汽学、物理、算学、舆地等自然科学内容，因此引发书院建筑空间的改变，通过局部改建、扩添建部分房屋的方式适应新式教学的需求。例如惜阴书院增加了舆论、算术等实用之学；格致书院增加了光学、电学、化学、汽学、物理等自然科学[1]，因此添建有电学、化学、物理学实验室等新式教学空间，这是西风渐开的社会背景对于教育建筑实质空间的改观。

五、洋务学堂的建设

洋务学堂以“中体西用”为办学思想，相应的学堂建设也以“中体西用”为指导方针。自洋务运动至甲午战争前后，南京合计创办了8所洋务学堂[2]，学堂类型可分为技术学堂、军事学堂、外国语学堂三类。洋务学堂多为择址新建，由两江总督亲自主导建设。

洋务学堂培养不同于中国科举制度下的旧学人才，教学内容以西文、西艺、军事为主，是近代官办新式学堂的开端，因办学思想和教学内容的改变导致了学堂建设的改变，拉开了南京教育建筑近代化的序幕，无论是学堂规划还是内部功能的设置，均区别于中国传统的学宫和书院，其建筑布局的分化以及固定的建筑与专业学科的对应，兵（体）操场、实习工厂、西学讲堂的出现等，均是洋务学堂近代化起步的表现。

1. 洋务学堂的统计与简介（表3-2）

2. 洋务学堂的选址与规划

（1）学堂选址

在南京的8所洋务学堂中，有6所选址于下关，临近长江，沿江宁马路；仅侍卫学堂、练将学堂因军事演练需要选址于小营武庙附近。洋务学堂多由两江总督委派专人择定堂址[3]，例如《张之洞奏设陆军铁路学校折》（1896年1月）：查江南省城原设有水师学堂，今仪凤门内之和会街地方创建陆军学堂，取其宽

晚清南京的洋务学堂（合计8所） 表3-2

学校类型	学校名称	创办时间	堂址	议建者	房屋状况
技术学堂	金陵同文电学馆	1883	江宁府	左宗棠	利用会同四译馆原有房屋
	南京铁路专门学堂	1895	三牌楼和会街	两江总督张之洞	1896年择址新建，占地近三十亩，建有主屋、大门、礼堂、总办办公楼，东、西两斋为教室和宿舍、操场等[4]。铁路专门学堂、矿务学堂设在江南陆师学堂内
	矿务学堂	1898	三牌楼和会街	两江总督刘坤一	
军事学堂	江南陆师学堂	1895	三牌楼和会街	两江总督张之洞	
	江南水师学堂	1889	三牌楼	两江总督曾国荃奏请，沈秉成创立	1890年择址新建，堂舍建筑面积近四千平方米，建有总办楼、英籍教学楼、轿厅、东西长廊等[5]
	侍卫学堂及医师普通科	1896	江宁府小营	两江总督刘坤一	堂舍不详
	江宁练将学堂	1899	江宁府小营	两江总督刘坤一	堂舍不详
外语学堂	江南储才学堂[6]	1896	三牌楼	两江总督刘坤一	择址新建，1897年6月建成，堂舍不详

本表来源：笔者根据以下史料综合绘制。

1. 徐传德 . 南京教育史 [M]. 北京：商务印书馆，2006：165-169.

2. 高时良 . 中国近代教育史资料汇编——洋务运动时期教育 [M]. 上海：上海教育出版社，1992.

❶ 徐传德 . 南京教育史 [M]. 北京：商务印书馆，2006：160-162.

❷ 徐传德 . 南京教育史 [M]. 北京：商务印书馆，2006：165-169.

❸ 高时良 . 中国近代教育史资料汇编——洋务运动时期教育 [M]. 上海：上海教育出版社，1992.

❹ 杨新华，卢海鸣 . 南京明清建筑 [M]. 南京：南京大学出版社，2001：114.

❺ 杨新华，卢海鸣 . 南京明清建筑 [M]. 南京：南京大学出版社，2001：112-113.

❻ 1898年刘坤一奏请改为江南高等学堂，戊戌变法失败后，于1899年改为格致书院。

旷清净，远隔市廛……又铁路一项学有专门，与陆军尤相关系，附入陆军学堂[1]。南京拟开设矿务学堂(1898年)：创设矿务学堂……在水、陆两师学堂之间，卜定基地，择吉兴工[2]。张之洞《创设江南储材学堂折》(1896年2月1日)：其择地建堂……南洋大臣前饬于金陵仪凤门内三牌楼地方，创设储材学堂[3]。

根据上述史料分析洋务学堂的选址因素如下：

一是交通便利。依靠长江便捷的水运交通，并依赖便捷的陆地交通——南京第一条近代化的马路江宁马路[4]，因此学堂集中在南京下关并沿江宁马路设置。

二是南京开埠后，下关成为南京西化的窗口，洋务学堂力求培养新式人才，选址于下关更能便捷和迅速地接受新式事物。

三是环境清幽。下关位于南京城北，晚清时期尚属荒凉，较之城南繁华地段更适合读书治学。

四是方便教学。军事学堂选址主要考虑方便军事训练，靠近武庙、打靶场，集中设置在小营一带。

（2）学堂规划

洋务学堂以“中体西用”为办学思想，主导学堂建设的多为接受儒学教育的清政府官员，加上与当时的西方大学联系较少，自然而然地，学堂的规划思想仍然沿袭儒家文化“礼乐相成”的精神和洋务教育以“忠君、尊孔”为主导的“中体西用”指导思想。

但是，洋务学堂为适应西学教学内容的需求，出现了新的建筑功能与类型，如实习工厂、办公楼、兵（体）操场、洋教习住宅等，教育目标和教育内容的改变促使以“间”为单位的传统空间布局形式发生了变化，同时校园空间形态中原有的等级关系也随之被弱化，打破了“择中[5]”观念，不再严格地居中设置主轴线和主要建筑，而是根据功能需要合理布置。或于基地左端、右端或居中设置主轴线和主要建筑，采用多条南北向轴线并列的方式，但仍然保留中国传统建筑组群的原则。

以规模较大的江南陆师学堂、江南水师学堂、江南储才学堂为例，说明这一问题：如江南水师学堂在基地右侧设置主轴线和主要建筑，建筑之间以庭院相连。基地左侧为三幢联排的机器厂和实习工厂，基地北部为体操场。江南陆师学堂采用三条轴线并列的方式南北向布置建筑物，原始建筑分为三斋：居中偏左的主轴线上设置中斋，中斋含主屋、大门、礼堂、总办办公楼；左右两侧为次轴线，设东、西两斋，分别为教室和宿舍，屋后为操场[6]。

洋务学堂有大致的功能分区，按照学科属性划分建筑属性。洋务学堂具有课程设置专业化、分科分班教学、重视实际操作等特点，因此上课、实验、实习操作或演练时应有专门的场所。例如江南水师学堂有公务厅、客厅与学徒住房、饭房、睡房、西学堂、工艺房[7]。

3. 洋务学堂的建筑功能与形态

（1）洋务学堂的功能设置

洋务学堂以“中体西用”为办学宗旨，尚未彻底放弃传统教育体系，相对应的学堂功能亦新旧并置，在保留旧学祭孔场所的同时设置大量适应新学的功能空间。

1）保留旧学祭孔场所

中国传统的学宫和书院均设有祭孔场所。洋务学堂虽以学习“西文西艺”为主，但仍保留旧学对应的祭孔场所。有明确史料记载的是江南水师学堂、江南储才学堂设有祭孔场所：本学堂（江南储才学堂）照（江

---

[1] 高时良. 中国近代教育史资料汇编——洋务运动时期教育 [M]. 上海：上海教育出版社，1992：503-504.

[2] 高时良. 中国近代教育史资料汇编——洋务运动时期教育 [M]. 上海：上海教育出版社，1992：571-572.

[3] 高时良. 中国近代教育史资料汇编——洋务运动时期教育 [M]. 上海：上海教育出版社，1992：574、578.

[4] 江宁马路路幅达6～9m，可行东洋车和马车，参照上海租界的马路技术结构标准。

[5] “古之王者，择天下之中而立国，择国之中而立宫，择宫之中而立庙”。我国古典建筑中轴线就起源于这种“择中”的观念。

[6] 杨新华，卢海鸣. 南京明清建筑 [M]. 南京：南京大学出版社，2001：114.

[7] 高时良. 中国近代教育史资料汇编——洋务运动时期教育 [M]. 上海：上海教育出版社，1992：468-481.

南）水师学堂例于正楼上恭设大成至圣先师孔子神像，月朔辰刻啜粥后，由师员等每率八学生登楼，师长居前，学生立后，同时各行三跪九叩首礼，是辰先于庭院序班次第登楼，以昭肃穆……再十一月初四日圣诞，行礼如前[1]。

2）设置新学对应的讲堂、兵操场、实习场所

洋务学堂仿照西方学校采用编班授课的方式，因西学教学内容的需要，出现了建筑布局的分化，有中学讲堂、西学讲堂之分；因课程设置专业化，出现新的功能与类型，如礼堂、办公楼、实习工厂、体操场等，固定的建筑与专业学科相对应。功能设置有教学建筑（有中、西讲堂，实习工厂等）、教辅建筑（有礼堂、办公厅等）、后勤用房（有饭厅、宿舍、厨房、厕所、库房等）、军事演练场所（兵操场、雨盖操场、体操场、游泳池等）等四类，建筑内部功能混合布置。

例如江南水师学堂设管轮、驾驶两科，每科分头、二、三班。课程分为堂课、船课。先学英语等基础知识，后学天文、海道、御风、布阵、修造等专业知识，再每隔若干年下外洋实习，学堂相应建有中学讲堂、西学讲堂、鱼雷厂、机器厂、翻砂厂、操场、打靶场等供学生实习[2]（图 3-2、图 3-3）。江南储材学堂设有洋文讲舍、汉文讲舍、学生宿舍、医疗室、厨房、饭厅、盥漱间、公用院落、回廊天井、庭院等[3]。

（2）洋务学堂的建筑形态

洋务学堂的建筑形态华洋混杂，西学讲堂或洋教习住宅采用西式，多用“殖民地式”外廊；其余大多数建筑仍采用中国传统形式。

例如江南水师学堂设有总办楼、英籍教学楼、轿厅、东西长廊等，除用于洋人的几处仿欧式建筑外，其余堂舍均采用清代建筑风格[4]；江南陆师学堂营造中式

图 3-2　江南水师学堂学生在操场练习登桅杆（1896 年摄）

图片来源：刘晓梵 . 南京旧影 [M]. 北京：人民美术出版社，1998：26.

图 3-3　江南水师学堂的操场及阅兵台（1900 年摄）

图片来源：卢海鸣，钱长江 . 老画册・南京旧影 [M]. 南京：南京出版社，2014.

❶ 高时良 . 中国近代教育史资料汇编——洋务运动时期教育 [M]. 上海：上海教育出版社，1992：580-581.

❷ 高时良 . 中国近代教育史资料汇编——洋务运动时期教育 [M]. 上海：上海教育出版社，1992：483.

❸ 高时良 . 中国近代教育史资料汇编——洋务运动时期教育 [M]. 上海：上海教育出版社，1992：584、586.

❹ 杨新华，卢海鸣 . 南京明清建筑 [M]. 南京：南京大学出版社，2001：112-113.

房屋230间、西式房屋15间[1]。如图3-4、图3-5所示，江南陆师学堂的中学讲堂、德国教官住所皆为中国传统建筑形式，中式古典花格门窗，各座建筑之间设有庭院。

图3-4　江南陆师学堂的中式讲堂（1898年摄）

图片来源：刘晓梵．南京旧影[M].北京：人民美术出版社，1998：28.

图3-5　江南陆师学堂的中式教员住所（1897年摄）

图片来源：刘晓梵．南京旧影[M].北京：人民美术出版社，1998：28.

典型的西式建筑有江南水师学堂的西学讲堂、陆师学堂的西学讲堂等，如图3-6、图3-7，两座建筑均采用“殖民地式”外廊，这种在简单方盒子建筑周围包上外廊的做法特别适合南京夏热冬冷的气候，外廊朝南以获得良好的日照，雨天可利用外廊课间休息。

六、维新学堂的建设

1895年甲午战争的惨败使三十多年洋务教育“富国强兵”的计划宣告破产，也暴露了洋务教育的缺

图3-6　江南水师学堂的西式讲堂（1896年摄）

图片来源：杨新华，卢海鸣．南京明清建筑[M].南京：南京大学出版社，2001：113+114.

图3-7　江南陆师学堂的西式讲堂（1897年摄）

图片来源：杨新华，卢海鸣．南京明清建筑[M].南京：南京大学出版社，2001：113+114.

[1] 杨新华，卢海鸣．南京明清建筑[M].南京：南京大学出版社，2001：114.

点——单纯向西方学习科学技术是行不通的。因此，维新运动[1]提倡科学文化，改革政治、改革教育制度，将教育改革深入到制度层面。正如梁启超所言："变法之本，在育人才；人才之兴，在开学校；学校之立，在变科举[2]"，学制改革渐成朝野共识。

1898年6月11日，光绪皇帝在《明定国是诏》中宣示：改武科制度，立大小学堂……嗣后，光绪帝又令各省督抚督饬地方官将各省府厅州县的大小书院一律改为兼习中学、西学的新式学堂，以省会大书院为高等学堂，郡城书院为中学堂，州县书院为小学堂，地方自行捐资办理的社学、义学等也要一律中西学兼习，凡民间祠庙不在祀典者，也一律改为学堂，并鼓励绅民捐资兴学[3]。至此，全国各地的书院纷纷改为学堂。

戊戌变法失败后慈禧下令停办学堂，照旧办理书院，虽维新变法仅持续百余天，但在清政府提倡军事改革、兴学育材、振兴农工商业的倡导下，两江总督刘坤一继续创办新式学堂，筹设了农工商等实业学堂、保留江南高等学堂、加强军事学堂建设等（例如1896年创立侍卫学堂及医师普通科，1899年创办江宁练将学堂），并下令各级官员自筹经费，按京师大学堂章程将各书院一律改为学堂[4]。1898年7月，据刘坤一奏报，已于江苏、安徽两省各设中、小学堂[5]。维新运动加快了南京新式学堂建设的步伐。

七、新政学堂的建设

庚子事变之后清政府推行"新政"，在教育方面作以下变革：教育立法、统一学制、创办新式学堂、逐步废除科举。1901年9月4日，清政府命令各省城书院改成大学堂，各府及直隶州改设中学堂，各县改设小学堂，并多设蒙养学堂。1902年清政府颁布《壬寅学制》，1904年颁布《癸卯学制》并在全国范围内自上而下推行。

本书按照学堂建筑规模，结合《癸卯学制》（以下简称《学制》）系统，将南京近代教育建筑划分为初、中等教育建筑、高等教育建筑、军事学堂建筑三种类型，分述如下。

1. 初、中等学堂的统计与简介

从庚子新政至清朝灭亡，南京共有国人创办的蒙园1所[6]，小学16所[7]、清官、私办中学堂6所[8]、中等实业学堂3所[9]、中等师范学堂7所[10]。这些初、中等学堂大量利用寺观公所、民房改建而成，仅暨南学堂、宁属初级师范学堂、三（两）江师范学堂附属中小学堂3所新建房舍，见表3-3。

根据表3-3统计分析得出：晚清时期初中等学堂总数为33所，仅3所学堂新建房屋，新建比率仅占9%，其余30所学堂利用旧房办学。反映了初创时期学堂房屋的简陋程度。

在新建的3所学堂中，有2所为师范学堂，因《奏定学堂章程》中明确提出，宜首先急办师范学堂[11]，解决学堂师资紧缺之状况。另1所新建学堂为暨南学堂，是为解决侨胞教育困难，特由两江总督端方请准清政府，择址新建堂舍[12]。经旧房改建而成的新式学堂，《癸卯学制》有明确规定：学堂房屋须增改修葺，少求合

[1] 维新派认为变科举、兴学校是救亡图存的要策。

[2] 梁启超：《论变法不知本原之害》饮冰室文集类编（上）[光绪壬寅年（1902年）八月版.第11页]。

[3] 徐传德.南京教育史[M].北京：商务印书馆，2006：170.

[4] 徐传德.南京教育史[M].北京：商务印书馆，2006：169-171.

[5] 白新良.明清书院研究[M].北京：故宫出版社，2012：266.

[6] 1904年颁布的《奏定蒙养园章程及家庭教育法章程》规定"蒙养园为保育3岁以上至7岁幼儿之所"，蒙养园附设在"育婴堂和敬节堂内"，于堂内划出一院，开辟为蒙养园。"蒙养"二字是中国传统说法，所谓"蒙以养正"，重视人生的正本慎始，当婴幼儿智慧蒙开之际就施加正面影响，开发其智慧。引自：南京市地方志编纂委员会.南京教育志（上册）[M].北京：方志出版社，1998：113.

[7] 南京市地方志编纂委员会.南京教育志（上册）[M].北京：方志出版社，1998：177-179.

[8] 南京市地方志编纂委员会.南京教育志（上册）[M].北京：方志出版社，1998：364-366.

[9] 南京市地方志编纂委员会.南京教育志（上册）[M].北京：方志出版社，1998：619.

[10] 南京市地方志编纂委员会.南京教育志（上册）[M].北京：方志出版社，1998：372-373.

[11] 详见《奏定学堂章程》之《学务纲要》。

[12] 南京市地方志编纂委员会.南京教育志（上册）[M].北京：方志出版社，1998：2001-2003.

晚清南京的初、中等学堂（合计 33 所，仅统计本土学堂） 表 3-3

晚清时期的学堂名称	现名	创办时间（年）	学堂地址	学堂房舍状况	学堂总数
蒙养园					1
粹敏第一女学附设蒙养园[1]		1908	江宁府科巷	利用湖南公产荫余善堂的房屋	
小学堂					16
江宁第四模范小学堂	大行宫小学	1902	大行宫	借用大行宫的房屋	
上元高等小学堂	第三高级中学	1902	白下路昇平桥畔	改建惜阴书院部分房屋[2]	
江宁县北区第十二小学堂	天妃宫小学	1902	下关静海寺	借用静海寺部分房屋	
思益小学堂		1903	城南	民房	
幼幼蒙学堂	逸仙小学	1904	城南	民房	
第二模范学堂		1904	城南	民房	
私立启悟小学堂	长江路小学	1905	城南	民房	
初等小学堂	考棚小学	1905	下江考棚	利用下江考棚程子祠遗址	
江宁振淑实业女学	马道街小学	1906	城南	民房	
津逮学堂	长乐路小学	1906	城南	民房	
义学堂	小西湖小学	1906	秦淮剪子巷崇义堂附近（现秦淮河东岸油坊巷以东）	利用普育堂的房屋	
上元树声学堂		1906	城南	民房	
第二模范小学堂	秣陵路小学	1906	城南	民房	
同仁小学堂		1906	城南	民房	
崇文小学	府西街小学	1907	城南	民房	
江宁公学	夫子庙小学	1907	夫子庙	利用夫子庙学宫	
中学堂					6
江宁府中学堂	宁海中学	1902	八府塘	利用文正书院的房屋	
三（两）江师范学堂附属中学堂[3]	南京师范大学附属中学	1902	北极阁	小学堂先借用昭忠祠，后与宁属初级师范合用堂舍[4]，新建平房	
崇文中学堂	南京市第一中学	1907	中华路府西街	利用江宁府署部分房屋	
钟英中学[5]	钟英中学	1904	户部街，后迁至白下路	初创时用私宅作堂舍，1912 年由江苏都督府指拨南捕厅衙门旧址改建为学堂[6]	
安徽旅宁公学	第六中学	1904	上江考棚（现白下路）	利用上江考棚的房屋	

❶ 该蒙养园 1908 年由两江总督端方创办，为南京官办最早的蒙养园，也是晚清唯一的一所蒙养园。端方曾任湖北巡抚、江苏巡抚、两江总督兼南洋通商大臣、直隶总督兼北洋大臣，1903 年 9 月，端方任湖北巡抚时在武昌阅马场创办了一所幼稚园，是中国第一所幼稚园。

❷ 杨新华，卢海鸣 . 南京明清建筑 [M]. 南京：南京大学出版社，2001：104.

❸ 1909 年三（两）江师范学堂附小改为附中。引自：南京市地方志编纂委员会 . 南京教育志（上册）[M]. 北京：方志出版社，1998：365.

❹ 《南大百年实录》编辑组 . 南大百年实录（上卷）[M]. 南京：南京大学出版社，2002：8.

❺ 钟英中学堂创办于 1904 年，最南京最早的私立中学堂之一，为现南京钟英中学的前身。由江宁回族富绅蒋长洛、丹阳回族商人曹家麟、顾琪、伍崇学、辛汉五人创办。1912 年学校改名为私立钟英中学校。1937 年西迁安徽，后又分迁长沙、贵州、广西，抗战胜利迁回南京原址复校。1956 年更名为南京市第二十三中学，2014 年恢复钟英中学校名。引自：南京市地方志编纂委员会 . 南京教育志（上册）[M]. 北京：方志出版社，1998：551-552.

❻ 南京市地方志编纂委员会 . 南京教育志（上册）[M]. 北京：方志出版社，1998：365.

续表

晚清时期的学堂名称	现名	创办时间（年）	学堂地址	学堂房舍状况	学堂总数
暨南学堂	暨南大学	1907	鼓楼薛家巷妙相庵	新建房屋	
中等实业学堂					3
江南商务学堂		1906	复成桥	利用复成桥商务局的房屋	
旅宁学堂附设理科讲习所			复成桥	民房	
华东协和学堂		1910	不详	不详	
中等师范学堂					7
毗卢寺附设师范学堂		1901	毗卢寺	利用毗卢寺的部分房屋	
江南贡院之尊经书院师范传习所		1905	江南贡院	利用江南贡院之尊经书院	
旅宁第一女学堂（官方粹敏第一女学）		1905	江宁府科巷	利用湖南公产荫余善堂的房屋	
宁属初级师范		1906	北极阁三（两）江师范学堂前大石桥东	新建房屋	
合计					33

本表来源：笔者根据以史料综合绘制：

1. 南京市地方志编纂委员会．南京教育志（上册）[M]. 北京：方志出版社，1998：177-179、366、622、907-908.
2. 各校官方网页中的校史介绍。
3.1910 年江宁府城地图。

格，讲堂、体操场尤宜注意[1]。

下文就几所规模较大的学堂进行介绍。

（1）江宁府中学堂

江宁府中学堂是南京最早创办的官办中学堂，为现南京宁海中学的前身。

学堂创办于1902年，民国后数易其名，与多校合并，1913—1927 年期间为江苏省立第一中学，1927—1928 年与江苏省立工业专门学校、省立第一农业学校、省立第四师范学校合并，1929 年学校更名为江苏省立南京中学，1935 年又改名为南京市立师范学校。南京沦陷前内迁至重庆办学，1946 年回迁南京，复校名为南京市立师范学校，现名为南京宁海中学[2]。

晚清初创时，学堂地址位于八府塘，以文正书院为堂舍[3]，校舍简陋，外观与民房无异（图 3-8a）。民国成立后，学校校舍明显改善，功能设置齐全，建有巴洛克式的学校大门（图 3-8b），设置有体操场，教室、图书馆[4]等（图 3-8c、图 3-8d），学校规划遵循中国传统建筑群体布局规则，以轴线组织院落空间（参见图 4-16，该时期学校改名为南京市立师范学校）。学校建筑外观简单朴素，多为简易的两坡屋顶房屋（图 3-8）。

（2）崇文中学堂

崇文中学堂创办于 1907 年，由邑绅创办，为现南京市第一中学的前身。民国时期学校数易其名，1933 年改称南京市立第一中学。南京沦陷前内迁，1938 年汪伪政府接办一中，将校址迁至白下路升平桥贫儿院

[1] 详见《钦定小学堂章程》一切建置。舒新城．中国近代教育史资料（中册）[M]. 北京：人民教育出版社，1961：410.

[2] 南京市宁海中学校史沿革，引自南京市宁海中学官网。

[3] 南京市地方志编纂委员会．南京教育志（上册）[M]. 北京：方志出版社，1998：364.

[4] 南京市宁海中学校史室文字档案及历史建筑照片。

（a）　（b）　（c）　（d）

图 3-8　江宁府中学堂至南京市立师范学校时期的房屋

（a）晚清时期的讲堂；（b）1918 年时的学校大门；（c）1927 年时的教室；（d）1937 年时的教学楼

图片来源：南京宁海中学校史室

内续办。抗战胜利后迁回原址复校[1]，中华人民共和国成立后改校名为南京市第一中学至今。

晚清校址设在江宁府署，以清代江宁府署箭道、西花园旧址为校舍。如图 3-9 所示。1927 年李清悚任校长期间，贷款三万元，建和平、博爱两院，1930 年落成[2]，建筑形态为中国传统宫殿式，歇山式大屋顶，屋顶内部为三角形木桁架屋架[3]。国民时期学校规模扩大，添建有励青院、明德院、音乐室、学生宿舍、礼堂等，学校教学、生活、体育等各项设施齐全[4]，1935 年添建学生宿舍一座，音乐室一座[5]。民国时期的校园规划以中国传统建筑群体的手法沿轴线组织院落空间。校内建筑以中国传统宫殿式为主（图 3-10）。

（3）旅宁第一女学堂

旅宁第一女学堂为南京最早创办的新式女学堂。1904 年由粤绅借用湖南公产荫余善堂正式开办，堂址位于江宁府科巷。1906 年两江总督端方视察后改名为

[1] 南京市第一中学校史室。

[2] 见南京市第一中学和平院墙角“重建和平院碑记”。

[3] 李清悚 . 学校之建筑与设备 [M]. 南京：商务印书馆，1934.

[4] 南京市立第一中学编，南京市立第一中学十周纪念册。

[5] 南京市档案馆，档案号：10010030107（00）0011《市立第一中学学生宿舍 1935 年》。

图 3-9　晚清崇文中学堂时期的房屋

图片来源：南京市第一中学校史室

图 3-10　市立一中时期（1930 年）新建的教学楼和平院

图片来源：南京市第一中学校史室

官立粹敏第一女学，学堂迁至大全福巷[1]。辛亥革命前半年，师范班与私立江南女子公学合并，定名为宁垣属女子师范学堂。辛亥革命后学校停办，1912 年复办，租赁中正街民屋为校舍，更名为江苏省立第一女子师范学校。

（4）暨南学堂

暨南学堂创办于 1906 年冬，是清政府在南京创办的一所专收侨生的中等学堂，也是国内首创的华侨学堂，为现暨南大学的前身。

1906 年，我国驻荷兰公使钱念劬派人到爪哇调查华侨教育状况时发现侨胞教育堪忧，钱念劬认为培养华侨人才应让华侨子弟回家读书，于是向时任两江总督端方写信，允许遣送爪哇八华学堂的 21 名华侨学生回国求学。端方请准清廷接受这批学生，并筹拨经费，新建校舍[2]。1907 年，经两江总督端方获准，暨南学堂改办为暨南完全中学，学堂在辛亥革命期间停办。1917 年 11 月 1 日，教育部批准恢复暨南学堂，由黄炎培等人着手恢复暨南学校校舍，1918 年学校正式更名为国立暨南学校。1921 年后暨南学校由南京迁往上海徐家汇，1927 年更名为国立暨南大学。抗日战争期间迁至福建建阳，1946 年迁回上海后合并于复旦大学、交通大学等高校，1958 年在广州重建暨南大学[3]。

暨南学堂选址于南京薛家巷妙相庵，地处南京城中央，鼓楼之南，唱经楼之北，西北紧邻金陵大学，环境清幽，闹中取静，是修身治学的绝佳地方。学堂规划沿袭中国南方传统书院毗连式庭院天井布局形式（图 3-13），建筑以中国传统样式为主，部分建筑经旧房改建而成[4]（图 3-11、图 3-12）。

图 3-11　清政府官员视察暨南学堂时在学堂大门前合影（1906 年摄）

图片来源：暨南大学校史馆

---

❶ 南京市地方志编纂委员会 . 南京教育志（上册）[M]. 北京：方志出版社，1998：365.

❷ 根据暨南大学官网校史沿革简介以及《南京教育志（上册）》第 2001-2002 页综合整理。

❸ 暨南大学校校史沿革，引自暨南大学学校官网。

❹ 南京市地方志编纂委员会 . 南京教育志（上册）[M]. 北京：方志出版社，1998：2001-2002.

图 3-12　国立暨南学堂校界石
图片来源：暨南大学校史馆

（5）三（两）江师范学堂附属中小学堂

三（两）江师范学堂附属中小学堂创办于1902年，是南京最早创办的官办小学堂。两江总督张之洞向清廷奏办大学堂的同时即已呈请附设小学堂一所，校址位于大学堂基地西南角的大石桥。学堂随大学堂先后易名为南高师附属中小学校、国立东南大学附属中小学校、国立中央大学附属中小学校等。南京沦陷前夕内迁至长沙、贵阳、重庆等三地办学。抗战利胜后迁回南京，附属中学校址改在察哈尔路清朝矿务学堂内，附属小学迁回大石桥原址。中华人民共和国成立后学校几易其名，现分别为南京师范大学附属中学、南京师范大学附属小学[1]。

初创时借用昭忠祠先行开办[2]，后在三（两）江师范学堂前四牌楼大石桥东新建校舍，与宁属初级师范学堂合用校舍，学堂房屋为南方传统书院毗连式庭院天井布局方式（图3-14），建筑外观为中国传统形式。民国时期逐渐添建校舍，1917年学校绘制校舍图，拟具施工细则，招匠投标[3]，陆续建成杜威院（1918年）、附中一院（1919年）、附中二院（1922年）、望钟楼、民族楼，并附设有幼稚园舍[4]，至1937年时建筑功能完善。民国时期添建的校舍围合中心操场布置（图4-13），新建校舍的外观形式与邻近的国立中央大学建筑形态保持一致，皆为西式。

2. 初、中等学堂的选址与规划

（1）学堂选址

初、中等学堂主要集中在城南和城中，少数新建学堂位于城北鼓楼、北极阁一带。

虽然《癸卯学制》明确规定：中小学堂宜取往来适中之处，以便学生入学。初等小学堂每百家以上之村设一所，中学堂各府必设一所[5]。两江总督也提出了分区设置学堂的理念，例如1906年时任两江总督端方因见江宁、上元两县官办小学甚少，遂提出由官府筹款大力兴建小学，将江宁府城（南京）划为东南西北四区，每区设初等小学10所，共计40所[6]，可是这一计划并未实现。实际上，南京大多数中小学堂位于城南人口稠密区。分析其原因如下：

1）由书院、民居改建的学堂大多数位于城南、城中，这主要受到经济和人口分布的影响。

晚清南京城南为商业中心，城中沿袭明初布局，仍为文教区域，大多数旧书院、祠堂集中在城南和城中。新政期间，清政府急于培养新式人才但经费有限，将现有书院、祠堂或民房等根据新式教学需求略加改建以求实用，是为最便捷和经济的做法。而且《奏定初等小学堂章程》[7]《奏定高等小学堂章程》[8]对此做出了详细规定：初等小学堂现甫创办，高等小学堂创办之始，可借公所寺观等处为之，但须增改修葺，少

[1] 朱斐．东南大学史 [M]. 南京：东南大学出版社，1991.

[2] 《南大百年实录》编辑组．南大百年实录（上卷）[M]. 南京：南京大学出版社，2002：8.

[3] 南京师范大学附属中学档案馆藏《南京高等师范依附属中学概况》第807页，档案名称：《南京师大附中校史杂录》。

[4] 朱斐．东南大学史 [M]. 南京：东南大学出版社，1991：53-55.

[5] 详见《奏定初等小学堂章程》《奏定高等小学堂章程》《奏定中学堂章程》。

[6] 南京市地方志编纂委员会．南京教育志（上册）[M]. 北京：方志出版社，1998，177-179.

[7] 舒新城．中国近代教育史资料（上册）[M]. 北京：人民教育出版社，1961：393-411.

[8] 舒新城．中国近代教育史资料（上册）[M]. 北京：人民教育出版社，1961：427-439.

求合格；讲堂体操场尤宜注意。

从实用的角度来讲，正因为城南老城区繁华，人口密集，学生也可就近入学，这与当今中小学校根据人口密度设置的理念不谋而合。

2）新建学堂位于城北，集中在鼓楼、北极阁一带，从环境清幽、交通便利、历史文脉等方面选择校址。

根据表 3-3 可知：暨南学堂、宁属初级师范学堂、三（两）江师范学堂附属中小学堂等 3 所新建学堂皆集中在鼓楼和北极阁。暨南学堂由两江总督端方等人在薛家巷妙相庵择定堂址，认为此处“地居南京城中央，紧邻金陵大学，闹中带静，颇可以进德修身❶”，且临近江宁马路，交通便捷。宁属初级师范学堂位于大石桥东，与三（两）江师范学堂附属中小学堂合用堂舍，位于北极阁前明朝国子监旧址，交通便捷。

（2）学堂规划

利用旧有书院、寺观、公所、民房改建成的初、中等学堂，其规划仍为中国传统的布局形式，但根据新式学堂教学方式和教学内容的需要，设置博物、理化、图画、外文、哲学、经济等西学科目对应的实验室、仪器室、译学馆、实业馆等功能空间。

下文针对择址新建的暨南学堂、宁属初级师范学堂、三（两）江师范学堂附属中小学堂等 3 校进行规划分析。

这 3 所学堂皆由时任两江总督主持建造，其他官员督办，新建堂舍仍然沿袭儒家文化“礼乐相成”的精神，总体布局沿袭中国南方传统书院以“间”为单位的毗连式庭院天井布局形式，但在晚清“忠君、尊孔、尚公、尚武、尚实”的教育目标和西学教育需求下，出现了新的建筑功能类型：如理化、博物、图画专用讲堂、图书仪器室、礼堂、办公房、体操场等。因此学堂空间形态中原有的等级关系逐渐弱化，打破了居中为尊的观念，以多条南北向纵轴线并列的方式自南向北布置单体建筑物。

例如暨南学堂主轴线位于基地右侧，在主轴线上自南向北依次设置大门、办公管理房、讲堂、理化实验室、饭厅、礼堂等主要教学、教辅用房，单座建筑之间用走廊相连，以院落的形式组合。基地中部与基地左侧的两条次轴线大致平行于主轴线，以南北向轴线组织院落（图 3-13）。

宁属师范学堂和三（两）江师范学堂附属中小学堂于基地居中设置主轴线，以多条南北向轴线并列，在轴线上自南向北布置教学、教辅、后勤生活等用房（图 3-14）。

该时期的初、中等学堂已有初步的功能分区。《癸卯学制》中也明确指出：查各国学堂，其布置之格局，讲堂斋舍，员役之室，化验之所，体操之院，实验之场，诵读之几凳，容积之尺寸，光线之明暗，坐次之远近，屋舍联属之次序，皆有规制……❷这个“规制”就是场所的分类和专门化，最终形成功能分区。例如暨南学堂分为中学和小学两个教学区，分列基地左右两侧，后勤生活房和体育活动场地位于中学部与小学部之间，方便使用（图 3-13）。再如宁属师范学堂与三（两）江师范附属小学堂集中在基地东南角，中学堂位于基地西侧中部，根据教学层次将中小学堂分开设置（图 3-14）。

3. 初、中等学堂的建筑功能与形态

（1）功能设置——旧学与新学空间并存

对于教育建筑而言，首要解决使用功能。而功能则由当时的教育宗旨、教育模式和教育内容等决定。清政府在引进日本学制和日本学校新式功能的同时，仍保留“忠君、尊孔、读经”。因此，相应的学堂功能为旧学与新学空间并存，其特征有下：

1）保留旧学祭孔场所。

新政后颁布的学制以“忠君、尊孔”为教育宗旨之一，新式学堂均设置读经、讲经课程，并保留旧学相应的祭孔场所，定时举行祭孔活动。

2）设置新学对应的教学、教辅、生活、运动等四类功能用房。

中国古代的学宫与书院虽有大致的功能分类，但中国古典建筑是不存在以用途分类的，房屋只有大小

❶ 暨南大学校史介绍，引自暨南大学官网。

❷ 详细条文见附录：近代学制关于学堂房屋的规定。

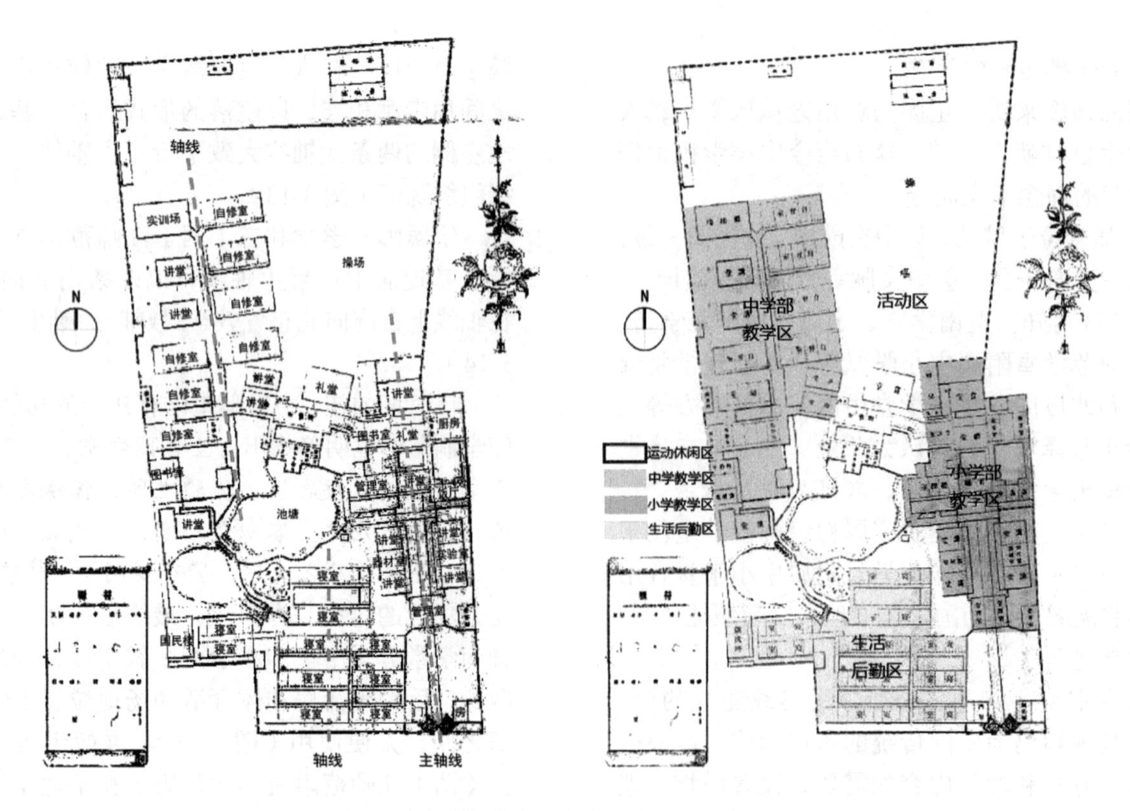

图 3-13　暨南学堂轴线分析图、功能分区图

图片来源：笔者自绘；底图来源：《暨南学堂现行章程》

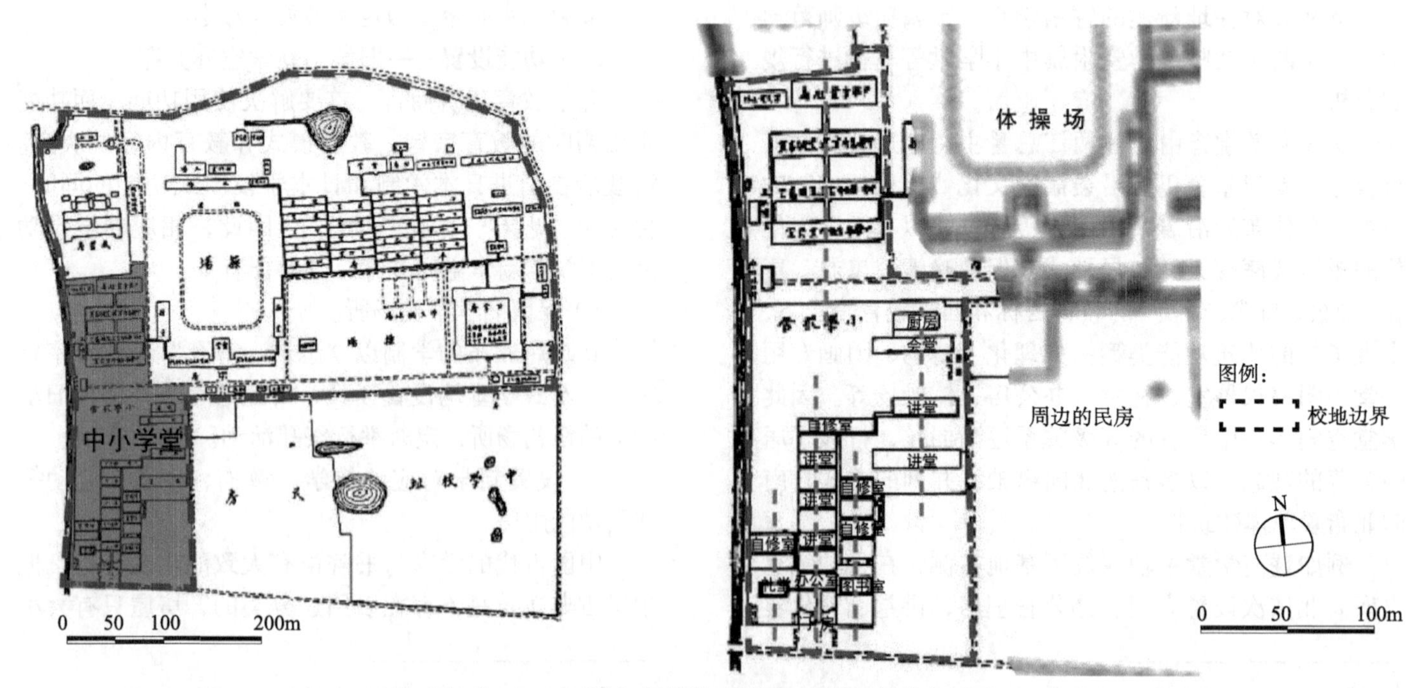

图 3-14　三（两）江师范学堂附属中小学堂轴线分析图

图片来源：笔者自绘；底图来源：东南大学校史馆

和级别之分，无论什么种类的建筑物，平面配置、立面形式都是大同小异，只有通过装修、装饰和室内陈设布置显示其使用的目的[1]。新式学堂编班授课的模式、新开设的西学课程，直接决定了各学堂必须按照西学的要求对场所功能进行细化，分门别类地设置西学对应的各类功能空间。

至于如何按照西学课程的要求分门别类设置各功能空间，《壬寅学制》《癸卯学制》均有详细规定。例如：中小学堂增设生、理、化、算术、图画等自然科学的内容，农工商实业学校添设农科、工科、商科等专业课和实习课[2]，为适应这些课程，学制规定各学堂设置适合中国文学、外国语、算学、历史、地理课程的普通讲堂；适合博物、物理、化学、图画课程的特别讲堂（相当于现在的生理化实验室和绘图教室）；设置区别于传统书院修身养性的体操场，设置用于学生聚会和学校庆祝活动用的礼堂。笔者根据《奏定学堂章程》屋场图书器具设置要求和南京学堂实际建造情况，如图 3-15 所示。

3）沿袭中国传统建筑群体的布局规则，以“间”为单位构成单座建筑，再以单座建筑组成庭院，进而以庭院为单元组成各种形式的组群，用轴线组织院落空间。

中国传统的书院、学宫与其他古典建筑一样，主要是通过“数”的增加来达到扩大平面规模的目的，将各种不同使用功能分处在不同的单座建筑中，由一座变多座，小组变大组，产生了一系列座数极多的建筑群，并将封闭的露天空间、自然景物同时组织到建筑构图中。这与西方古典建筑平面功能复杂、依靠“量”的增加向高空发展是不同的[3]。晚清南京中小学堂仍保持这种简单的矩形平面形制，以暨南学堂、三（两）江师范学堂附属中小学堂、宁属师范学堂 3 所新建学堂为例分析如下：

这 3 所学堂皆由多座平房组成，各单体建筑以“座”为单位，内设若干“间”，各座建筑功能用途不同，师生活动——上课、实验、自习、集会、住宿、体育运动对应有普通讲堂、生理化专用实验讲堂、自修室、礼堂、宿舍、室内外体操场等专门性的场所空间，每一单座建筑的内部其实只相当于整座西方建筑物的一个房间或者一个局部[4]。建筑平面为简单的矩形，配设单向外廊、双向外廊或回廊。平面组织始终保持着独立和分散的布局形式，各“座”建筑通过廊庑、轴线组合成院落，若干院落组合成建筑群体。

4）学制详细规定各房间内部的平面设计要求。

《奏定学堂章程》规定了各学堂的功能类型，但是讲堂内设置的黑板、几案、椅凳等设施也直接影响到讲堂大小、光线的设计，因此，《钦定学堂章程》

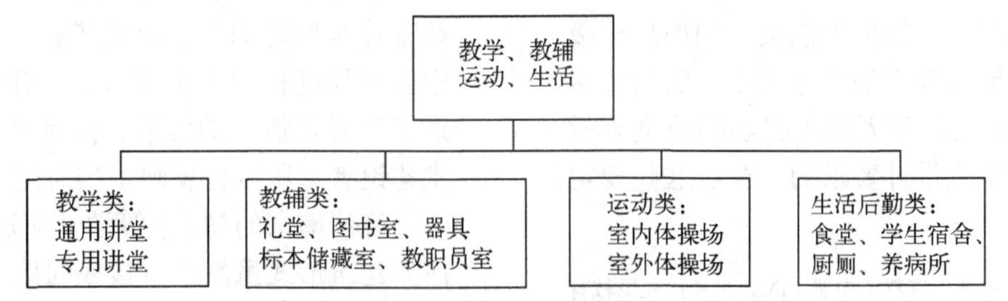

图 3-15　晚清南京初中等学堂的建筑类型与功能设置

图片来源：笔者根据《癸卯学制》并结合学堂建造实况绘制

[1] 李允鉌 . 华夏意匠 [M]. 天津：天津大学出版社，2005：77-82.

[2] 具体条文详见《奏定初等小学堂章程》《奏定高等小学堂章程》《奏定中学堂章程》《中等农工商实业学堂章程》；舒新城 . 中国近代教育史资料（上册）[M]. 北京：人民教育出版社，1961：392-758.

[3] 李允鉌 . 华夏意匠 [M]. 天津：天津大学出版社，2005：130.

[4] 李允鉌 . 华夏意匠 [M]. 天津：天津大学出版社，2005：130-131.

详定了室内细化设计要求，规定了各房间尺寸大小和光线要求：

蒙养园保育室面积之大，合每幼儿五人占地六平方尺（约 0.67m²），庭园面积之大，至小者当合幼儿一人占地六平方尺❶。

讲堂：小学堂每一讲堂60人以下，讲堂以广二丈四尺（8m）、长三丈三尺（11m）为度。几案之广，应以一尺三四寸(0.47m)为度，其长二人用者四尺(1.33米)，一人用者二尺以上（0.67m）❷。中学堂每班学生数不得超过50人，中学堂各式讲堂，以宽二丈四尺（8m）、长三丈（10m）者为最合法，故其面积应以七百二十平方尺（80m²）为限。中学堂几案之广应一尺三四寸（0.47m），其长每人所占之数，以二尺以上（0.67m）为准❸。中学堂还规定了室内高度和讲堂的窗地比：中学堂凡房屋之地板、承尘板，其距离度数，在讲堂应一十五尺（5m），自修室、寝室等应十尺或十一二尺（3.33～4m）。又讲堂开窗之面积，占全屋面积六分之一以上。

礼堂：小学礼堂最大面积为一千余平方尺至二千平方尺（111.11～222.22m²）❹。

自修室兼寝室：自修室、寝室兼用一室者，每人于屋内容积应得五百六十七立方尺，不兼用者，自修室每人应得三百二十四立方尺，寝室每人应得四百八十六立方尺❺。

这些规定至今仍有一定的借鉴意义。例如从班级人数和课桌椅的尺寸推算教室的尺寸大小，窗地比达到1 ：6，从目前建筑设计和人体工程学的角度分析仍是符合教室光线和视线设计要求的。至于这些规定是否具体实施，限于史料笔者不能给予明确的答复，但笔者推测，在封建社会皇权专制的社会背景下，即便房屋设施简陋，也会按照《学务纲要》之要求——“虽不能师其形，也必师其法。”

另外,《奏定学堂章程》在其《学务纲要》还提到“近来日本专绘印有学堂图，尤可取资模仿。若限于地势经费者，原可酌量变通。”笔者通过分析得出：晚清南京新式学堂布局并未发展至日本小学堂复杂的空间组合形制，仍然依照中国古典建筑群体的布局规则，单座建筑平面均为简单的矩形，通过外廊或回廊联系。仅符合《学务纲要》“一为益于卫生，二为便于讲习，三为便于稽察约束”之要求。

综上所述，晚清南京的中小学堂建筑功能开始受西方学校影响，上课、实验、聚会、住宿、体育活动对应有专门的场所空间，虽然功能混合使用（例如讲堂可兼作礼堂，寝室兼做自习室等），但仍具有里程碑式的历史意义。尤其是房屋内部尺寸、光线视线的设计要求非常先进。因此可以说，新政学堂告别了传统书院、学宫仅有的仪式场所、治学场所、游憩场所模式，进入到按照功能划分空间的西式学堂模式，为后来的学堂建设起到了开拓性的作用。

（2）建筑形态——局部洋楼，中式与西式建筑并存

学堂作为教育文化的中心其影响力是全方位的，教育建筑形态的变迁反映了社会历史文化的变迁，是中国近代进程的一个缩影，其建筑形态的发展不仅折射了当时建筑业的发展，因其形态选择受制于主导学堂建设者，所以也反映了当时国人的心态。

晚清南京的初、中等学堂建筑均为平房（图 3-16），西方建筑形式虽然已直接或间接传入南京，但“洋楼”只限少数重要建筑或门面工程（校门）等（图 3-17、图 3-18），其他建筑仍袭旧制，呈现中西两种建筑并存的现象。

在晚清创办的33所初、中等学堂中，有30所为传统民居或书院改建而成，主要为建筑功能的改变，建筑外观一般改动不大。例如江宁府中学堂由文正书院改建而成，建筑形式仍为中国传统形式，硬山式屋

❶ 舒新城 . 中国近代教育史资料（中册）[M]. 北京：人民教育出版社，1961：385.

❷ 舒新城 . 中国近代教育史资料（中册）[M]. 北京：人民教育出版社，1961：410-411.

❸ 舒新城 . 中国近代教育史资料（中册）[M]. 北京：人民教育出版社，1961：495-500.

❹ 舒新城 . 中国近代教育史资料（中册）[M]. 北京：人民教育出版社，1961：410-411.

❺ 舒新城 . 中国近代教育史资料（中册）[M]. 北京：人民教育出版社，1961：495-500.

图 3-16　私立安徽旅宁公学的讲堂

图片来源：徐传德．南京教育史 [M]. 北京：商务印书馆，2006

图 3-17　暨南学堂晚清时期的大门

图片来源：叶兆言，卢海鸣，黄强．老明信片南京旧影 [M]. 南京：南京出版社，2012：155.

图 3-18　崇文中学堂清末民初时期的大门

图片来源：南京市第一中学校史室

顶（图 3-8a）。私立安徽旅宁公学以上江考棚为堂舍，房屋样式稍作改观，在正门入口处加建有西式的拱形大门和罗马柱（图 3-16）。暨南学堂房屋采用清代官式建筑风格 ❶，部分房屋采用歇山式屋顶，中式古典花格门窗，临水而建的观赏亭颇具中国古典园林的韵味。部分学堂的大门采用西式，例如暨南学堂内部房屋虽为中国传统形式，但却采用巴洛克式的校门，门楼两侧为西式壁柱，壁柱间用砌筑墙体，墙体顶部塑成曲线形，门楼下为拱形入口，类似的例子还有崇文学堂的校门。

分析晚清学堂“洋楼”出现的原因主要有两点：一是国人的崇洋心理，主动采用。在时人的观念中，将引进西式建筑风格与引进西方先进的文化、科学技术等同起来 ❷。二是受到同时期教会学校的影响。南京最早出现的一批西式建筑大约是在 19 世纪中期，一些西方传教士和商人通过本国建筑师把当时流行的建筑形式移植过来，例如建于 1888 年的汇文书院建筑群直接移植了当时美国的建筑式样。这些先期建成的教会学堂一度成为本土学校的参考对象，据史料记载，两江总督经常派人到汇文书院考察（详见下节典例研究汇文书院），因此教会学校的建筑形态也潜移默化地影响了本土学校。

4. 高等学堂的统计与简介（表 3-4）

在晚清创办的 8 所高等学堂中，有 7 所利用旧房改建，仅三（两）江师范学堂 1 所新建堂舍，反映了当时急需办学但经费短缺的现状，也反映了政府优先创办师范学堂的实况。

5. 高等学堂的选址与规划

（1）高等学堂选址

7 所利用书院或官房改建而成的高等学堂多位于城南繁华地带，仅江南高等实业学堂原为江南储才学堂（洋务学堂）改建而成，位于城北下关。择址新建的三（两）江师范学堂从历史文脉、自然环境等角度

❶ 南京市地方志编纂委员会．南京教育志（上册）[M]. 北京：方志出版社，1998：2001-2002.

❷ 刘先觉，张复合，村松伸，等．中国近代建筑总览南京篇 [M]. 北京：中国建筑工业出版社，1992：16：3.

晚清南京的高等学堂（合计 8 所，仅统计本土学堂）　表 3-4

初办时学堂名称	现名	创办者	创办时间（年）	堂址	学堂房屋状况
三（两）江师范学堂	东南大学	两江总督刘坤一、继任总督张之洞、魏光焘	1902	北极阁	新建堂舍
江南高等学堂[1]		钟山书院山长缪荃孙	1902	门帘桥，亦称钱厂街（今太平南路白下会堂）	由钟山书院改办
江南高等实业学堂[2]		两江总督魏光焘	1904	三牌楼和会街	由格致书院改办
江南高中两等商业学堂			1906	复成桥	利用复成桥商务局的房屋
江南蚕桑学堂[3]		蚕桑树艺公司	1906	中正街	由蚕桑树艺公司改办
南洋方言学堂		两江总督端方	1907	中正街八府塘	旧房改建
江南法政讲习所[4]		陶保晋等七人创议、张謇协助	1908	娃娃桥	利用娃娃桥官房
官立两江法政学堂		两江总督端方	1908	红纸廊	利用旧式学馆房屋

本表来源：笔者根据南京市地方志编纂委员会．南京教育志（上册）[M]. 北京：方志出版社，1998. 第 981—1028 页绘制。

出发，由两江总督张之洞亲自指定北极阁明朝国子监旧址为堂址，此处文人气息浓厚，且环境清幽、交通便利。

（2）高等学堂规划

经旧有书院或官房改建而成的新式学堂其规划形制没有太大改变，主要根据西学教学之需作局部功能置换，增设理化、博物、图画等特别讲堂，实验室、图书仪器室、礼堂、体操场等空间。下文以晚清南京唯一新建的高等学堂——三（两）江师范学堂为例讨论高等学堂的规划形式（图 3-19）。

“三（两）江师范学堂历经刘坤一、张之洞、魏光焘三任两江总督亲自筹办、创立、建造，由张之洞

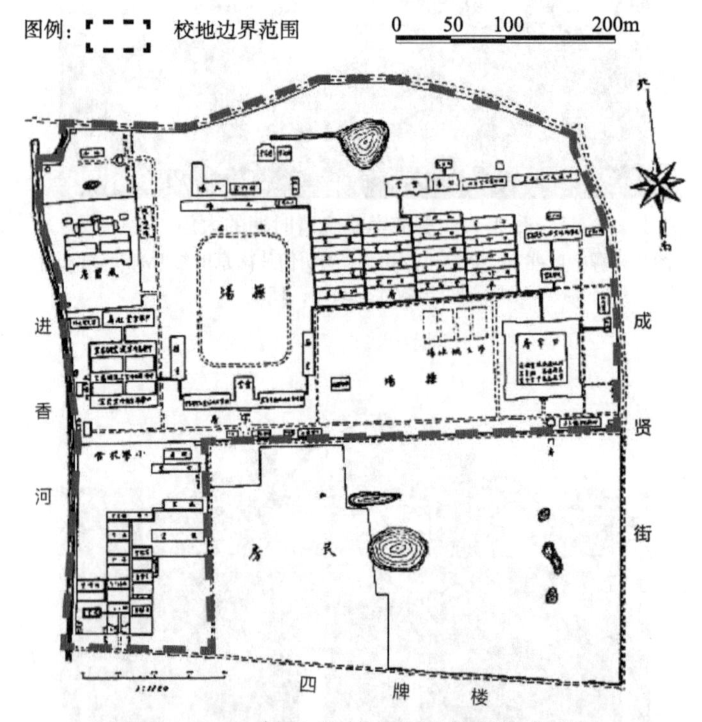

图 3-19　1911 年三（两）江师范学堂总平面图
图片来源：笔者自绘，底图来源：东南大学校史馆

❶ 1911 年停办。

❷ 1896 年创办江南储才学堂，1898 年改办为江南高等学堂，戊戌变法期间改名为格致书院，1904 年改办为江南高等实业学堂，民国后改建为江苏省第一工业学校和江苏省第一农业学校。

❸ 该学堂由蚕桑树艺公司改办，民国元年改为江南农桑学校（中专）。引自：南京市地方志编纂委员会．南京教育志（上册）[M]. 北京：方志出版社，1998：982.

❹ 1911 年改为私立金陵法政专门学堂，1914 年停办。

委派湖北师范学堂堂长胡均设计”[1]，并委派翰林院编修缪荃孙等人赴日本考察学校，参考当时日本东京帝国大学进行设计建造。

为何以日本东京帝国大学为参考对象，结合当时的社会背景分析如下：甲午战争后，清政府惊觉日本在明治维新后的巨大成就，日本在中国的影响力逐渐加强，清政府既要引进国外的先进技术，又要“忠君、尊孔”，那么同处于儒家文化圈的日本学校改革方式比欧美学校体制更容易被其采纳，明治维新后日本的学校受到西方国家影响，但思想根基仍是儒学的国家观和知识观，因此，日本东京大学刚好符合清政府“中体西用”的建校观。此外，日本与中国地域上较近，去日本考察较之西方国家可节省大量的时间和费用。

三（两）江师范学堂在参照日本教育制度和办学方式、引进西方科技文化等教学内容的同时，仍然保留有中国封建教育“忠君、尊孔、读经”等内容，相应的学堂规划思想以“中体西用”为原则，校园建设在模仿日本帝国大学（今东京大学）的同时仍然受到中国传统书院的影响。因为负责学堂建设的多为深受儒家文化影响的封疆大吏和地方官员，他们在建设近代校园时，既要考虑引进先进的技术，又要考虑保留传统的儒家文化思想，对近代校园规划还缺乏深刻的认识，因此，采用他们熟知的中国传统建筑布局方式就成为自然而然之事了。

虽然高等学堂的空间形态仍保留着中国传统建筑组群原则，但新式功能空间的产生促使校园空间形态中原有的等级关系弱化，与前文提到的洋务学堂、初中等学堂类似，学堂规划不再严格地以居中为尊，而是并列设置多条南北向生长轴线，轴线之间缺乏横向的联系和整体组织。先期建成的主要建筑位于基地居中偏左的主轴线上，按照传统书院的形式依次设置一字房（讲堂）、体操场（承担聚会和祭孔等功能）、工艺实习厂等建筑，主轴线两侧设置教习住宅和学生宿舍，依稀可见“尊卑有序”的传统规划布局思想。二期建成的口字房在基地右侧另起一条南北向轴线发展，这条轴线与一期建筑形成的主轴线平行。附属中小学堂又以另外一条南北向轴线并列生长，三条轴线之间缺乏东西方向的联系（图 3-20）。

学堂有大致的功能分区，一是根据教学层次划分为大学堂和小学堂两部分，附属中小学堂位于基地西南角，与大学堂既有联系又相对隔离。二是根据教学、生活、运动等师生活动进行功能分区。形成了以一字房、口字房、实习工场等建筑构成的教学办公区；以学生宿舍、食堂、教习房构成的后勤生活区；设有两处体操场作为体育活动区（图 3-20）。

6. 高等学堂的建筑功能与形态

（1）高等学堂的功能设置

晚清高等学堂的功能设置为旧学祭孔场所与新学功能空间并存，因高等学堂为专才之学，设有实验室和各类专业实习场。其功能设置详述如下：

1）“堂—科—门”大学建制对应的功能设置要求。大学建制是指大学学科专业的编制方式及其组织形式。晚清大学堂采取“堂—科—门”三级建制，《奏定大学堂章程》第一次明确了以三“科”作为设立大学的基本条件，后来有关法规中的相关规定均源出于此[2]。近代最早的大学堂在骨子里还遗留有古代官学的基因，故初始多以“馆”“门”“堂”为名，如官立两江法政学堂、三（两）江师范学堂等。三（两）江师范学堂设立理化科、农学博物科、历史舆地科、手工图画科，讲授史地、文学、算学、物理、化学、博物、生理、农学、教育学等若干门课程，并建立了与之相对应的房屋，如理化科有专用器械标本室，并添建理化讲堂一所，由中国教习蒋与权负责绘图[3]；农科博物科配备有 100 余亩的农事试验场；手工画图科配有专用画室、木工室和金工室等（图 3-23）。

[1] 引自张之洞《创办三江师范学堂折（节录）》（1903 年 2 月 5 日），详见：《南大百年实录》编辑组．南大百年实录（上卷）[M]. 南京：南京大学出版社，2002：5-6.

[2] 周川．中国近代大学建制发展分析［J］. 北京大学教育评论，2004，2（3）：88.

[3] 《东方杂志》记载关于三江师范学堂房屋状况，引自：苏云峰．三（两）江师范学堂——南京大学的前身，1903—1911[M]. 南京：南京大学出版社，2002.

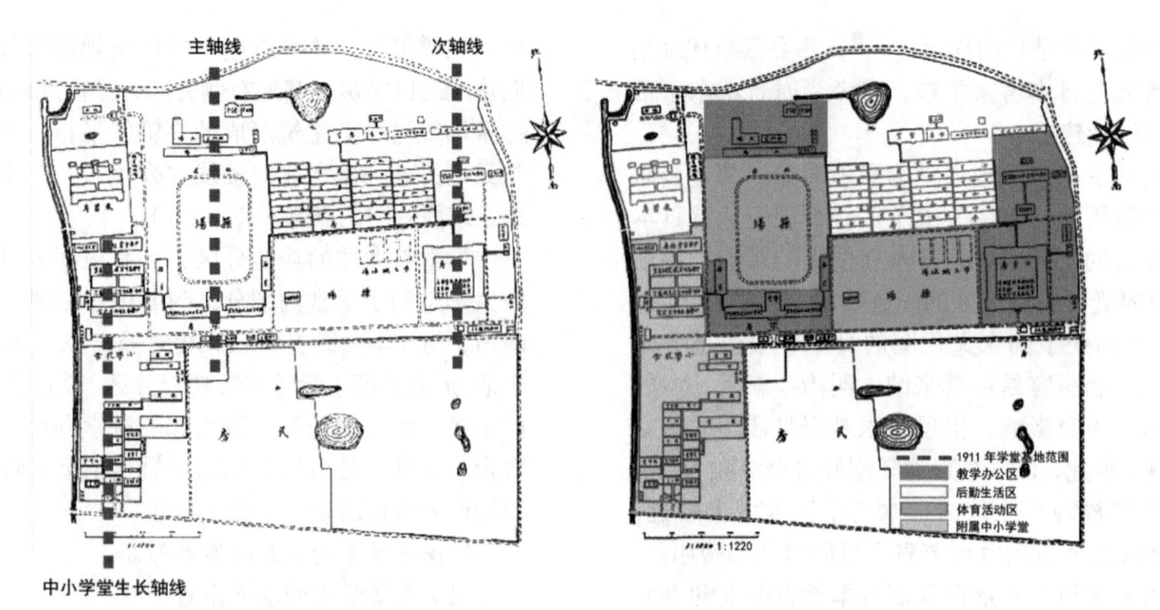

图 3-20 三（两）江师范学堂轴线分析图、功能分析图

图片来源：笔者自绘；底图来源：东南大学校史馆提供的 1911 年三（两）江师范学堂总平面图

2）重视实验室和专业实习场所的设置。高等学堂较之初、中等学堂其规模更大，建筑类型更多，功能更完善，其区别主要体现在各种实验室和专业实习场所的设置上，例如江南高中两等商业学堂直接设在复成桥商务局内；江南蚕桑学堂附设有养蚕试验场[1]等。笔者根据《奏定高等学堂章程》屋场图书器具设置要求和南京实际建造状况，总结出南京高等学堂建筑类型与功能设置如图 3-21 所示。

3）平面形制仿照西方建筑向高空发展，在单体建筑内设置多种功能，建筑平面变得复杂，平面形制演进为一字形、口字形、回字形、门形等，采用外廊式、中廊式、回廊式等多种平面组合形式。例如三（两）江师范学堂一字房（教学楼）采用外廊与中廊结合，中部主体高三层，局部四层，两翼三层，主体部分为中廊式布局，两翼部分为南向单外廊，建筑内部共设 24 间讲堂[2]。口字房（行政楼）高二层，平面呈口字形，

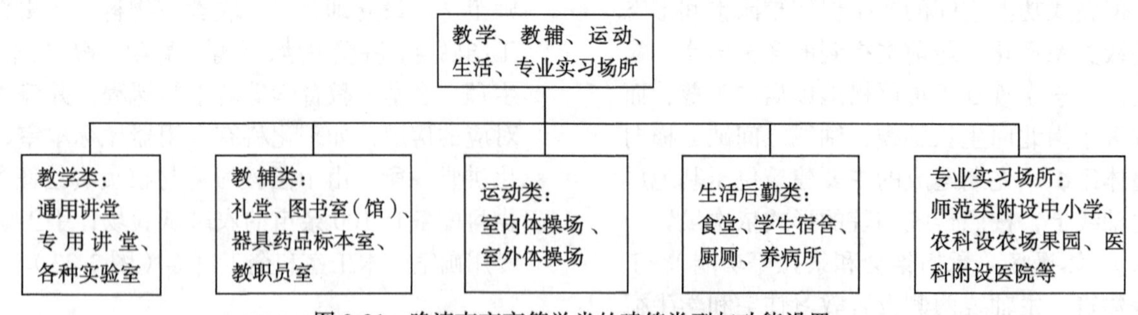

图 3-21 晚清南京高等学堂的建筑类型与功能设置

图片来源：笔者根据《癸卯学制》并结合学堂建造实况绘制

[1] 南京市地方志编纂委员会．南京教育志（上册）[M]．北京：方志出版社，1998：982.

[2] 苏云峰．三（两）江师范学堂——南京大学的前身，1903—1911[M]．南京：南京大学出版社，2002：143-145.

内部功能复杂，共有60间房。

4）学制详细规定高等学堂建筑平面设计要求。《钦定高等学堂章程》规定[1]：高等学堂每班不得过四十人，讲堂过大有害目力，应酌定宽不过二丈二尺（7.33m），长不过三丈（10m），总面积不得过六百六十平方尺（73.33m^2）。

自修室寝室兼用一室者，每人于屋内容积应得五百六十七立方尺（21m^3），不兼用者自修室每人应得三百二十四立方尺（12m^3），寝室每人应得四百八十六立方尺（18m^3）。凡房屋之地板承尘板，其距离度数，讲堂在十五尺（5m）以上，寻常之屋在十尺以上（3.33m），讲堂窗户面积须超过总面积的六分之一。

例如从三（两）江师范学堂一字楼、口字楼的历史照片中可以看出讲堂内部已经考虑到光线和视线设计，立面开窗较大，窗上装有玻璃（图3-22）。

5）实例分析。

以三（两）江师范学堂为例分析晚清南京高等学堂的功能设置。根据1911年三（两）江师范监督李瑞清撰写的《教育杂志》的报告可知，学堂面积200余亩，全校房屋约200间[2]，见表3-5。

由表3-5可知，三（两）江师范学堂教学、办公、实验、体育活动、食宿等对应有固定的房间或场所，但单体建筑内部功能混杂。其中最值得一提的是三（两）江师范学堂独立建造的实习场所，例如工艺实习场位于基地西北部，一字楼和操场的后面，内部设有木工室、金工室。学堂在文昌桥另外设置农事试验场（图3-23）。

（2）高等学堂的建筑形态

7所经传统书院、旧式学馆、官房改建而成的高等学堂建筑外观无太大改变。新建的三（两）江师范学堂教学楼一字楼（图3-22）、行政楼口字楼（图3-24）、洋教习住宅（图3-26）等部分重点建筑皆为西

图3-22　三（两）江师范学堂的教学楼一字楼在晚清时安装玻璃改善采光

图片来源：东南大学校史展览馆

（a）

（b）

图3-23　三（两）江师范学堂的专业实习场所

（a）金工实习场；（b）农事试验场及蚕室

图片来源：东南大学校史馆

[1] 舒新城．中国近代教育史资料（中册）[M]．北京：人民教育出版社，1961：543-544.

[2] 苏云峰．三（两）江师范学堂——南京大学的前身，1903—1911[M]．南京：南京大学出版社，2002：143.

三（两）江师范学堂的房屋（1911 年统计） 表 3-5

堂舍名称	备注
口字房	为学堂的行政中心，1909 年竣工。位于校园大门之右前侧，二层楼房，四边相连，中间空地，构成一个口字形的洋房，内有 60 间房，设监督室、教务长室、庶务长室、斋务长室、教室、试验室、仪器室和图书室等，1923 年毁于火灾
一字房	教学楼，1906 年竣工，三层楼房，内有讲堂 24 间
学生宿舍	共 14 斋，每斋有 20 个寝室，共 280 个寝室，可容纳 600 名学生住宿
中日教习休息室	共 2 所
图书室、阅报室、自修室、憩息室	共 10 间
试验室	共 8 所，有各种仪器设备室、器材和医疗药品室
农事试验场、手工画图科专用画室、养蚕室、木工室和金工室	农事试验场占地百余亩
器械标本室	2 所
储藏室	2 所
调养室（即医疗室）	共 20 余间，由三进房屋组成
浴室、盥洗室	浴室较大，可供千余人公用
厨房及食堂	可供 800 余人的食物
学生会客室	—
厕所	3 间
操场	2 处
发电室	1911 年新建，供照明电灯用
会堂（礼堂）	—
中日教习宿舍[1]、职员宿舍	—
附属中学	—
附属小学	—

本表来源：笔者根据苏云峰 . 三（两）江师范学堂——南京大学的前身，1903-1911[M]. 南京：南京大学出版社，2002. 第 143-145 页综合绘制。

式，其他建筑如三（两）江师范学堂农事试验场蚕室（图 3-23）、中国教员宿舍（图 3-25）、学生宿舍等仍采用中国传统建筑形式，呈现中式与西式建筑并存的现象。

7. 军事学堂的统计与简介

军事教育中国古代早已有之，以礼、乐、射、御、书、数六艺并重。但自汉朝独尊儒术以来，军事教育被排斥于学校教育之外。清朝重视武学，但也没有建立专门的武学学校，一般以祠庙、军营、教场为武学人才的培养机构[2]。近代新式军事学堂起源于 1840 年鸦片战争之后，清廷鉴于中国军队的硬弓、刀石等远不如西洋兵器，于是花重金购买西洋枪炮组建水师，由此

[1] 又称教习房，位于校园西北角，梅庵与六朝松附近，今东南大学四牌楼校区留学生宿舍处。于 1906 年竣工，1978 年拆除，在此地建成留学生宿舍大楼。

[2] 南京市地方志编纂委员会 . 南京教育志（上册）[M]. 北京：方志出版社，1998：1361-1363.

图 3-24　三（两）江师范学堂的行政楼口字房
图片来源：东南大学校史展览馆

图 3-25　三（两）江师范学堂的中国教员宿舍
图片来源：东南大学校史展览馆

图 3-26　三（两）江师范学堂的外国教员住宅
图片来源：东南大学校史展览馆

创办了一批军事学堂。1905 年清政府练兵处会同兵部奏拟《陆军小学堂章程》，开始在全国各省设立陆军小学堂，江宁府创办了江宁陆军小学堂和陆军中学堂。

南京自 1901—1911 年，十余年间共创办了 6 所新式军事学堂[1]，均由时任两江总督亲自督办（表 3-6）。

清政府将“尚武、尚实”列入教育宗旨，军事学堂择址新建的比例明显高于初、中等学堂和高等学堂，在 6 所新式军事学堂中，有 4 所在小营新建堂舍（江宁武备学堂、江宁陆军小学堂、江宁陆军中学堂、随营学堂），2 所利用旧房（马队、炮队、工程、辎重速成学堂、江宁陆军讲武学堂），新建房屋比例达 66.7%，反映了清政府创办新式军事学堂的决心。

8. 军事学堂的选址与规划

（1）军事学堂选址

新式军事学堂位于城北和城东，主要利用两处旧演武厅集中设置（图 3-27）：一是位于江宁府太平门小营的演武场，靠近打靶场，在此处设有江宁武备学堂、江宁陆军小学堂、江宁陆军中学堂；另一处是位于明故宫附近的将军署，在此设立八府武学堂、江宁陆军讲武学堂。

选址原因：一是教学需要。军事学堂因军事训练的要求，兵操场最为重要，将军事学堂集中设置可合

[1] 南京市地方志编纂委员会 . 南京教育志（上册）[M]. 北京：方志出版社，1998：1363-1365.

晚清南京的军事学堂（合计 6 所） **表 3-6**

学堂名称	创办人	创办时间（年）	堂址	学堂房舍状况
江宁武备学堂	两江总督魏光焘	1902	初在进香河昭忠祠，后在小营	初时借用昭忠祠，后在小营建新堂舍
江宁陆军小学堂	两江总督周馥	1905	小营	在小营建新堂舍
马队、炮队、工程、辎重速成学堂	两江总督周馥	1906	小营	借用将军署、演武厅旧房
江宁陆军中学堂（亦称江宁陆军第四中学堂）	两江总督端方与将军诚勋	1907	小营	在小营建新堂舍
江宁陆军讲武学堂	两江总督端方	1907	昭忠祠	借用昭忠祠
随营学堂	江苏巡抚		小营	与陆军中学堂合用堂舍[1]

本表来源：笔者根据南京市地方志编纂委员会 . 南京教育志（上册）[M]. 北京：方志出版社，1998：1363-1365；徐传德 . 南京教育史 [M]. 北京：商务印书馆，2006：166-169 综合绘制

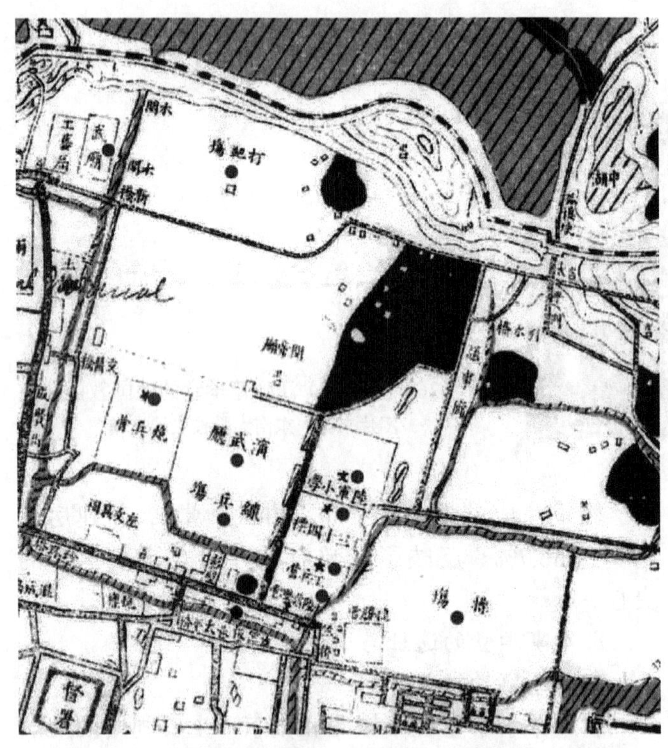

图 3-27　军事学堂与兵营、兵操场、打靶场集中设置

图片来源：1907 年南京城地图截图

用兵操场，利用城北和城东两处旧演武场就近设置军事学堂便于理论教学与军事演练相结合。二是安全考虑。当时在城北靠近城墙根处的武庙设置打靶场，打靶、射击等军事训练须远离人口稠密的城南地段，避免误伤民众。

（2）军事学堂的规划

利用旧房开办的武学堂一切建筑皆随旧式。新建的江宁陆军小学堂、江宁陆军中学堂仍采用中国传统建筑群体的布局形式，与同时期的初、中等学堂布局类似（图 3-29）。但是军事学堂因其教学方式的不同仍有其“个性”所在。军事学堂教学以军事演练为主，因此大型兵操场、打靶场的设置是为重点，教学用房、办公用房与兵营等配套集中设置。从晚清南京军事学堂分布图中可以看出，陆军小学堂建筑、四十二标营房和工兵营等教学、生活用房集中设置在基地中部，左右两侧分设宽广的演武厅、练兵场和兵操场（图 3-27），方便师生迅速集合和疏散。在北端靠近明城墙根处设置打靶场（图 3-28），并配设炮兵营房。

9. 军事学堂的建筑功能与形态

晚清创办的军事学堂属于中小学堂级别，在房屋配置上尚需满足初中等学堂的建筑类型与功能设置要求，设置教学、教辅用的讲堂、办公房等，学堂与兵营配套设置，设有食堂、厨厕等后勤用房。结合军事学堂的特点，设有练兵场、演武厅、打靶场等军事训练场所和兵器存贮室等。

在建筑形态方面，陆军小学堂、陆军中学堂、随营学堂、江宁武备学堂均在小营新建堂舍，且合用堂舍，

[1] 从 1910 年江宁府老地图中查得。

图 3-28　军事学堂附近的打靶场

图片来源：南京市井老照片

图 3-29　陆军小学堂

图片来源：叶兆言，卢海鸣，韩文宁 . 老照片南京旧影 [M]. 南京：南京出版社，2012：156

这几所学堂的建筑形态以西式为主。例如陆军小学堂建筑具有折中主义建筑的特征，立面中心高耸的方形钟楼、拱形门窗均为当时流行的西方建筑所常用的元素，屋顶为中国传统的歇山式屋顶，屋顶内部为三角形木屋架（图 3-29）。

目前，晚清时期清政府建造的军事学堂遗存的建筑仅有一座——江宁陆军中学堂主楼。该楼建于 1908 年，是清政府陆军部招标建筑，用于陆军中、小学堂教学和办公。该建筑平面呈“一”字形，建筑物东西长 139m，南北宽 11.5m，占地面积 1504m²，造价 48722.4 银圆。建筑物主体高三层，两翼高二层，屋顶铺设水泥平瓦[1]（图 3-30）。

图 3-30　陆军中学堂

图片来源：中国黄埔军校旧址纪念馆

八、各类新式学堂的建筑技术

1. 建筑结构

1840 年以后，砖（石）木混合结构体系开始引入，最初出现在教会建筑中[2]，用于建造教堂、教会学校和教会医院。

本土学堂建筑结构技术也得到发展。洋务学堂时期，中国传统的建筑技术开始发展演进，采用新的、外来的建筑技术，这种新结构形式表现为承重体系由中国传统的木构架为主逐渐演变为砖（石）墙与木屋架共同承重的混合型结构：围合墙体用砖（石），楼层结构用木梁、木楼板，抬梁、穿斗式被木制三角屋架替代，门窗、楼梯皆为木制[3]。

近代新建筑的屋顶结构是区别于中国传统屋顶最明显的部分。19 世纪后半叶新建造的建筑屋顶多用三角形木桁架结构，这种结构一直延续到 20 世纪 40 年代[4]。

---

[1] 卢海鸣，杨新华 . 南京民国建筑 [M]. 南京：南京大学出版社，2001：138.

[2] 李海清，中国建筑现代转型之研究——关于建筑技术、制度、观念三个层面的思考［D］. 南京：东南大学建筑学院，2002：30.

[3] 李海清，中国建筑现代转型之研究——关于建筑技术、制度、观念三个层面的思考［D］. 南京：东南大学建筑学院，2002：31+99.

[4] 刘先觉 . 中国近现代建筑艺术 [M]. 武汉：湖北教育出版社，2004：90.

例如江南水师学堂的办公建筑外观上仍为典型的五开间硬山传统建筑形式，但内部主体结构并未沿用传统的木构架与砖石填充墙，而是以砖墙承重，承托木制三角屋架（四榀屋架之间设两处剪刀撑），屋架以上的檩条、椽子、望砖、筒瓦等仍为传统做法[1]（图 3-31）。陆军小学堂房屋（图 3-29）、三（两）江师范学堂一字楼（图 3-22）等屋顶皆采用三角形木桁架结构形式。

在构造与施工方式上，仿照西式建筑采用外廊样式，在墙体上开洞，并大量使用了各类拱券、平券，砖券既起到结构作用，又有装饰作用，如江南水师学堂西式讲堂（图 3-5）、江南陆师学堂讲堂（图 3-6）等。这些砖券在建筑中因所处部位不同所起的结构作用也不同，如门窗上的拱券就起到过梁的作用。

2. 建筑材料

洋务运动时期近代建筑工业开始起步，出现了砖厂、水泥厂、钢铁厂等，但 20 世纪以前建筑用钢材大多依靠国外进口。1876 年英商创办的开平矿务局附设的唐山细棉土厂在中国最先生产水泥，1907 年改名为启新洋灰厂。1904 年江苏等地陆续建有玻璃工厂，保障了教室的采光需求。1906 年南京已经开设有机制砖瓦厂[2]，大多数学堂屋顶用筒瓦或小青瓦，房屋外墙采用传统青砖或红砖砌筑。

3. 建筑设备

近代南京供电事业先于给水排水建设，城市现代化的供电建设始于 1909 年清政府在西华门外旗下街建造的金陵电灯官厂[3]。

在此之前，学堂皆用“烛火井水”，如 1890 年创办的江南水师学堂“厨厕、井灶无一不备，学堂灯油等均由学堂备办”[4]，三（两）江师范学堂“因城内饮料太劣，每日用运水车夫，拉车出城汲取江水”[5]。1911 年三（两）江师范学堂“设置发电室，供照明电灯用”[6]。至清朝灭亡，供电照明的学堂极少，类似三（两）江师范这种大型学堂才有足够的资金配设电灯照明。

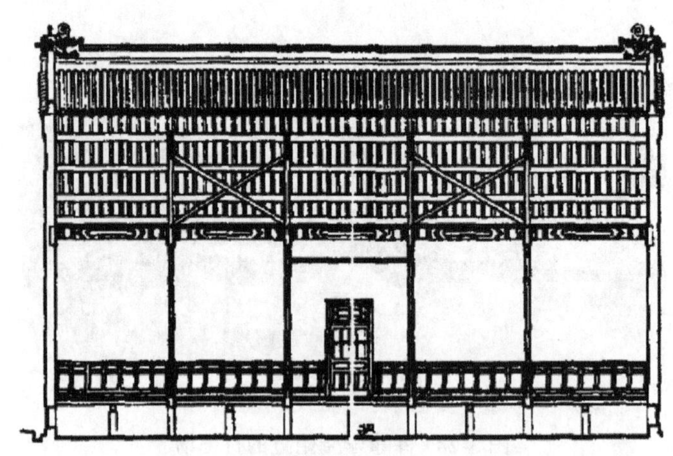

图 3-31　江南水师学堂办公建筑剖面图

图片来源：东南大学建筑系 1993 级测绘图；李海清．中国建筑现代转型之研究——关于建筑技术、制度、观念三个层面的思考（1840 ～ 1949）[D]. 南京：东南大学，2002：99

九、典型案例分析：江南水师学堂——本土新式学堂的起步

1. 江南水师学堂的历史沿革

（1）缘起

鸦片战争之后，清政府逐渐认识到中国在科技上落后于西方的现实，尤其在经历了道光、咸丰年间的海战之后，意识到海防的重要性，培养海军人才势在必行。清政府在先行创办了福州船政学堂、北洋水师学堂后，认为南洋为中外交接之处，各水师兵船更需要人才，宜设立南洋水师学堂，江宁（南京）为南洋

[1] 李海清．中国建筑现代转型之研究——关于建筑技术、制度、观念三个层面的思考（1840 ～ 1949）[D]. 南京：东南大学，2002：99.

[2] 刘先觉．中国近现代建筑艺术 [M]. 武汉：湖北教育出版社，2004：88-89.

[3] 徐延平，徐龙梅．南京工业遗产 [M]. 南京：南京出版社，2012：54-58.

[4] 高时良．中国近代教育史资料汇编——洋务运动时期教育 [M]. 上海：上海教育出版社，1992：469、477

[5] 苏云峰．三（两）江师范学堂——南京大学的前身，1903—1911[M]. 南京：南京大学出版社，2002：140.

[6] 《教育杂志》，第 3 年，第 3 期，宣统三年三月十日，第 31-35 页，“江苏咨议局调查两江师范学堂报告”关于李瑞清的答复部分。

适中之地，故在此设立水师学堂[1]。

1886年，两江总督兼南洋大臣曾国荃奏准整建吴淞、江阴、镇江、南京、宁波、镇海各炮台，在南京设立鱼雷学堂，学堂附设于南京通济门外火药局内，兼建鱼雷厂，是南洋设立学堂训练海军人才之始。1890年，曾国荃已建立了小规模的南洋海军舰队，由于缺乏驾驶、管轮人才，又以鱼雷学堂规模狭隘，复奏准设立江南水师学堂[2]。

（2）前期筹备

江南水师学堂成立后，由时任两江总督兼南洋大臣沈秉成负责新学堂的建设，沈秉成先行委派桂嵩庆等官员筹办购地建屋等事项，同时筹措建堂经费，并委派该堂洋教习沈敦和前往北洋水师学堂进行考察。建堂经费先由南洋防费拨付白银五万两，后又经海军衙门续拨白银一万七千两[3]。

（3）校史

江南水师学堂于1890年正式开办，创立之初即采用西方学校编班授课的形式[4]，系统学习西方科技文化知识。开设有驾驶、管轮两科，各分三班，分别授课，课程有英文、勾股、算术、几何、代数、平弧三角、重学、微积分、中西海道、星辰部件、驾驶御风、测量绘图诸法、帆缆、枪炮、轮机等课程，修课毕业后，派遣登船练习实践[5]，至1911年清朝灭亡时，该学堂在办校的22年间共培养学生211人[6]（图3-32）。

1912年中华民国临时政府海军部成立，江南水师

图3-32　江南水师学堂师生与清政府官员在校门前合影

学堂改为海军军官学校，1915年改为雷电学校，1917年又改为海军鱼雷枪炮学校，1925年学校停办。1929年原学校旧址改为海军部后，因原有房屋不够使用，遂在晚清江南水师学堂房屋的基础上进行扩添建[7]。自1929年后，此处一直被用作海军部直至1949年南京解放。中华人民共和国成立后，此处成为中国人民解放军华东区海军学校，1970年后，该处一直作为某研究所所在地。

2. 江南水师学堂的选址

江南水师学堂选址主要从以下方面考虑：

首先是临近长江，便于学生登船练习（图3-33）；其次是交通便利，方便师生出行（图3-34）；再次是环境清幽，适宜读书治学。

该学堂最终择址于下关，临近长江，居南京城内离仪凤门不远，西有矮山，东近南北大路，靠近下关大马路，当时四周有农庄园圃，环境幽静清雅[8]。

3. 江南水师学堂的营造过程

（1）晚清时期的建设

江南水师学堂的设计者和施工者均有明确记载，该学堂房屋由时任两江总督沈秉成委派江南水师学堂

[1] 高时良．中国近代教育史资料汇编——洋务运动时期教育[M]．上海：上海教育出版社，1992：478-479.

[2] 高时良．中国近代教育史资料汇编——洋务运动时期教育[M]．上海：上海教育出版社，1992：483.

[3] 见沈秉成：江南创设水师学堂工竣开课谨陈筹办情形折（1891年1月29日），引自：高时良．中国近代教育史资料汇编——洋务运动时期教育[M]．上海：上海教育出版社，1992：468-469.

[4] 高时良．中国近代教育史资料汇编——洋务运动时期教育[M]．上海：上海教育出版社，1992.

[5] 见张之洞：奏添设水师学生原额片（1896年3月14日），引自：高时良．中国近代教育史资料汇编——洋务运动时期教育[M]．上海：上海教育出版社，1992：473-474.

[6] 南京市地方志编纂委员会．南京教育志（上册）[M]．北京：方志出版社，1998：1999.

[7] 刘先觉，王昕．江苏近代建筑[M]．南京：江苏科学技术出版社，2008：115.

[8] 高时良．中国近代教育史资料汇编——洋务运动时期教育[M]．上海：上海教育出版社，1992：479.

图 3-33　江南水师学堂学生登船练习

图 3-34　江南水师学堂区位图

图片来源：笔者自绘；底图来源：1908 年南京地图

洋文正教习沈敦和[1]设计。沈敦和赴北洋水师学堂考察后，仿照英国水师学堂常见样式绘图，参考上海西式房屋形制，稍作改变，完成房屋图样设计。该学堂在购觅基地后即招雇洋匠拟进行施工建造，先令匠人各自密开造价，然后择其价值最廉者，与之核实定议，令其按图样包造[2]。

该学堂自1890年5月开工建造，8月工程完成，9月正式开办，学堂占地约20亩[3]。建造有机器、汽锤、打铁、翻砂、造模、鱼雷等厂；体操场、大桅管等体能训练场所；汉文、洋文、诵画教习、监督委员等住房；大厅、饭厅、门楼、库房、大烟囱、测量台、水池、操场、厨厕、井灶等，合计房屋三百五十余所，建筑面积达4790m²[4]，工料均极坚固，局势颇为宏敞，房屋造价为白银四万九千七百余两，外加购地费用合计用白银七万余两，该费用均由清政府拨付[5]。

（2）民国时期的建设

1929年原江南水师学堂房屋改为海军部所用，由于人员增多，原有房屋不敷应用，于是增建了部分房屋。有明确史料记载的添建房屋有海军部办公厅房，内设海军司令办公室，参谋长办公室[6]，有房屋72幢[7]。根据时任海军部政务次长陈绍宽于1930年11月在《海军期刊》第二卷上发表的《一年来海军工作之实记及训政时期之计划》一文记载，海军部的机构分布情况大致如下：

本部大门临中山北路，大门以内第一进左侧为传达室、电话室，右侧为招待室、勤务士兵房；第二进左侧为会客厅，右侧为副官办公室；第三进为政务次长办公室、卧室、餐厅、浴室、会客室、译电室、勤务兵房；第四、五两进为部员会客用餐之处，东西两侧房舍编为东西宿舍各三十号；出东宿舍为常务次长办公室、卧室、宴会厅、会客室、阅报室及党义讲堂，部员士兵诊病室、各厅司长寝室。

再前为楼房两座，楼上为部长办公室、浴室、会客室、机要室及参事寝室，楼下为会客厅、会议厅、参事办公室、浴室；部长楼之西为总办公厅、总务厅和秘书办公室，再西为西式平房六所，海军部六司各用一所。

部长楼之后为体操场；操场西北隅有楼房两座，为经理处及无线电台；东北角为器具材料存储库[8]。

如图3-37所示。

（3）目前遗存的建筑

江南水师学堂遗址位于现南京市中山北路346号，目前占地面积1000余m²，已列入省级文物保护建筑。1988年在原址上照原样仿建总办楼、轿厅、厂房、高官办用房等部分建筑[9]。目前尚存的历史建筑有英籍教官楼、长廊4跨、东西四合院式的学员寝室、讲堂5间、半边亭1座、巴洛克式的大门牌坊1座[10]（图3-35）。

4. 江南水师学堂的规划

根据《格致汇编》记载，该学堂大致布局形式如下：

登彼小山，遥望局势，皆甚整齐，亦极雅观。另有操场，立高桅，桅挂横杆……运动工艺厂机器之锅炉处，有烟囱矗立甚高，远观此烟囱与高桅可知堂内教授此两门之业，是此二者为该堂之标识也。堂西有平场，为操枪打靶之区，借练身力，与西人相似[11]。

学堂规划沿袭中国传统书院的布局规则，以“间”

[1] 沈君即沈敦和，字仲礼，又字歗龛。

[2] 高时良.中国近代教育史资料汇编——洋务运动时期教育[M].上海：上海教育出版社，1992：479；见《格致汇编》：南洋水师学堂考试纪略。

[3] 高时良.中国近代教育史资料汇编——洋务运动时期教育[M].上海：上海教育出版社，1992：483.

[4] 南京市下关区政协学习文史委员会.下关民国建筑遗存与纪事[M].南京：南京市下关区地方志编纂办公室，2010：28.

[5] 高时良.中国近代教育史资料汇编——洋务运动时期教育[M].上海：上海教育出版社，1992：468-471；见沈秉成：江南创设水师学堂工竣开课谨陈筹办情形折（光绪十六年十二月二十日 1891. 1. 29）。

[6] 南京市下关区政协学习文史委员会.下关民国建筑遗存与纪事[M].南京：南京市下关区地方志编纂办公室，2010；34-35.

[7] 刘先觉，王昕.江苏近代建筑[M].南京：江苏科学技术出版社，2008：115.

[8] 来源于百度百科对国民政府海军总司令部旧址简介。

[9] 南京市下关区政协学习文史委员会.下关民国建筑遗存与纪事[M].南京：南京市下关区地方志编纂办公室，2010：29.

[10] 来源于江南水师学堂旧址墙基石简介。

[11] 高时良.中国近代教育史资料汇编——洋务运动时期教育[M].上海：上海教育出版社，1992：478-479.

图 3-35　江南水师学堂现存建筑

图片来源：笔者自摄

为单位构成单座建筑，再以单座建筑组成庭院，进而以庭院为单元组成建筑群，以多条南北向并列的纵向轴线组织院落空间，学堂房屋按照中国传统衙署建筑形式面南坐北而布置[1]（图 3-36）。因实习工厂、体操场、办公楼等新式建筑功能的出现，学堂规划打破了中国传统建筑“择中”观念，不再严格地居中设置主轴线和主要建筑，而是根据功能需要结合基地环境合理布置，在校园右侧布置主轴线，主轴线上设教学、办公等主要建筑物；在基地左侧设置三幢联排的机器厂和实习工厂，留出基地中部和基地后端用地作为体操场[2]。学堂布局有大致的功能分区，基地右侧为教学及生活区，基地左侧为实习工厂区，基地中部及后端为军事训练及体能训练区，并且按照中学与西学分设有中式讲堂与西式讲堂[3]。

民国时期海军部添建后，总体布局未作太大改变，仍似中国南方传统书院的毗连式庭院天井布局形式（图 3-37）。

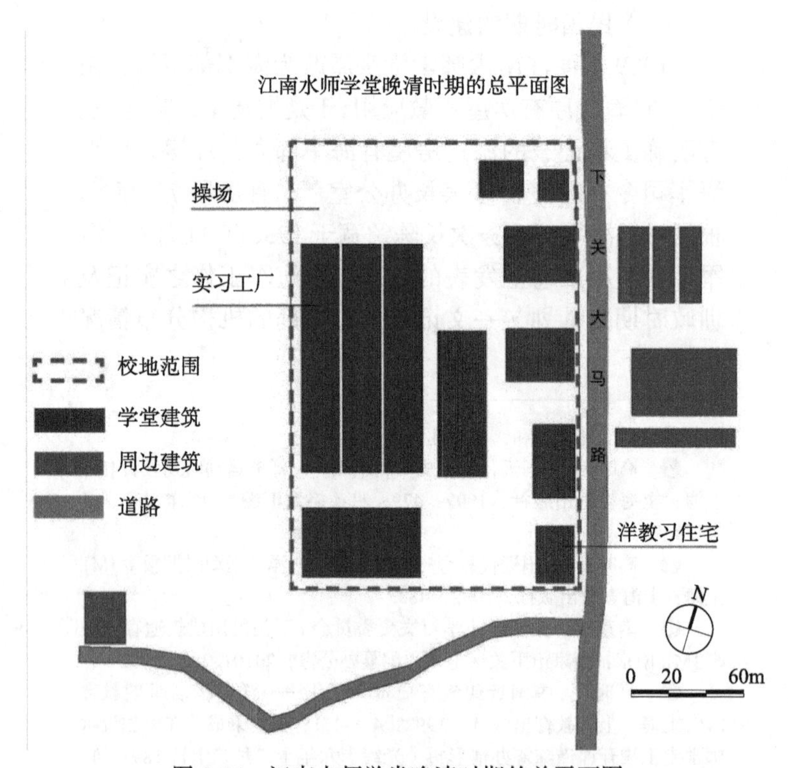

图 3-36　江南水师学堂晚清时期的总平面图

图片来源：笔者根据 1898 年南京城地图所示的江南水师学堂总平面图及比例翻制

[1] 高时良. 中国近代教育史资料汇编——洋务运动时期教育 [M]. 上海：上海教育出版社，1992：483.

[2] 高时良. 中国近代教育史资料汇编——洋务运动时期教育 [M]. 上海：上海教育出版社，1992：468-481.

[3] 高时良. 中国近代教育史资料汇编——洋务运动时期教育 [M]. 上海：上海教育出版社，1992：479.

图 3-37 1929 年海军部扩建后的总平面图
图片来源：笔者自绘；底图来源：1929 年南京城航拍图截图

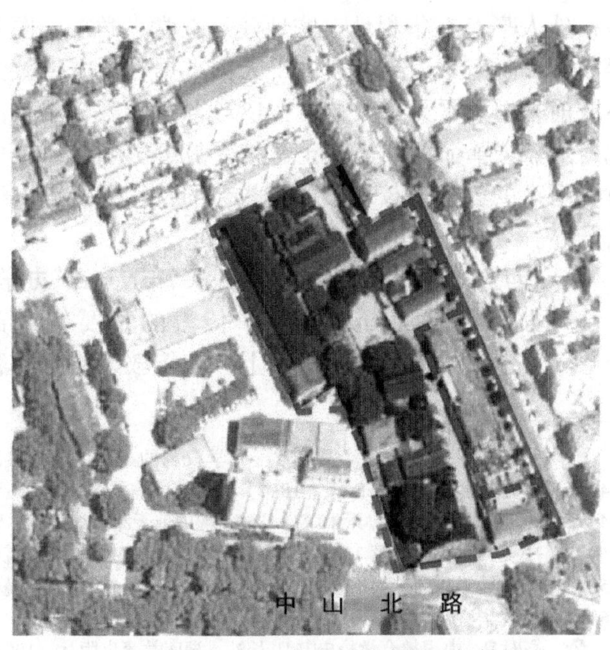

图 3-38 2018 年江南水师学堂遗址航拍图
图片来源：笔者自绘；底图来源：谷歌地图截图

5. 江南水师学堂的单体建筑

江南水师学堂在建筑功能设置上以旧学空间与新学空间并存，仍然保留旧学祭孔场所，在正楼上设置大成至圣先师孔子神像，定期举行祭孔活动[1]，但是学堂的主要功能空间则根据新学要求设置，学堂建筑面积4790m^2[2]，共有房屋360余间[3]，根据新学教学、办公、生活、实习操作、军事演练等不同使用要求，设有教学建筑，如讲堂、实习厂（鱼雷厂、机器厂、翻砂厂、雨盖操场、打靶场、测量台）、西学堂、工艺房等；教辅建筑，如总办楼、公务厅、客厅等；生活用房如学生宿舍、教习住宅、饭厅、库房、厨厕等；军事训练场和体育活动场所，如兵操场、打靶场、练习登船用的桅杆、水池等。2018 年江南水师学堂遗址航拍图如图 3-38 所示。

在建筑形态上华洋混杂，中式与西式建筑混合设置。校门牌坊和用于洋人的几处建筑为西式建筑，其余房屋均为中国传统建筑式样，卷棚屋顶、饰有脊兽、东西四合院等属于典型的清代建筑风格[4]。

目前遗存的主要建筑有学堂大门（图 3-39）和洋教习住宅（图 3-40）。学堂大门建于 19 世纪末，具有仿巴洛克建筑的特征，大门平面呈圆弧形，立面由 10 根门柱均匀布置，各柱子之间由墙体或装饰护栏连接，中部柱子高耸，两边逐渐变低，各柱自下而上又分为五个层次，每层顶部和边缘塑成花纹线条，门壁外表面用水泥砂浆粉刷，于立面正中入口处设置拱券门，建筑结构采用砖混结构[5]。学堂东南角的洋教习住宅历经多次修缮，目前保存尚好，建筑物东西向开间约 22m，南北向进深约 22m[6]，高二层，坡屋顶，目前为

---

[1] 高时良. 中国近代教育史资料汇编——洋务运动时期教育 [M]. 上海：上海教育出版社，1992：580-581.

[2] 南京市下关区政协学习文史委员会. 下关民国建筑遗存与纪事 [M]. 南京：南京市下关区地方志编纂办公室，2010：28.

[3] 高时良. 中国近代教育史资料汇编——洋务运动时期教育 [M]. 上海：上海教育出版社，1992：468-487.

[4] 高时良. 中国近代教育史资料汇编——洋务运动时期教育 [M]. 上海：上海教育出版社，1992：483.

[5] 刘先觉，王昕. 江苏近代建筑 [M]. 南京：江苏科学技术出版社，2008：115.

[6] 数据来源于笔者测绘。

图 3-39　江南水师学堂现存建筑（学堂大门）
图片来源：笔者自摄

图 3-40　江南水师学堂现存建筑（洋教员住宅）
图片来源：笔者自摄

红瓦屋面，建筑立面的拱形窗户具西式建筑的特征。

6. 南京近代新式学堂的起步

江南水师学堂是南京最早创办的新式学堂，拉开了南京教育建筑近代化的序幕，是近代新式学堂的起步。

这种起步表现在打破了中国传统儒学的藩篱，仿照西方创办新式学校，培养系统学习西方自然科学技术的人才，并采用西方学校分班授课的教学模式；在学堂建设中主要表现为新式建筑功能的出现，根据西学教学内容的需要设置有体操场、打靶场、实习工厂、西学讲堂等新式建筑功能；在学堂规划上打破了传统学宫书院建筑居中为尊的理论，根据功能需要合理设置主轴线和主要建筑；学堂有大致的功能分区，建筑布局也开始分化，因课程设置的专业化，固定的建筑与专业学科相对应，有中学讲堂与西学讲堂之分；在建筑形态上出现了与西学对应的西式讲堂，供洋教习居住的洋楼，中式与西式建筑混合设置。

第三节　中国主权之外的“文化飞地”——西方教会创办的学堂

鸦片战争之后，道光皇帝下诏解除了一百多年的禁教政策。西方教会先是在 5 个开埠港口开办教会学校，并允许传教士租赁土地、房屋，建立租界，此为教会办学提供了基础条件。后来随着侵略的深入和不平等条约[1]的继续签订，加强传教办学的自由，所有签约国创办的教会学校，受条约保护，中国人不得干涉，外人享有在华租地、购地建筑教堂、学校、医院等权利[2]。南京因当时为太平天国占据，西方传教士不敢前来，太平天国失败后，1875 年始有教会学校出现[3]，辛亥革命期间当本土学校受战事影响纷纷停办时，南京的教会学校由于西方教会的特殊身份得以继续开办。

一、西方教会传教策略的转变：从“布道”到“办学”

开办学校是西方教会在华传教的重要组成部分[4]，教会最初采取“自下而上”的传教策略，收容

[1] 关于不平等条约中涉及传教士办学权利的条款，具体参阅 1844 年《中美望厦条约》第 17 条、1844 年《中法黄埔条约》第 22 条、1845 年《中英上海租地章程》第 10 款、1858 年《中俄天津条约》第 8 条、1858 年《中美天津条约》第 12 款、1858 年《中英天津条约》第 8 款、1858 年《中法天津条约》第 13 款、1860 年《中法北京条约》第 6 款、1868 年《中美华盛顿续约》第 7 条等。

[2] 高时良．中国教会学校史 [M]. 长沙：湖南教育出版社，1994：19.

[3] 刘先觉，张复合，村松伸，等．中国近代建筑总览南京篇 [M]. 北京：中国建筑工业出版社，1992.

[4] 王建军．中国教育史新编 [M]. 广州：广东高等教育出版社，2014：175.

街头的流浪孤儿为学生[1]。随着教会势力的扩大，在华购地建校甚至强行占地建堂等行为引起了中国人的激烈反抗，“庚子教难”客观上促使传教士将传教活动的重点从“布道”转向“教育”，庚子新政后教会学校迅速发展。中国社会不需要传播福音的“布道者”，但是欢迎服务社会的“教育家”，从传播福音到兴办教育，从办小学到中学，到后来创办大学，在华从事教育的传教士完成了从“布道者”向“教育家”的角色变换。

南京最早的幼稚园、小学、中学都肇始于教会学校，其先进的教育模式和校园建设模式为同时期的本土学校提供了参照。从1875年最早开办的石鼓路天主教堂附设学校至1910年的金陵大学堂，南京教会学校形成了从幼稚园—小学—中学—大学的完整教育体系，其学堂建设也从最初利用教堂、租用民宅发展至学堂与教堂分离、单独购地建造学堂。

二、西方教会移植西方学校的建设模式

基督教会与学校的关系一直非常密切，现代大学即起源于欧洲中世纪大学，美国殖民地时期的很多中小学、大学由教会创办[2]，教会有着丰富的学校建设经验。那么在中国的南京如何进行校园建设？西方传教士采取直接移植教会母国的校园建设方式，照搬西方的校园规划和建筑形式。

造成这种局面的原因有二：一是鸦片战争之后，面对中西文化严重失衡的状态，西方的政客和商人已经可以毫无顾忌地将各种建筑形式引入中国，此时的传教士们普遍地抱有西方本位文化的优越感。二是以中国传统书院的格局来布置西方的教会学校，传教士认为并不是特别适合，即便采用，也是传教初期不得已而为之。中国古典建筑是一种长宽比接近3 ∶ 2的矩形平面形式，主入口位于建筑平面长边正中，开门即是建筑的主要活动空间，单体建筑的功能类型只是随着家具陈设的不同而变化，是一种以不变应万变的建筑形态，不存在按功能划分类型的分类概念[3]。而西方建筑自古希腊起就有了单体功能类型之分，发展至近代，学校功能配置更是齐全。因此，教会在引进西方教育体制和教学内容的同时，也直接移植与之相适应的校园建设模式就成为理所当然之事了。

三、教会学堂的实际建造状况

1. 教会学堂的办学力量及学堂类型

晚清南京的教会办学力量有英美基督教会和法国天主教会。

晚清西方教会创办的学堂类型主要为初、中等学堂，至1910年开始合并组建高等学堂，但并未开始高等学堂建设。在8所教会中小学中，1所为法国天主教会创办（石鼓路天主教堂内附设学校）、1所为英国基督会创办（基督及明育中学堂），其余6所均由美国基督教会创办。基督教会的办学热情明显要高于天主教会，尤以美国基督教会在南京办学最为活跃。

教会学校在教育上一直占据先机，领先于本土学校。在学校类型上，结合当时中国社会女禁未开的状况率先开办女子学校；结合当时中国医学、农业落后的状况率先开办医学、农学教育；在创办时间上，南京最早的小学、中学均为教会学校。

2. 教会学堂的营建特征

教会学校最初沿用教堂、租用民宅办学，自19世纪末期开始大量购买土地，建造堂舍。教会学校在成立之初即直接移植西方成熟的教学体系和校园建设模式，在校园功能上不存在演变的过程，只是随着规模的扩大学堂功能逐步完善。

南京的教会学校主要为美国基督教会创办，因此学校建设主要受到美国学校的影响。

1890年后，西方教会开始强调创办高等学校，学校建设开始走“本土化”路线，重视与中国传统文化

---

❶ 董黎．中国近代教会大学建筑史研究 [M]. 北京：科学出版社，2010：29.

❷ 冯刚，吕博．中西文化交融下的中国近代大学校园 [M]. 北京：清华大学出版社：2016：26.

❸ 董黎．中国近代教会大学建筑史研究 [M]. 北京：科学出版社，2010.

的结合[1]，在此背景下，南京的汇文书院、益智书院、基督书院于1910年合并为金陵大学堂，新学堂的建设走“本土化”路线，与中国传统文化结合。至1911年清朝灭亡，南京的教会大学尚未开始营造新校舍，因此，本书将教会大学的建造放至下章详细讨论。

3. 教会学堂的空间分布

晚清时期，南京教会学堂的空间分布主要受传教活动影响，集中在城中和城北鼓楼附近（图3-1），与教堂、教会医院就近设置，集中形成宗教文化圈。

四、初、中等教会学堂的建设

1. 初、中等教会学堂的统计与简介

晚清时期，南京共有教会创办的幼稚园1所[2]、小学3所、中学5所、中等实业学堂1所（表3-7）。

（1）明德女子书院

明德女子书院是美国基督教会在南京最早创办的教会学堂，也是南京近代女学之始。其旧址现位于南京秦淮区莫愁路419号，为南京市幼儿高等师范（市女子中专）学校所在地[3]。

学堂创办于1884年10月，由美国基督教传教士李满夫人在汉中门四根杆子（现莫愁路）创立，属于女子小学性质，初名为明德女子书院，1912年更名为私立明德女子中学。1942年被日军占领后改为日本高等女子学校，1945年复名为明德女子中学，中华人民共和国时期几易校名，现为南京市幼儿高等师范（市女子中专）学校。

学堂初创时利用教堂房屋，共有住宅3处、书房3处、礼拜堂1处、钟楼1座，建筑形式皆为洋式[4]。

[1] 1877年，“孔子加耶稣”的教育思想得到认同，1893年，中华教育会在上海举行第一届年会，重点讨论如何将基督思想与中国传统文化相结合的问题。1890年教会开始强调创办大学的必要性，在1895-1911年，确定了主张发展大学教育的政策。王建军.《中国教育史新编》[M]. 广州：广东高等教育出版社，2014：325-329.

[2] 晚清教会创办的学期教育称幼稚园，国人创办的则称蒙养园。引自：南京市地方志编纂委员会 . 南京教育志（上册）[M]. 北京：方志出版社，1998：77.

[3] 南京市地方志编纂委员会 . 南京教育志（上册）[M]. 北京：方志出版社，1998：177.

[4] 1896年夏南京境内教会建筑清单。来源：档案号635（1896.8.21），《中国近代史资料汇编，教务教案档（第六辑）》：783+855-861。

民国时期学校与教堂分设，1912年建教学楼淑德堂，后又建成学生宿舍思明堂、小礼堂、健身房、教师住宅爱明楼、幼稚园舍等。学校规划移植北美校园的中心花园模式，主要建筑物围合中心绿地设置（图4-44）。

学校主要建筑教学楼淑德堂（图3-41）、学生宿舍思明堂（图4-45）皆为美国殖民式风格[5]，屋顶起伏跌宕，坡度平缓，设老虎窗，入口柱廊较细，楼层间用凸出墙面的砖砌线条装饰。教学楼内按照西式教学的需求设置各类教室、实验室等教学教辅空间。

目前该校原有的教会建筑均不存。

（2）汇文女子中学

汇文女子中学现位于南京市玄武区中山路178号，现为南京市人民中学。

该校创建于1887年5月，由美国基督教女传教士沙德纳创办，时称沙小姐学堂，初创时仅有校长1名，学生6名，后来规模扩大，1899年正式设置初中部，1902年命名为汇文女子中学，1910年后曾办师范科大学部，并增设附小一所，1915年该校大学部并入南京金陵女子大学。南京沦陷前学校迁往上海，1939年部分师生迁返南京，1941年太平洋战争爆发后学校停办，1942年汪伪政府在此设立同伦女子中学，抗战胜利后内迁师生迁回原址复校。中华人民共和国成立后几易校名，现为南京市人民中学。

晚清时期学校主要建筑大门、高中课堂、初中课堂，教长住宅等洋式房屋[6]，1933年添建体育馆。[7]校园规划移植北美校园的中心花园模式，主要建筑物围合中心操场设置（图3-46）。目前该校原有历史建筑已经拆除，仅保留1幢教师住宅，现名为“汇文楼”[8]。

[5] 18世纪中叶，北美出现了一种砖木建筑样式：券廊、细柱、阔开间，檐口和线脚变薄、简化，外墙以红砖嵌线或钉条板，此种稳定一贯的风格，被称为殖民时期建筑样式（Colonial Style）。殖民时期建筑样式的定义引自：陈志华 . 外国建筑史（19世纪末叶以前）[M]. 北京：中国建筑工业出版社，2010：293.

[6] 1896年夏南京境内教会建筑清单。来源：档案号635（1896.8.21），《中国近代史资料汇编，教务教案档（第六辑）》第783，855-861页。

[7] 1936年春季刊《南京市私立汇文女子中学概况一览》第2页。

[8] 南京市人民中学校史办公室文书档案。

晚清时期南京教会创办的中、小学堂（合计 10 所） 表 3-7

校名	现名	创办时间	创办者	堂址	堂舍状况	数量
幼稚园						1
畲清女学附设幼稚园	估衣廊小学	1905 年	美国基督教传教士沙德纳	估衣廊	洋楼，利用城中会堂的房屋	
小学						3
无校名，附设在石鼓路天主教堂内	石鼓路小学	1875 年	法国传教士倪怀纶	石鼓路	洋楼，附设在天主教堂内，有礼拜堂 1 座，学堂两座	
明德女子书院小学部	南京幼儿高等师范学校	1884 年	美国基督教传教士李满夫人	四根杆子（现莫愁路）	附设在明德女子书院内	
畲清女学	估衣廊小学	1887 年	美国基督教传教士沙德纳	估衣廊	洋楼，利用城中会堂的房屋	
中学						5
明德女子书院	南京幼儿高等师范学校	1884 年	美国基督教传教士李满夫人	四根杆子（现莫愁路）	洋楼,学堂与教堂合用房屋,共有住宅3处、书房 3 处、礼拜堂 1 处、钟楼 1 座，1912 年新建教学楼淑德堂	
汇文女子中学	南京市人民中学	1887 年	美国基督教传教士沙德纳	南京乾河沿	洋楼，有大门、平房数间、高中课堂、初中课堂、教长住宅等洋式房屋 5 座	
汇文书院	金陵中学	1888 年	美国基督教传教士福开森	南京乾河沿	洋楼，有钟楼、小礼堂、西课楼、东课楼、考吟寝室、青年会图书馆等	
金陵基督女书院	南京大学附属中学	1896 年	美国基督教传教士赖瑛	宝泰街 35 号	洋楼 1 座	
基督及明育（女子部）中学堂[1]	中华中学	1899 年	英国基督教传教士马林	花市大街	平房数间	
中等实业学堂						1
史密斯纪念医院附设医学堂		1889 年	美国基督教会	汉中门黄泥巷	药房 10 余间，礼拜堂 1 座，洋楼 1 座	

本表来源：笔者根据以下史料综合整理绘制：

1. 南京市地方志编纂委员会 . 南京教育志（上册）[M]. 北京：方志出版社，1998：178-179、364.
2. 各校校史馆资料、南京城 1898 年、1910 年地图。
3. 各学堂房屋状况主要来源于：1896 年夏南京境内教会建筑清单，档案号 635（1896.8.21），《中国近代史资料汇编，教务教案档（第六辑）》第 783+855-861 页。

图 3-42 为晚清时期建造的学校大门及部分校内建筑。

（3）金陵基督女书院

金陵基督女书院位于今南京鼓楼区鼓楼街 83 号，现为南京大学附属中学所在地。

学校创办于 1896 年，由美国基督教会创办，首任校长为女传教士赖瑛（Miss Lyon），当时校址名为宝泰街。初建时规模较小，1925 年后扩大规模，增设

[1] 基督中学旧址位于中华路，现为中华中学，当时堂址称为花市大街，由英国基督教传教士威廉姆·爱德华·麦克林 1899 年创办。麦克林生于 1860 年，1886 年受英国基督教会派遣来华传教，是该教会第一个驻华教医，来华后取中国名字马林。

图 3-41 明德女子中学教学楼淑德堂

图片来源：南京幼儿高等师范学校校史室

图 3-42 汇文女子中学校门及校内建筑

图片来源：南京市人民中学校史室

女子师范科并设附属小学。1927 年改名为私立中华女子中学，1941 年太平洋战争爆发后停办，1945 年抗战胜利复办，中华人民共和国成立后与多校合并、数易其名，现为南京大学附属中学。

晚清时期学堂建有洋楼 1 座（图 3-43），民国后陆续添建有教学楼（图 3-44）、学生宿舍、教员住宅等，校园空间布局形式移植北美校园的中心花园模式，主要建筑物围合中心操场设置（图 4-44）。建筑形式以西方古典式为主，目前该校原有的教会建筑均不存。

2. 初、中等教会学堂的选址与规划

（1）初、中等教会学堂的选址

晚清南京的教会学堂集中在城中和城北鼓楼一带。

图 3-43 金陵基督女书院晚清时期的主楼

图片来源：叶兆言，卢海鸣，韩文宁 . 老照片南京旧影 [M]. 南京：南京出版社，2012：181.

图 3-44 金陵基督女书院民国时期的主楼

图片来源：南京大学附属中学校史室

学堂选址主要受传教活动影响，因传教士最初在四根杆子（今莫愁路）、鼓楼、乾河沿、估衣廊一带传教，故教会学校也集中在这一带设置。例如南京最早的教会学校附设在石鼓路天主教堂内，明德女子书院的创办者李满夫人最初在汉中门大美国福音堂附近的四根杆子租到一块空地建了小礼拜堂，然后就近创办了明德女子书院；美国基督教会在城中估衣廊买地盖教堂后就近创办了畲清女学❶。

南京的教会学堂多为美国基督教会创办，其选址类似美国“学术村”的选址观，教会学校选址在城北城郊结合部，不仅地价便宜，还能购得较完整的土地，城北较城南荒凉，但安静宜人，交通也算便利。

（2）初、中等教会学堂的规划

晚清南京的教会学堂直接移植教会母国的校园建设模式，规模较大的几所学校均由美国教会创办，因此有必要对美国校园模式进行根源性的探索。

美国统一校园规划的理念最早起源于17世纪末的威廉和玛丽学院（1699年）❷，19世纪美国大学是一种“学术村”的概念，校园注重优美的自然风景，地处城郊，校园内包含有教学、办公、社交娱乐、体育运动、生活后勤等功能，完全是一个功能齐全的社区。校园建筑围绕绿色开放空间形成聚合、多轴线布局、校园林荫道，利用围合与轴线的方法形成校园空间❸。

传教士将这些规划理念直接搬到了中国的南京，从学堂选址到空间布局，均体现出与美国校园的高度相似性。南京教会学堂直接移植北美“中心花园”的规划布局方式，由于学堂较小，没有进行整个校园的功能分区，建筑物混合布局，功能设置和总体布局方式分为两类：

1）规模较小的教会学堂房屋简陋，附设在教堂内或租赁民房数间办学，晚清初创之时大多数学堂属于此类。例如畲清女学、明德女子书院初期皆附设在教堂内，基督及明育中学堂仅有平房数间，金陵基督女书院有洋楼1座，尚谈不上规划。

2）规模较大的有汇文书院和汇文女子中学两所学校，其校园规划直接移植北美“中心花园式”—集中式院落❹结构，主要建筑物教学大楼与生活用房（学生宿舍、食堂等）围绕体操场或中心绿地设置，四周以围墙分隔，创造一种独立的基督教氛围。

例如汇文书院将主要建筑物西课楼（教学楼）、考吟寝室、食堂、图书馆、单身教员宿舍围绕左侧中心绿地布置；图书馆、钟楼、小礼堂、东课楼与另一幢单身教员宿舍又围合右侧中心绿地布置，形成两组院落式空间（图3-45）。校园运动场和中央大草坪提供给学生一个户外运动和相互交流的露天场所，促进了师生感情，保持了教会学校旺盛的生命力和影响力，体现出自由开放的新型学校精神，使学生完全摆脱了修道院式的刻板单调模式，创造民主、健康、开放的校园形态。

汇文女子中学的布局与此类似，主要建筑初中课堂、高中课堂、学生宿舍、饭堂面向中心绿地，与校长住宅、教员住宅等围绕中央草坪布置，附属建筑（厨厕、盥洗室、浴室）集中设置在最北端，贴近学校边界（图3-46）。

“中心花园”式的布局受19世纪北美大陆开敞式校园形式的影响，学校主要建筑物集中布置，非常适合创办之初规模较小的教会中小学。如果进一步针对南京教会中小学的校园规划作量化分析可以发现：这种移植北美“中心花园”模式的规划形式仅有2所，占学校总数的20%，折射出西方教会创办之初的艰难，也反映出西方教会“先办学后建校”的办学方针。

3. 初、中等教会学堂的建筑功能与形态

（1）初、中等教会学堂的功能设置

晚清南京的教会学堂实行“编班授课制❺，自创

❶ 魏文浩，周琦．南京近代基督教教堂研究［D］．南京：东南大学建筑学院，2014.

❷ 江浩．大学形态的形成及设计理论研究［D］．上海：同济大学建筑与城市规划学院，2005：48.

❸ 江浩．大学形态的形成及设计理论研究［D］．上海：同济大学建筑与城市规划学院，2005：5-7.

❹ 集中式院落空间结构表现为：建筑物围绕校园的中心广场形成集中式户外活动空间，结构紧凑。引自：姜辉，孙磊磊，万正旸，等．大学校园群体[M]．南京：东南大学出版社，2006：53.

❺ 编班制课堂组织形式自16世纪起在西欧一些国家试行，17世纪捷克教育家夸美纽斯（Comenius，Johann Amos，1592—1670年）奠定了理论基础，19世纪得到大范围推广。引自：张宗尧，李志民．中小学建筑设计（第二版）[M]．北京：中国建筑工业出版社，2009：8.

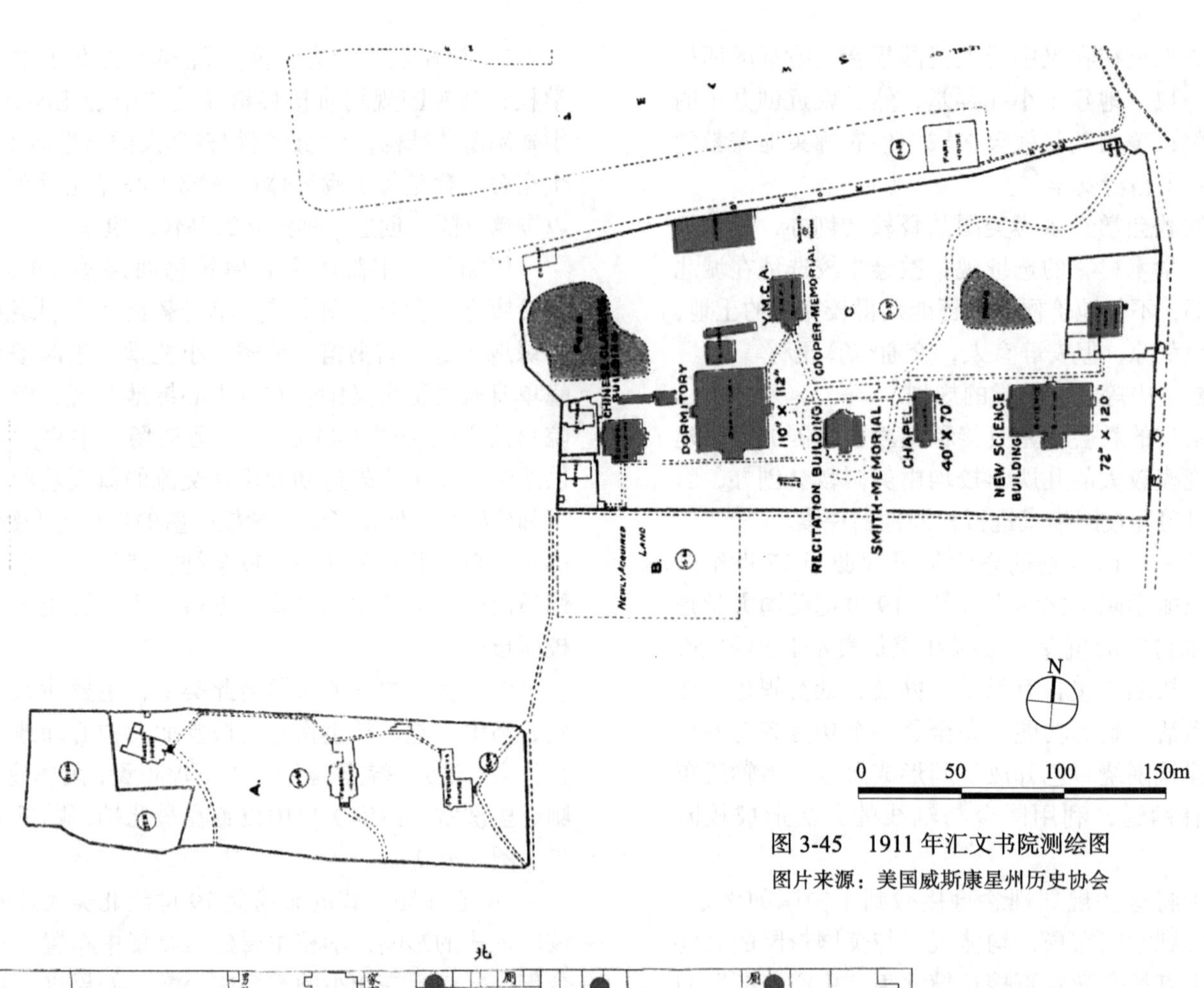

图 3-45 1911 年汇文书院测绘图

图片来源：美国威斯康星州历史协会

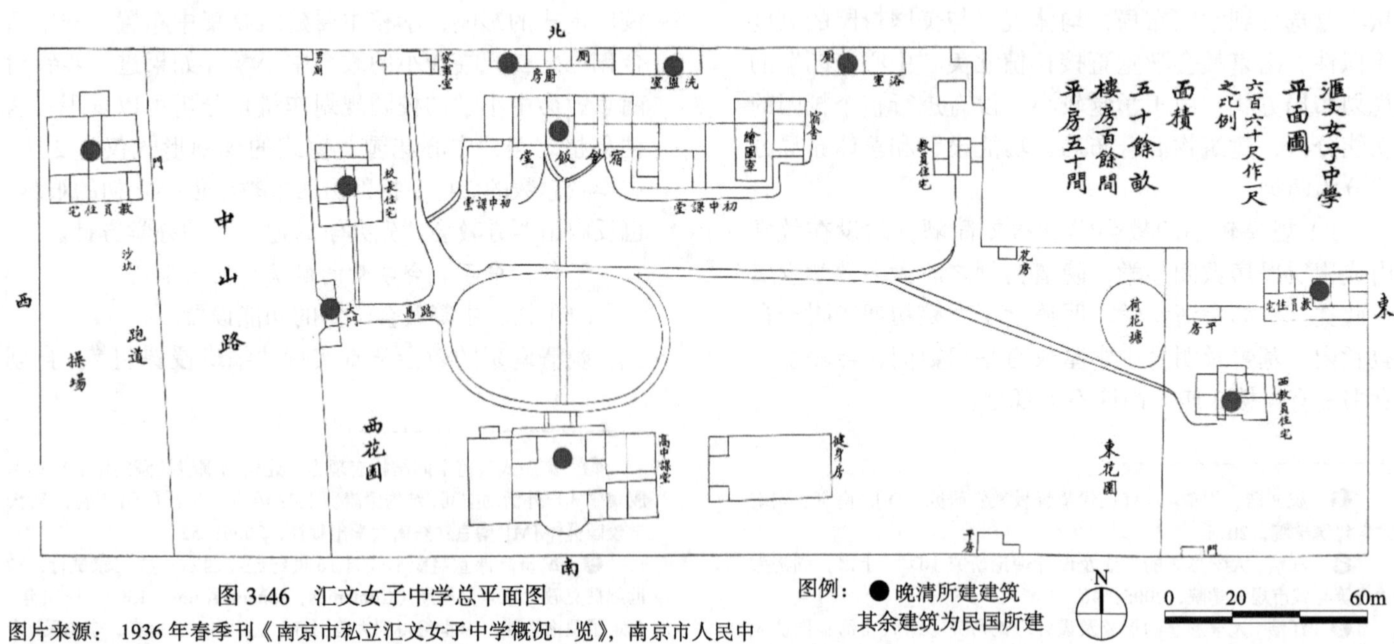

图 3-46 汇文女子中学总平面图

图例：● 晚清所建建筑

其余建筑为民国所建

图片来源：1936 年春季刊《南京市私立汇文女子中学概况一览》，南京市人民中学校史办提供办之初即参照西方学校对场所功能进行细化(图3-47)，在有限的几间平房或单幢建筑内部分隔出教学、运动、生活、办公、宗教等活动对应的专门性房间（本土学校功能混合使用，如教室兼做礼堂)。因此教会学校与本土学校的功能区别在于：一是教会学校不存在建筑功能的演变过程，只是随着学校规模的扩大其功能设置不断地完善；二是教会学校设有钟楼、礼拜堂等宗教建筑。

教育建筑的本质是为解决教与学等使用功能，建筑功能处于其核心地位，如果对各校建筑类型与功能做定量分析，基本每所学校都含有教学、运动、生活、办公、宗教等五类功能，这五种活动类型对应有专门性的房间、场所或单幢建筑物，只是各校的规模大小和建筑数量有差异。教会学堂建筑功能特点如下：

1）教会学校开启近代教育建筑按使用功能划分建筑类型的先河，将建筑类型与建筑形态相对应。

中国古代传统的学宫和书院虽然有讲堂、祭殿、藏书楼等大致的功能分类，但不同使用功能的建筑物，其平面和立面形式都是相似的。但教会学校是移植西学模式，不同使用功能的单体建筑对应有不同的平面和外形，不同于中国古典建筑的“通用式”设计，西方建筑是“特殊式”设计[1]，如教学用的教学楼与住宿用的宿舍、宗教礼拜堂、图书馆等，平面布局和建筑形态个体差异很大。

2）规模较小的学校仅有平房数间或单幢建筑，没有形成明显的建筑分类，往往在一幢建筑内包含多种功能，建筑内部被分隔成许多专门性空间，用以教学、办公、生活和宗教活动。

在10所教会中小学中，有8所（畲清女学附设幼稚园、石鼓路天主教堂附设小学、明德女子书院小学部、畲清女学、明德女子书院、金陵基督女书院、基督及明育中学堂、史密斯纪念医院附设医学堂）属于此类。

与中国古典建筑以“数”的增加向平面发展不同，西方建筑依靠“量”的扩大向高空发展，以“座”为单位，将更多、更复杂的内容组织在一座房屋里面，由小屋变大屋，由单层变多层，因此房屋内部平面功能复杂[2]，即便学校仅有单幢房屋，也会在内部分隔成一个个独立的专门性房间，对应上课、实验、借阅、吃饭、睡觉、运动、办公、礼拜等活动，功能混杂。例如明德女子书院1912才建成一座楼，一座楼就是一所学校，楼内包含教室、实验室、图书室、办公室、礼拜堂等。直至20世纪20年代，才单独建立小礼堂，将宗教活动与教学分开，1929年后又建有学生宿舍，将生活与教学用房分开[3]。

3）规模较大的汇文书院和汇文女中2所学校，

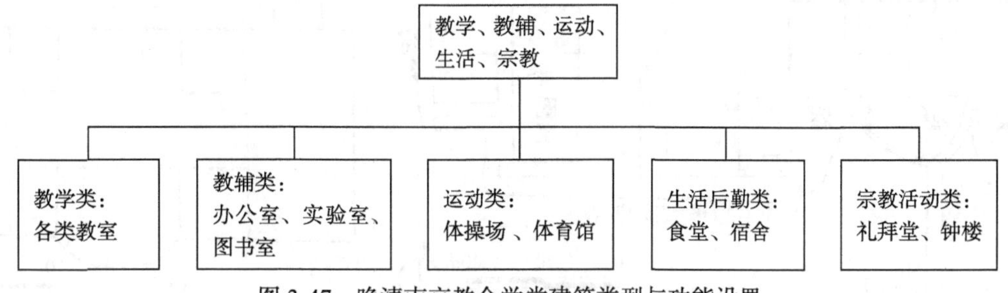

图3-47　晚清南京教会学堂建筑类型与功能设置
图片来源：笔者根据教会学堂建造实况绘制

❶ 李允鉌.华夏意匠 [M].天津：天津大学出版社，2005：79.

❷ 李允鉌.华夏意匠 [M].天津：天津大学出版社，2005：130-131.

❸ 明德女子书院历史建筑相关史料，来源：南京幼儿师范学校(原明德女子书院）校史馆。

有明显的建筑分类，校园建筑呈现专业分化，有教学楼、图书馆、礼拜堂、宿舍、食堂、体操场等，但这些单体建筑内部功能混杂，师生活动对应有专门性的房间或场所。例如汇文书院钟楼第一层为办公用房，第二层为教室，第三层阁楼为宿舍。考吟寝室一楼配置伙房、饭厅、澡堂等生活服务设施，一楼南面曾作为宿舍和教室，二楼、三楼为宿舍。东课楼、西课楼内设教室、行政办公室、实验室❶。

A. 教学用房：教学楼、教室、实验室

a. 教学楼、教室

教学用房是学校最主要的建筑，往往最早建设。教学楼分为有两类：一类是规模较大的汇文书院和汇文女中建有独幢的教学楼，内部功能混合，以教室为主；另一类是规模较小的学校利用平房或在独幢建筑内分隔出教室。

晚清时期教会学校的教学楼平面多为矩形和凹字形，多为综合楼形式，体量较大。教学楼内部主要设置普通教室、专用教室和生理化实验室等教学用房，教辅类用房如校长室、教务处、事务处、会计室、教师办公室、教师休息室等各类行政办公室和图书室都会设置在教学楼内，有时还会“塞入”礼拜堂、学生宿舍和食堂，由于房屋有限，这种经济型综合楼模式在学校创办初期普遍存在。例如汇文女子中学的初中课堂一楼中部和东部设为食堂和宿舍，与教室混合布置；高中课堂利用一楼西部的大空间设置礼拜堂。

教学楼一般采用走道式组合的布局方式，多用外廊式布局，南向外廊单面布置房间；或用内廊式，中间走廊两边布置房间（图 3-48）。

教学楼垂直交通采用楼梯，与水平交通道走廊、门厅、入口共同构成大楼的交通体系。

教学楼内的教室一般为南北向布置，矩形平面，强调光线和视线设计。因西方教会注重自然科学知识的传授，对于数理化公式的推导、演算、证明，仅通过教师的口述表达难以达到较好的教学效果，因此，板书和实物演示是近代西方教育的特点，这与中国以背诵、写作为主的传统文科教育是截然不同的。与班级授课制配套的是黑板、讲台、讲桌、秧田式的座位排列，这种座位形式下所有的学生都面向教师❷（图 3-49），教师除了讲解还要板书，学生除了听讲还要看黑板和记笔记。因此，人的视线决定了教室的大小。从人体工程学的角度分析：看黑板对教室的空间距离和光线有明确要求，人的视力要求普通教室最后排座位距离黑板不超过 10m，两侧课桌与黑板最边缘的角度不应超过 30°，从而确定了教室的宽度，第一排座位与黑板应有适当的距离，前排正座的学生观看黑板

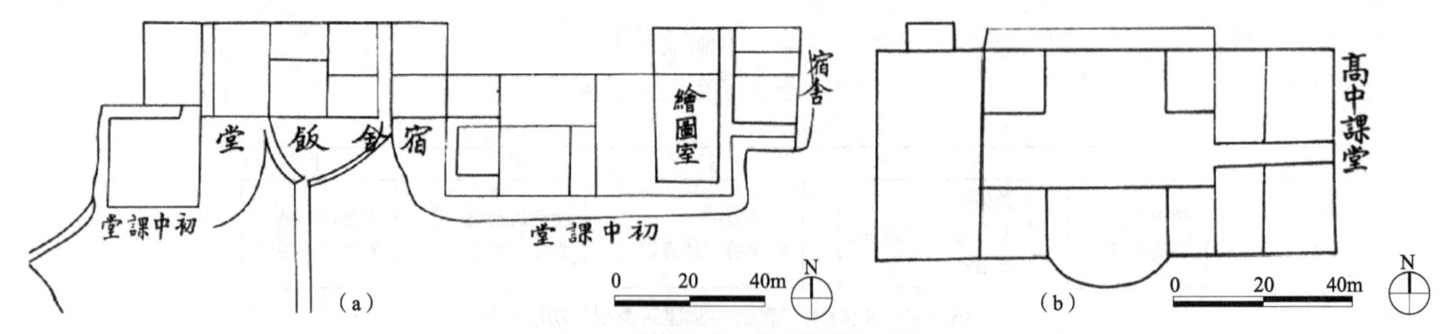

图 3-48 汇文女子中学教学楼平面图

（a）汇文女子中学初中部教学楼平面图；（b）汇文女子中学高中部教学楼平面图

图片来源：笔者自绘；底图来源：南京市人民中学校史室

❶ 金陵中学校史室文字档案。

❷ 张宗尧，李志民 . 中小学建筑设计（第二版）[M]. 北京：中国建筑工业出版社，2009：56.

时垂直视角不小于45°[1]。教室要求自然采光，满足学生的书写要求，采光量主要通过开窗大小决定，同时开窗的位置和大小又与建筑立面形象有关。

下文以汇文书院钟楼内的教室为例进行分析：教室平面呈矩形，最大的教室6.9m×7.6m，在南面和西面各设2扇窗户；最小的教室5.0m×7.6m，北面设2扇窗，西面设一扇窗，完全满足教室窗地比1 ∶ 6的采光要求（图3-65）。同时视线也符合要求，最后排座位离黑板不超过10m（图3-49）。

图3-49　汇文书院钟楼内教室的座位排列方式

图片来源：金陵中学校史室

b. 实验室

西方教会注重自然科学知识，重视实验，讲求实证，强调实际参与和动手能力的培养，对科学和数学等逻辑思维的训练尤其重视，认为科学实验是发展培养逻辑思维的最佳方式之一，因此各教会中小学都设有实验室。由于房屋有限，实验室都设置在教学楼内。

实验室对室内空间距离和光线有着同教室类似的要求，分班级上实验课，配套有黑板、讲台、实验桌。中小学有生物、物理、化学等实验室，一般在实验室毗邻处或在实验室内部配套有实验准备室、管理员工作室、仪器室、标本室、化学药品室等，例如明德女子中学的实验室就设置在教学楼淑德堂内，在实验室内配套有玻璃橱柜，内存实验用的标本、器皿等（图3-50）。

图3-50　明德女中教学楼内的实验室

图片来源：南京幼儿高等师范学校校史室

B. 教辅用房：行政办公室、图书室或图书馆

行政办公室一般设在教学楼内，包括校长室、教务处、教师办公室、事务处、会计室、邮电室等各类办公用房。图书室也设在教学楼内，仅汇文书院建有独栋的图书馆，其平面为矩形，设有图书阅览室、教室和书库。

C. 生活后勤用房：学生宿舍、教员住宅、厨房、食堂、浴室、厕所

教会学校都会把管理学生生活作为一项重要的教育内容，他们认为教会学校不仅是学习科学知识的地方，而且能通过校园环境塑造学生的品格，给学生融入基督教精神，教会希望在这个充满基督教氛围的校园小天地内，提供给师生学习、生活、运动、宗教活动的全部场所。“教会学校的学生其饮食起居、读书生活、概由学校负责管理，每班都有教师专职负责”。教员的妻子也往往充当义务教员，分担学校的工作，为形成家庭化环境提供条件[2]。因此，教员宿

[1] 张宗尧，李志民. 中小学建筑设计（第二版）[M]. 北京：中国建筑工业出版社，2009：48-49.

[2] 史静寰. 基督教教育与中国知识分子 [M]. 福建：福建教育出版社，1998.

舍、学生宿舍与教学楼一样，是学校最早建设的一批建筑。这点与本土学校不同，本土学校不强制要求教师和小学生住校，因此无须建造教员住宅和小学生宿舍。

学生宿舍一般靠近教室或教学楼设置。规模小的学校，学生宿舍为平房或设在教堂内，规模大的学校建有学生宿舍楼，或将学生宿舍设在教学楼内。例如汇文书院建有独幢学生宿舍——考吟寝室，是集学生宿舍、食堂、澡堂等所有生活设施于一体的综合楼（图 3-70）。

教会学校都会设置教师住宅或宿舍，因类型上属于住宅性质，本书仅作简要概述。教会学校的教员多是外国人，文化观念与生活习惯的不同加上当时国人对教会的排斥，与华人合住显然不可能，购地建屋成为唯一途径。且教会学校一般会要求教员住校，希望与学校形成一个基督教学术区，成为基督教徒大家庭。因此，教会学校都会建设教师住宅、单身教师住宅、校长住宅等，有明确史料记载建有教师住宅的有汇文书院（图 3-45）和汇文女中（图 3-46、图 3-51）。教师住宅一般与教学中心区保持一定的距离，一般布置在校园的最端部或入口处，并未形成教师住宅区，建筑样式均为西式。

D. 体育活动场所：健身房、体操场

现代体育运动来源于西方国家。西方人认为体育锻炼对学生的健康成长、增强体质、开发智商等方面至关重要，与中国传统书院强调以“智育”为中心、修身养性的书院格局完全不同。教会学校一向重视体育运动，均设有室内健身房和室外体操场，有的学校甚至设有多处体操场。晚清时期教会中小学的活动室、健身室都附设在教学楼或学生宿舍内。室外体操场则是各校必备，即便堂舍再简陋不堪，也会利用空地作为室外活动场所，例如汇文书院设有南操场和北操场。

E. 宗教活动场所：礼拜堂、钟楼

礼拜堂为教会学校所独有，西方教会的办学目的就是为了服务宗教，宗教课程为必修课，因此每所教会学校都设有礼拜堂。礼堂一般与教堂同设，既用来进行宗教活动，也用来开展世俗活动。

晚清时期大多数教会学校的礼拜堂附设在教学楼内，规模不大，如汇文女中的礼拜堂设在高中课堂一楼右侧。仅汇文书院于 1888 年建有独幢的小礼拜堂（图 3-71），并就近建造钟楼。小礼堂平面为简单的矩形，在室内前方设有圣坛和读经台，中央排放整齐的圣职席位。

（2）初、中等教会学堂的建筑形态

教育建筑的风格演进是中外建筑文化冲突融合的产物，建筑形态折射着当时的历史文化背景、西方教会、业主、建校负责人、建筑师等不同人群的意识。笔者综合史料针对南京教会中小学建筑形态量化分析发现，晚清 90% 的教会学校建筑形态为西式，即便是择址新建的房屋仍采用西式建筑风格，仅基督及明育中学堂为几间平房。晚清南京教会中、小学校建筑形态分析见表 3-8。

晚清南京教会中、小学校建筑形态分析　　表 3-8

建筑形态	学校数量（所）	所占比率
简陋平房	1	10%
利用基督教堂或新建西式堂舍	9	90%
合计	10	100%

本表来源：笔者根据以下史料绘制：1. 表 3-7 晚清南京的教会中、小学堂房屋状况，2. 各校校史馆提供的历史照片。

晚清教会学堂建筑形态的形成原因有三：

一是西强中弱的大社会背景。教会传教之初普遍抱有西方本位的文化优越感，西方的政客和商人可以毫无顾忌地将母国的建筑形态引入中国，在教会眼中，学校不仅是教育机构，其建筑形态也是一种示范。另外，教派的宗教与政治主张倾向保守，这也是教会学校选择西方建筑形式的重要原因。

二是南京受《东南保护约款》所致。在中国北方义和团运动展开之时，就已经通过盛宣怀与西方列强驻上海领事商订了《东南保护约款》，使华东地区几乎没有受到排外活动的波及。

三是西方教会聘请美国建筑师设计或直接从美国

拿来图纸在南京建造学堂。晚清规模最大的教会学校汇文书院就是由西方教会聘请美国建筑师设计的，采用其熟悉的西式风格也就成为自然而然之事。

晚清教会中小学建筑形态大致有四种类型："殖民地外廊样式、美国殖民期建筑样式、简化的西方古典式、学院哥特式"，一所学校往往包含多种建筑样式。

"殖民地外廊样式"是在简单的方盒子似的建筑周围包上外廊的这种做法[1]。例如汇文女子中学教长住宅和教学楼均在南面设有外廊，外廊墙面开设连续的拱形洞口，外廊较宽，上面覆有屋顶，逢雨天学生还可以在外廊上活动，非常适合南京多雨的气候（图 3-51）。

"美国殖民期建筑样式"（Colonial Style）起源于欧洲中世纪的乡村和城市住宅，欧洲殖民者到达美洲后，这种形式成为当时流行的一种时尚。建筑特征为：建筑体量一般不大，平面及造型较灵活，屋顶陡峭，清水砖墙，圆拱形窗户，在檐口、转角、入口等局部用精细的磨砖做成圆弧或曲面线脚，形成较复杂的装饰[2]。

比较典型的实例有汇文书院钟楼[3]（图 3-64）和明德女子中学主教学楼淑德堂（图 3-41）。例如钟楼外墙用清水砖砌筑，红砖嵌线，圆拱形窗户，立面局部有曲面线脚装饰。淑德堂外墙为清水砖墙，主入口门廊设有细柱，门廊及外墙柱子用砖砌线条装饰，楼层间也用凸出墙面的砖砌线条装饰，窗户为矩形，屋顶起伏跌宕，坡度平缓，两侧设有老虎窗。

南京教会学校的古典复兴趋向于简化，模仿文艺复兴时期府邸立面的处理手法，建筑严谨对称，墙面处理简洁，墙面平整或以壁柱进行竖向划分，窗户多为半圆拱券或三角楣饰方窗，有的干脆直接做成方窗。例如宏育书院（图 3-53）立面处理简洁，方形窗户，入口有山花和拱形门廊。汇文书院西课楼（图 3-52）入口门廊连续的拱券、考吟寝室主入口的山花、罗马柱都是"西方古典式"的建筑语汇。

"学院哥特式"（Collegiate Gothic）建筑主要用于

图 3-51　汇文女子中学教长住宅、初中课堂

图片来源：南京市人民中学校史室

[1] ［日］藤森照信，张复合译. 外廊样式——中国近代建筑的原点［J］. 建筑学报，1993，5：33-38.

[2] 潘谷西主编. 南京的建筑 [M]. 南京：南京东海印刷厂印刷，1995：79.

[3] 刘先觉，张复合，村松伸，等. 中国近代建筑总览南京篇 [M]. 北京：中国建筑工业出版社，1992：16.

图 3-52　汇文书院西课堂

图片来源：金陵中学校史室

图 3-53　宏育书院（金陵大学前身之一）

图片来源：金陵中学校史室

教会学校的教堂，以表达教会学校的属性，是学校生活中心的基督象征。哥特风格进入校园后衍生出一种被称为“学院哥特式”的教育建筑风格，一直在欧美校园中发挥着重要影响。牛津大学、剑桥大学等最早建立的一批大学校园有很多具有明显哥特特征的校园建筑，美国殖民地时期诞生的第一批大学，以模仿哥特风格建筑来表明对正统学术的传承[1]。学院哥特式风格逐渐风靡美国大学校园，并随着美国传教士和美国建筑师进入了中国南京。

例如汇文女子中学高中课堂（图 3-54）具有明显的学院哥特式风格，追求高低起伏的建筑形体轮廓[2]，建筑中心为高耸的塔楼，尖塔顶，窗户为尖券或双尖券，建筑给人以华丽、细腻的感觉。汇文书院小礼堂的尖券、扶壁、玫瑰窗也具有学院哥特式建筑的特征。

图 3-54　汇文女子中学高中课堂

图片来源：南京市人民中学校史室

五、高等教会学堂的创立

1890 年以后，在华西方教会将重心转向高等教育，南京的教会中小学开始合并组建成高等学堂。1907 年基督、益智两书院合并成为宏育书院，1910 年宏育书院并入汇文书院，组建成金陵大学堂，旧堂舍未做改动。

至 1911 年清朝灭亡时，金陵大学堂仅在鼓楼购

[1] 蔡凌，邓毅．中国近代教会大学的学院哥特式建筑 [J]．建筑科学，2011，27（1）：109.

[2] 冯刚，吕博．中西文化交融下的中国近代大学校园 [M]. 北京：清华大学出版社，2016：208.

地建设新校区[1]，民国时期才开始新校区的设计和建造。

六、教会学堂的建筑技术

1. 建筑结构

晚清的教会学校均为砖（石）木混合结构体系，砖墙承重，楼层结构用木梁、木楼板，木制楼梯，屋顶一般采用西式木屋架[2]。例如晚清建造的明德书院主教学楼、汇文书院和汇文女子中学建筑群、金陵基督女书院的房屋皆为砖（石）木混合结构体系[3]。由于这种结构取材容易，施工方便，造价经济，后来逐渐得到普及，一直到20世纪30年代还广泛应用，例如1919年建造的金陵大学北大楼仍采用砖木结构体系[4]。

在一些早期殖民式与西方古典式建筑中，还较多地在外观上应用了券廊结构形式，立面多为青砖砌筑，有的在重点部位用红砖带装饰，外部一般不加粉刷，典型的实例有汇文书院建筑群[5]，这些建筑外墙普遍采用青砖砌筑，局部用红砖带装饰。

2. 建筑材料

早期教会学校建筑屋顶上铺木椽、小青瓦[6]，1906年后，南京开始设有自办的机制砖瓦厂[7]，屋面开始使用西式瓦材，所以南京建于1906年之前的建筑初建时应该大多是采用青瓦屋面，但在后来的维修过程中可能会换成其他类型的瓦。19世纪末期的房屋尚未采用水泥材料，故外墙门窗顶部均用弧形对拱，窗台用青石板砌筑，窗户采用上下推拉木扇，墙体采用砖或石砌[8]。

3. 建筑设备

晚清时期的教会学校皆使用“烛火井水”。

例如从汇文书院教室内部照片中可以看到，教室采用煤油灯照明（图3-49）。教会学校一般挖有水井，供全校师生日常饮用，汇文女子中学水井遗迹尚存于现校园内。教学楼、学生宿舍和教师住宅一般设有壁炉，从历史照片上可以清晰地看到有烟囱伸出屋面，如图3-52、图3-53、图3-54所示。

七、典型案例分析：汇文书院——晚清时期南京规模最大的教会学堂

汇文书院旧址（今金陵中学）位于现南京市鼓楼区中山路169号，始建于1888年，是西方传教士在南京建立的第一所高等教育机构，其附设金陵中学亦为南京近代中学教育的起源。这组建筑群于19世纪末期一次性建成，是晚清时期南京规模最大的教会学校，学校规模宏伟，建筑造型庄重典雅，具有较高的艺术价值，见证了南京教会学校的发展历程，其钟楼为近百年来南京市第一幢三层洋楼，至今仍在使用，是南京教育建筑的标志。下文在查阅大量档案文献的基础上，结合实地调研、测绘，剖析汇文书院旧址（今金陵中学）的校园规划和单体建筑特征，以此管窥南京近代教育建筑的发展与变迁。

1. 汇文书院的历史沿革

（1）缘起

1888年11月，在华中地区的教会年会上，主教傅罗（C.H.Fowler）建议在南京创办一所大学以促进基督教义的学习，此建议获得与会代表的赞同。该时期美国教会正在捐款发展基督教育，适逢清政府下达《科举考试增考算学科》诏书的时机，美国基督教会遂于1888年在南京乾河沿创办了汇文书院[9]。

（2）校史

该校自1888年由美国基督教美以美会传教士傅

---

[1] 张宪文. 金陵大学史 [M]. 南京：南京大学出版社，2002.

[2] 李海清，中国建筑现代转型之研究——关于建筑技术、制度、观念三个层面的思考［D］. 南京：东南大学建筑学院，2002.

[3] 冷天，得失之间——南京近代教会建筑研究［D］. 南京：南京大学建筑学院，2009：54-58.

[4] 刘先觉. 中国近现代建筑艺术 [M]. 武汉：湖北教育出版社，2004：89.

[5] 刘先觉. 中国近现代建筑艺术 [M]. 武汉：湖北教育出版社，2004：89.

[6] 冷天，得失之间——南京近代教会建筑研究［D］. 南京：南京大学建筑学院，2009：55.

[7] 刘先觉. 中国近现代建筑艺术 [M]. 武汉：湖北教育出版社，2004：89-90.

[8] 刘先觉，张复合，村松伸，等. 中国近代建筑总览南京篇 [M]. 北京：中国建筑工业出版社，1992：6.

[9] 杨祖恒. 南京市金陵中学 [M]. 北京：人民教育出版社，1998：1-2.

罗（C.H.Fowler）在南京乾河沿创办[1]，英文名定为“The Nanking University”[2]，聘请美籍传教士福开森[3]（J.C.Ferguson）担任首任院长，后由美国人师图尔[4]（J.L.Stuart）、包文[5]（A.J.Bowen）继任。汇文书院始设圣道馆、博物馆（即文理科），后增设医学馆，并设有附中，称成美馆。开办时标榜传授高级科学课程，实际并不具备大学水准，初时仅有学生5人，以后逐年增加。1889年夏设特别班，特别班学生为清朝的秀才、童生等，主要学习英文及国际知识，毕业后多考入邮电、海关、盐务及银行等机构工作[6]。1892年汇文书院分大学堂、高等学堂、中学堂、小学堂4级，学制均为4年，专收男生。1910年宏育书院[7]与汇文书院组建成金陵大学堂[8]后，大学部设于汇文书院堂址，中学设于宏育书院堂址，小学设于益智书院堂址，改中学堂为附属中学，简称金大附中、金陵中学[9]。1921年金陵大学迁入鼓楼新校区后，原汇文书院建筑群交由金陵中学使用至今。1937年南京沦陷前该校大部分师生内迁至四川办学，留在南京的另一部分师生成立金陵补习学校，1939年更名为鼓楼中学，1942年改名为同伦中学。抗战胜利复校后恢复原金陵中学校名，新中国成立后该校与金陵女子文理学院附属中学合并，定名为南京市第十中学，1988年改名为南京市金陵中学至今（图3-55）。

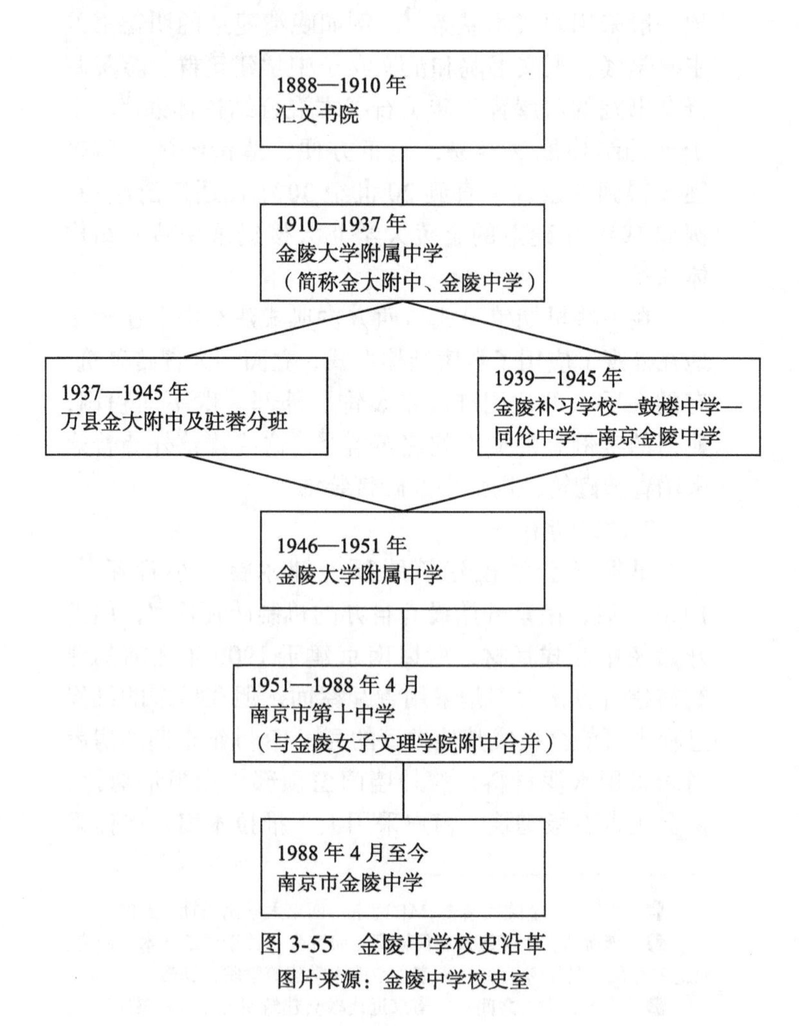

图3-55　金陵中学校史沿革

图片来源：金陵中学校史室

2. 汇文书院的选址与营造过程

汇文书院选址于南京城中乾河沿，其选址与当时传教士的活动范围有关。最初传教士在四根杆子（今莫愁路）、鼓楼乾河沿一带传教，在此处建教堂、开医院、办学校，教会建筑的集中设置有利于形成宗教文化圈。

---

[1] 在此之前，西方传教士已经在南京做了长时间的传教工作。1875年法籍传教士倪怀纶（译名）在南京石鼓路天主教堂始创小学；1884年美国基督教北美长老会传教士李满夫人在汉中门四根杆子（现莫愁路）创办明德女子小学；1887年美国基督教卫理公会女传教士沙德纳（译名）在估衣廊创办沙小姐学堂（小学）。以上学校均为小学，规模较小。而汇文书院则规模较大。

[2] 张宪文. 金陵大学史 [M]. 南京：南京大学出版社，2002：11.

[3] 福开森（John Calvin Ferguson）是加拿大安大略省人，生于1866年，1886年毕业于美国波士顿大学获文学学士学位，1902年获博士学位。福开森精通中文，与两江总督刘坤一、邮传部尚书盛宣怀过从甚密。傅罗请福开森担任院长，应该是看中了他丰厚的人脉关系和一定的教学经验。

[4] 师图尔是司徒雷登的父亲，掌管汇文十余年。

[5] 包文是美国伊利诺伊州人，毕业于讷克司大学，1897年来华，对后期三所书院的合并极力主张。

[6] 杨祖恒. 南京市金陵中学 [M]. 北京：人民教育出版社，1998：4.

[7] 1891年，美国基督会在南京鼓楼附近，创设基督书院，美在中先生 (Frank E.Meiges，美籍) 任院长。1894年，美国北长老会（圣公会）将一所已经有十多年历史的全日制学校发展成益智书院，贺子夏先生 (T.W. 美籍) 任院长，不久由文怀恩先生 (J.E.Williams，美籍) 继任。1907年，基督与益智两院合并为宏育书院。

[8] 为了区别于汇文书院的英文名，金陵大学英文名定为 The University of Nanking。

[9] 南京大学高教研究所校史编写组. 金陵大学史料集 [M]. 南京：南京大学出版社，1989：15.

汇文书院建筑群除体育馆为民国年间建成外，其余建筑均为19世纪末期一次性建成，全部由美国建筑师设计，陈明记营造厂❶营造。据陈明记家族后人口述：陈明记营造厂一直负责汇文书院建筑群的修缮直至20世纪50年代初期，汇文书院建筑群的原始图纸已烧毁❷。

汇文书院为晚清时期南京规模最大的教会学校，一度成为国人建校的参照对象。20世纪初国人对西人办学逐渐接纳，汇文书院开始与地方官员接触，两江总督张之洞、端方等官员都曾被邀请参加该校毕业仪式或其他重要仪式（图3-56）。

图3-56 1897年两江总督率众官员视察汇文书院
图片来源：金陵中学校史室

3. 汇文书院的规划

从1911年绘制的汇文书院测绘图中可以了解到，学堂规划直接移植了北美校园“中心花园式”的布局模式，主要建筑物围合中心操场和绿地集中式布置（图3-57）。

根据1911年9月10日美国纽约Architect & Surveyor设计公司绘制的汇文书院测绘图和金陵大学新基地测绘图可知（图3-58），该基地分为A、B、C三个地块，A地块为3幢教员住宅；B地块为新购买土地（后扩建为北操场）；C地块为学校主要用地，设置教学、办公、生活建筑群和体育活动场所。C地

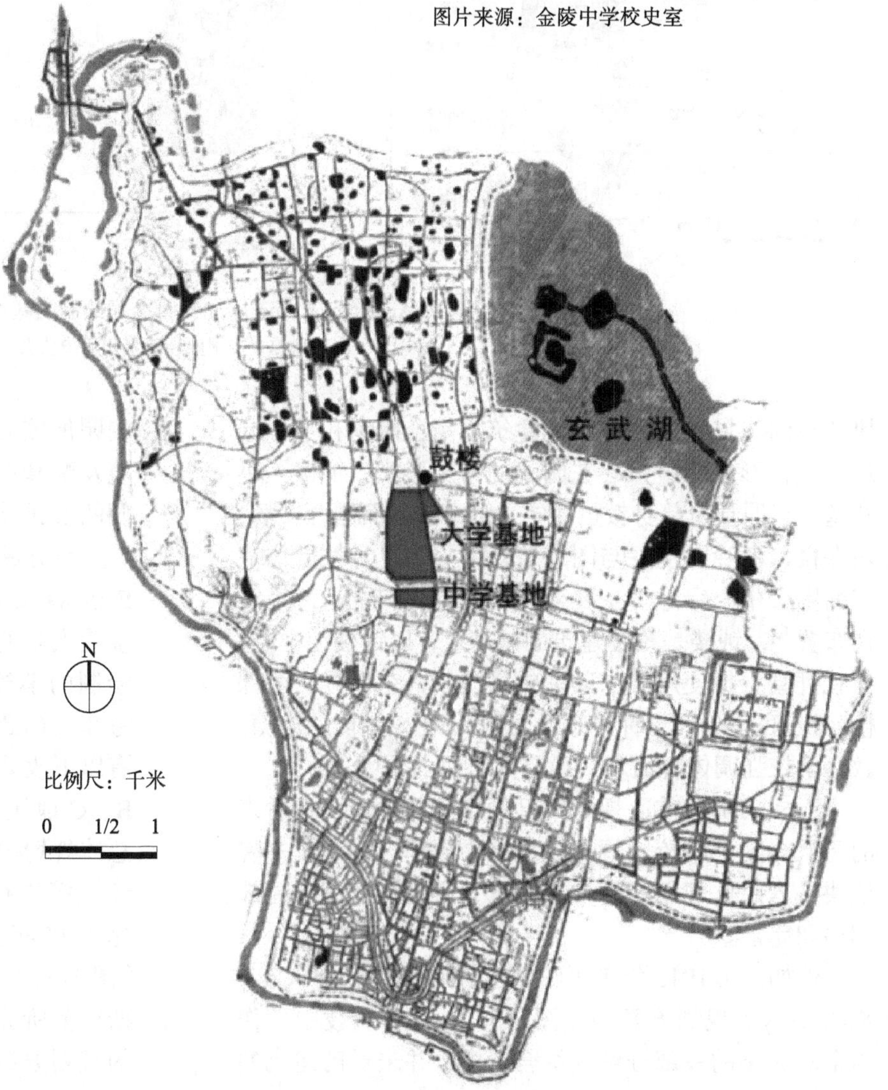

图3-57 汇文书院旧址（金陵中学）区位图
图片来源：笔者自绘，底图为1910年南京城地图

❶ 陈明记营造厂是南京第一家中国人创办的营造厂。首任厂主陈烈明（金陵大学首位华人校长陈裕光的父亲），祖籍浙江宁波，根据最新文献考证，陈明记营造厂成立于1888年。陈家祖辈信奉基督教，创业后长期在教堂兼职，因此承建了许多教会学校、教堂及医院等。目前很多建筑被列为历史文化遗产。如金陵中学建筑群，金陵大学建筑群等。

❷ 笔者采访金陵中学老校友陈农恩（陈明记首任厂主陈烈明之孙）、谢金才（金陵中学校友、2012年金陵中学钟楼大钟修理者），了解到老图纸的去向。

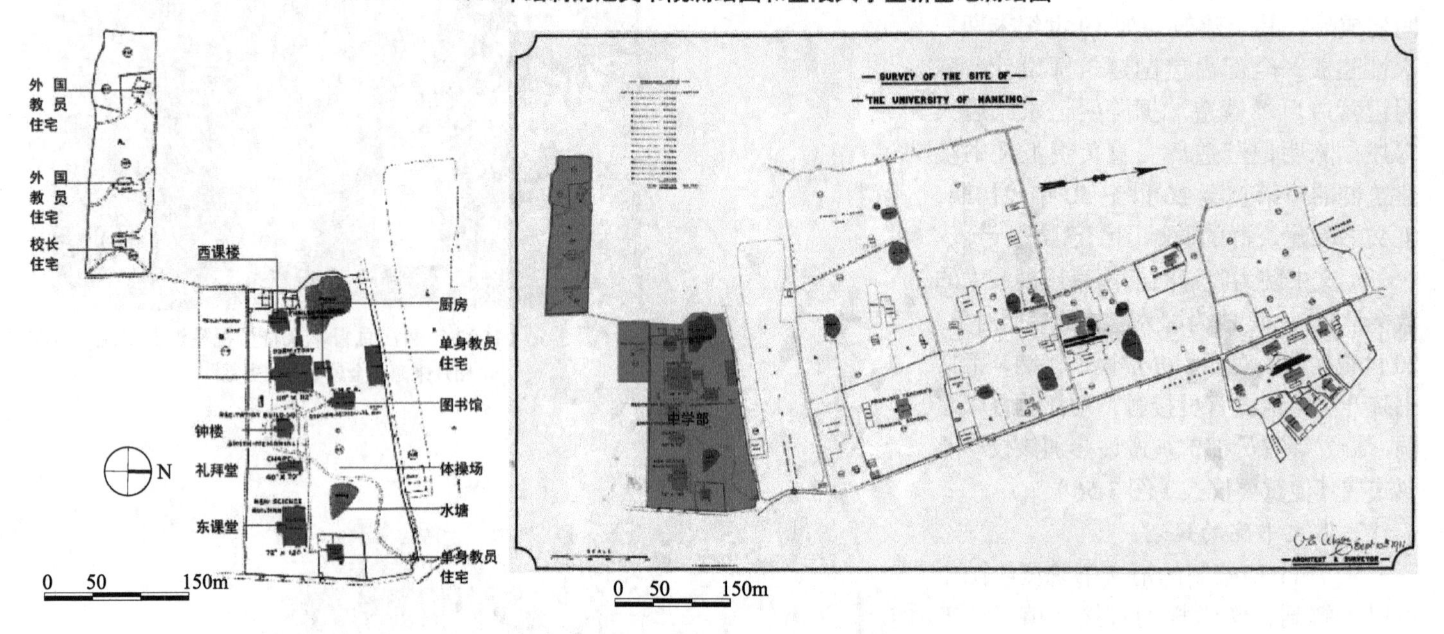

图 3-58 美国纽约 Architect & Surveyor 设计公司绘制的基地测绘图（1911 年绘制）
图片来源：美国威斯康星州历史协会

块的空间布局表现为各单体建筑物围合操场和中心绿地布置，形成两组中心花园式的布局形式：钟楼、小礼堂、东课堂与单身教员住宅、图书馆三面围合操场；西课楼、考吟寝室、与图书馆及另一幢单身教员住宅三面围合中心绿地。主要建筑物沿着校园主干道呈线性布置[1]，钟楼是校园建筑的制高点，以钟楼为中心，小礼拜堂根据使用要求紧邻钟楼设置，东课楼、西课楼、考吟寝室分列于钟楼东西两侧，保留校园内的池塘。教会学校强调体育活动，设有南北两个操场。

汇文书院在首次规划中已经定型并建造，在后来的历次金陵大学校园规划中仅将中学部——汇文书院地块纳入总体规划考虑，在环境、道路等方面做局部调整和完善。

例如：在 1913 年美国纽约建筑师克尔考里（Cody X.Crecory）规划方案中（图 3-59），仅将金陵中学作为金陵大学的一部分纳入综合考虑，并未对已建成的校园做较大的修改，只是针对现有建筑做些道路、环境及配套设施的规划，填平了校内两处池塘，基地南侧的 B 地块规划为网球场和运动场。

校方最终选择了美国著名的帕金斯事务所（Perkins, Fellows & Hamilton Architects，Chicago，USA）完成金陵大学的校园规划和单体建筑设计。帕金斯事务所绘制的学校总体规划图（图 3-60）较之 1913 年克尔考里（Cody X.Crecory）绘制的规划方案（图 3-59）有以下改动：汇文书院基地的 A 地块已经被划分出去，B、C 地块综合考虑，并将金陵中学部分纳入大学部总体规划构图，原有房屋不做改动，针对道路、景观、环境等进行几何规整式的规划。但是，笔者通过对比 1914 年美国帕金斯事务所绘制的金陵中学规划图（图 3-60）和 1929 年的航拍图得出（图 3-61），帕金斯事务所针对汇文书院道路和景观所作的几何式布图的规划方案并未实现，但校地向周边扩张，B 地块面积扩大，校方将此处设为北操场，这种校园格局一直保持至今（图 3-62）。

---

[1] 1932 年南京市地图中此道路首次命名为盔头巷。

1913年绘制的汇文书院规划图和金陵大学堂新基地整体规划图

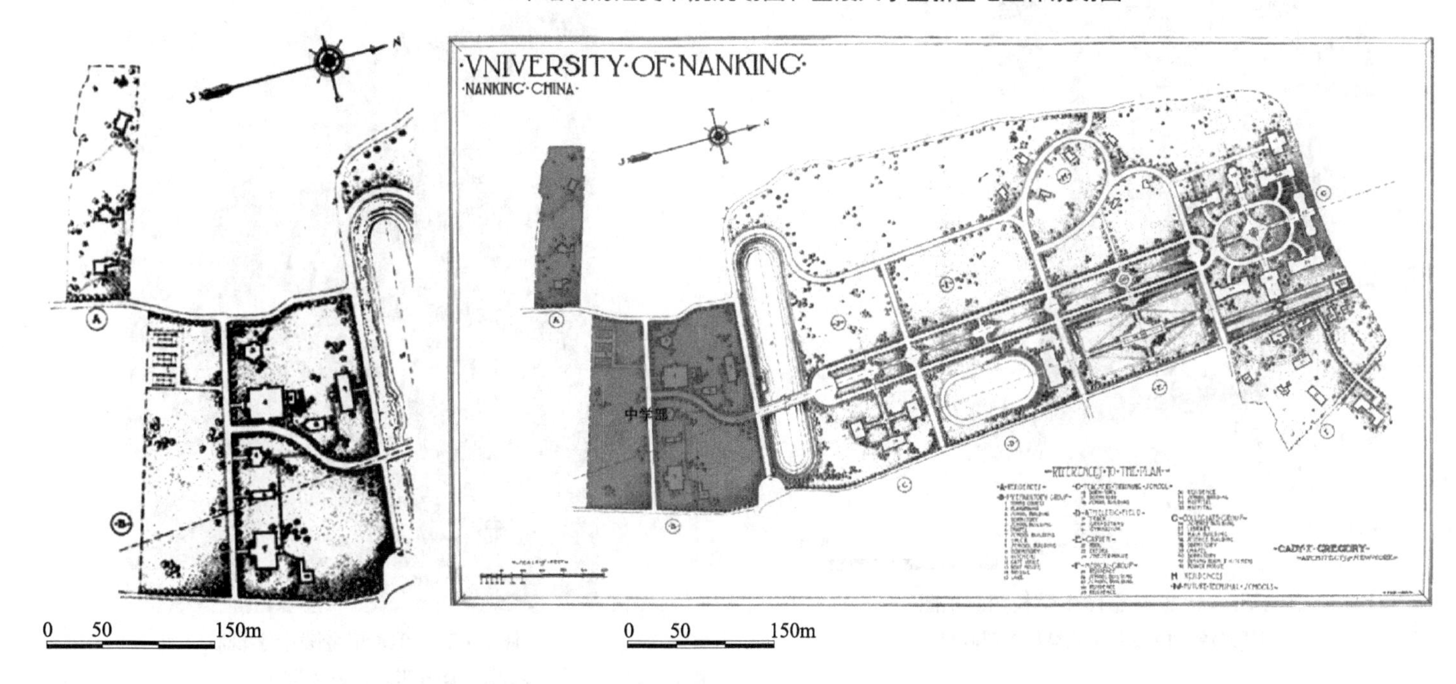

图 3-59　美国纽约建筑师克尔考里（Cody X.Crecory）绘制的规划图（1913 年绘制）

图片来源：美国威斯康星州历史协会

1914年绘制的汇文书院规划图和金陵大学堂新基地整体规划图

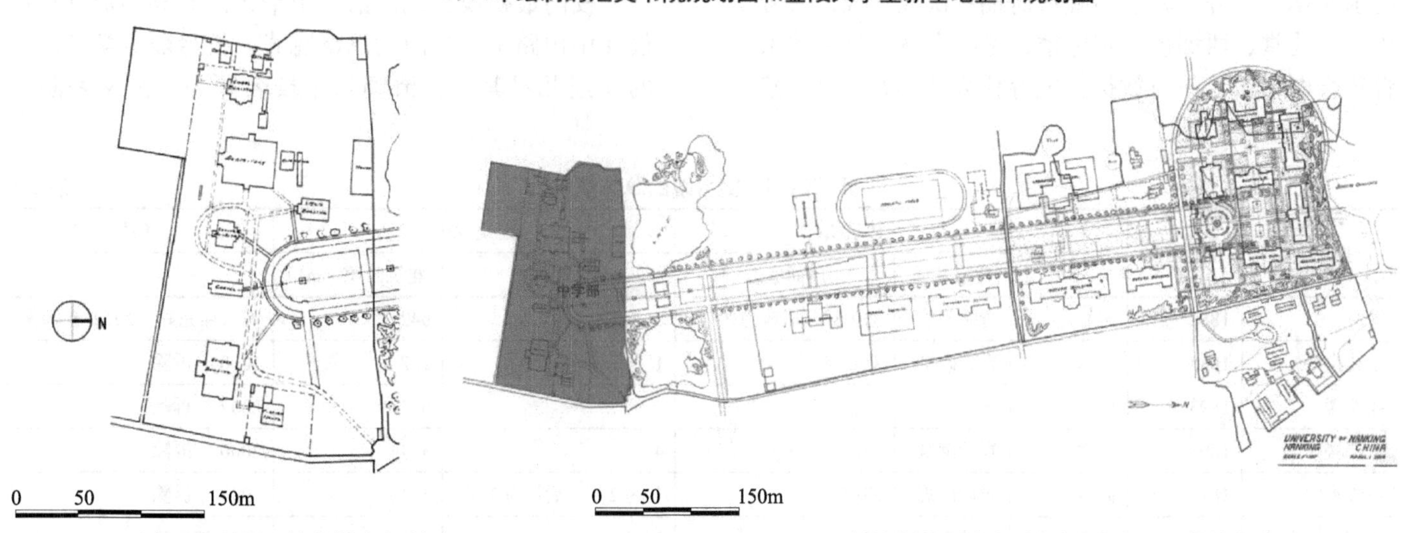

图 3-60　美国帕金斯事务所（Perkins，Fellows & Hamilton Architects）绘制的金陵中学规划图（1914 年绘制）

图片来源：美国威斯康星州历史协会

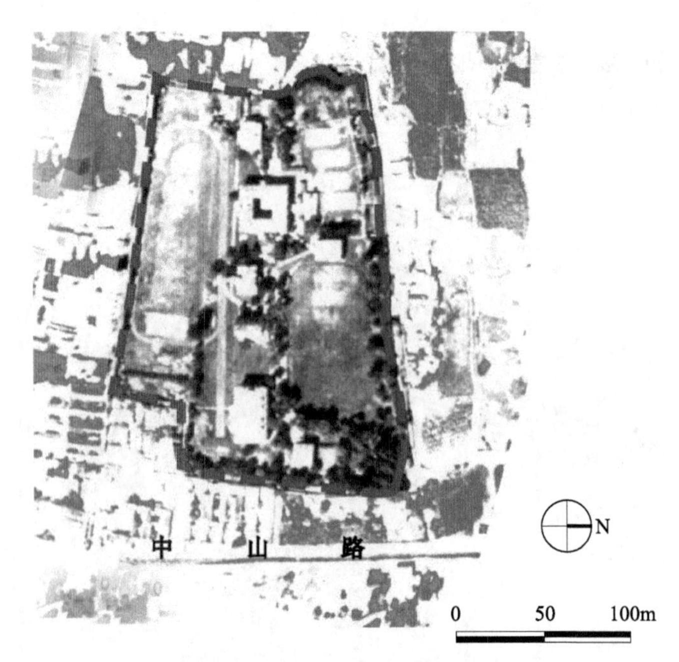

图 3-61 1929 年金陵中学校园航拍图
图片来源：1929 年南京城航拍图截图

图 3-62 2018 年金陵中学现状
图片来源：谷歌地图

4. 汇文书院的单体建筑

汇文书院旧址（今金陵中学）建筑群除体育馆为民国时期所建外，其余为晚清时期一次性建成，有钟楼、小礼堂、西课楼、东课楼、考吟寝室（口字楼）、青年会图书馆、单身教员住宅等代表性建筑 7 幢，建筑形态为西式，外墙清一色的青砖砌筑（表 3-9）。

1）校门

校门最初设在乾河沿，中华人民共和国成立后改设在中山路上。校门为巴洛克式，校名随着学校历史的变迁几易其名。清朝末年校名题为“匯文書院”，

晚清时期汇文书院的单体建筑 表 3-9

建筑名称	建造时间	结构形式	建筑式样		建筑规模		备注
			建筑外墙	屋面形态	建筑层数	建筑面积（m²）	
钟楼	1888	砖木	青砖砌筑	初为双折后改为四坡	3	642	现保存完好，2012 年修缮
小礼堂	1888	砖木	青砖砌筑	双坡	1	252	2000 年拆除
西课楼	1893	砖木	青砖砌筑	四坡	2	602	2002 年拆除
东课楼	1893	砖木	青砖砌筑	四坡	4	3344	2000 年拆除
考吟寝室	1893	砖木	青砖砌筑	四坡	初为 2 层，后加为 3 层	3640	1994 年拆除
青年会图书馆	1902	砖木	青砖砌筑	四坡	2	560	1988 年重建
单身教员住宅	晚清	砖木	青砖砌筑	四坡	2		共 2 幢

本表来源：笔者根据金陵大学校史办提供的档案资料绘制。

白底黑字。至1910年，汇文书院与宏育书院合并为金陵大学堂后，校门题名为“金陵大學堂”，且右边门柱上写有“分設中學”字样，由著名书法家、三（两）江师范学堂总督李瑞清题写。及至1915年，金陵大学堂随京师大学校改名为金陵大学校后，中学堂亦改名为金陵中学校，校名也改书为“金陵中學校”（图3-63）。

2）主楼：钟楼

钟楼建于1888年春，是南京教会学校建筑中现存的最早实例（图3-64），现保存完好，用作行政办

图3-63　校门

（a）晚清汇文书院时期的校门（1888—1910年）；（b）金陵大学堂分设金陵中学时期的校门（1910—1915年）

图片来源：美国耶鲁大学图书馆

图3-64　钟楼

（a）汇文书院首任院长福开森保存的钟楼照片（1890年摄）；（b）1918年顶层重修后的照片

图片来源：美国耶鲁大学图书馆

公楼，于2012年修缮。

建筑物主体原为三层，1917年9月顶层失火后，由美国教会出资修复，将主体部分改为二层，原第三层部分改为阁楼，设有老虎窗，并将原两折式屋顶改为四坡屋顶，上铺水泥菱形瓦（俗称鱼鳞瓦）。钟塔部分原为五层，后改为四层。钟塔顶部钟亭内置有一口座式摆动大钟，钟楼由此得名。

钟楼的建筑平、立面对称，清水砖墙砌筑，不做任何粉刷[1]。建筑平面近似方形，南北向稍长，通面阔18.2m，进深12.4m，钟楼顶部标高16.1m。建筑平面对称，为南北向短内廊式建筑布局，楼梯布置在北面中部。前后均有入口与门廊，有台阶上下。第一层平面为4间办公室，层高3.9m；第二层设教室4间，层高3.3m；第三层为阁楼，最高点净高3.2m，利用斜坡屋顶开设老虎窗，用作单身教员宿舍[2]（图3-65）。

建筑细部为典型的西式建筑处理手法。墙身用青砖砌线脚装饰，在建筑立面中部及檐口下部砌有凸出墙面的砖线脚，还通过弧形砖拱券顶部设置一圈凸出墙面的砖线脚环绕建筑物四周，以达到装饰墙面的效果；在一、二层窗顶上采用弧形砖拱券既解决了过梁承重的作用，又美化了墙面；在建筑物东西两面设置壁炉与烟囱，适应当时外国传教士的生活习惯。

建筑结构为砖木混合式，砖墙承重，各层楼地面和楼梯均为木质结构，屋顶也采用木屋架[3]。

3）教学建筑：东、西课楼

东、西课楼分别建于校园东、西面，均建于1893年，是学堂主要教学楼，砖木混合结构，目前均已拆除。

西课楼坐北朝南，东西向开间约18.50m，南北向进深约15.44m[4]，建筑物上下两层，每层有4间教室，合计8间[5]。檐口和勒脚处以砖砌线条装饰，在一楼勒脚处还设有方形通风孔，屋顶铺波形铁皮瓦，有多个壁炉烟囱升出屋面。建筑平面呈长方形，三面开门方便学生出入，主入口设在南立面，门廊为三跨拱形门，高两层。屋架、楼梯、地板、门窗皆为木制。

东课楼坐北朝南，东西向开间约38.00m，南北向进深约22.35m[6]主体建筑高三层，阁楼一层，共为四层，阁楼层开设老虎窗，屋顶还伸出多个壁炉和烟囱，矩形窗户。建筑平面呈长方形，内设教室16间，一楼设科学部及理化、生物实验室[7]。入口有拱形门廊，高二层，室内门窗、地板、楼梯、屋架均为木制。

东、西课楼内部皆南北向布置教室和实验室，教室平面为矩形，其大小、光线设置合乎人体工程学和教学要求：最大的教室长度不超过10m，东课楼大教室尺寸约为10.0m×8.5m，小教室尺寸为9.0m×8.5m，西课楼大教室尺寸为8.0m×9.0m，小教室尺寸为7.0m×9.0m，走道宽约3.0m，设有两部楼梯，符合视线和疏散要求[8]（图3-67）。

教室内光线充足，完全满足光线设计要求：每间教室最少有3个窗户，东西两侧的教室在南面和东（西）面各设3个窗户（图3-66）。

4）教辅建筑：青年会图书馆（Y.M .C.A或Copper Hall）

图书馆建于1902年（图3-68），又称为青年会堂（Y.M .C.A）、库伯堂（Copper Hall），位于钟楼西北数十米，1988年拆除，目前为仿原样重建（图3-69）。建筑物坐北朝南，东西向开间约13.80m，南北向进深

---

❶ 勒脚与门廊部分用水泥粉面，估计是后加上去的。引自刘先觉，张复合，村松伸，等. 中国近代建筑总览南京篇[M]. 北京：中国建筑工业出版社，1992：16.

❷ 南京市金陵中学编. 南京市金陵中学[M]. 北京：人民教育出版社，1998：115. 层高数据系笔者实测。

❸ 根据东南大学设计院提供的金陵中学钟楼测绘图纸和结构图纸得知。

❹ 数据来源于1988年南京市中小学房屋分幢登记表，金陵中学校史室提供。

❺ 南京市金陵中学编. 南京市金陵中学[M]. 北京：人民教育出版社，1998：115.

❻ 数据来源于1988年南京市中小学房屋分幢登记表，金陵中学校史室提供。

❼ 同上。

❽ 金陵中学校史室提供的平面图。

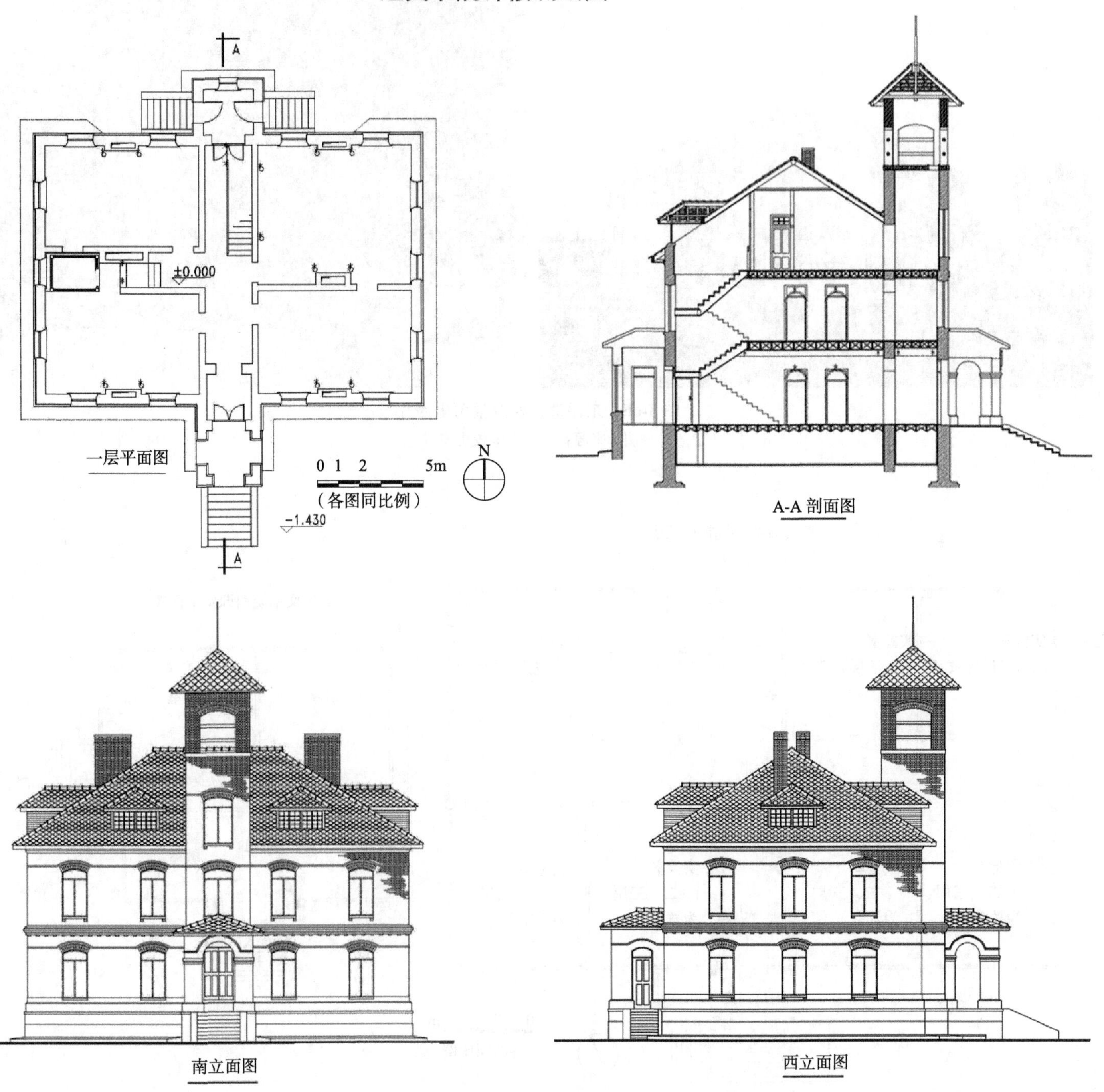

图 3-65 钟楼现状测绘图

图片来源：东南大学建筑设计院

图 3-66　东课堂、西课堂历史照片

图片来源：金陵中学校史室

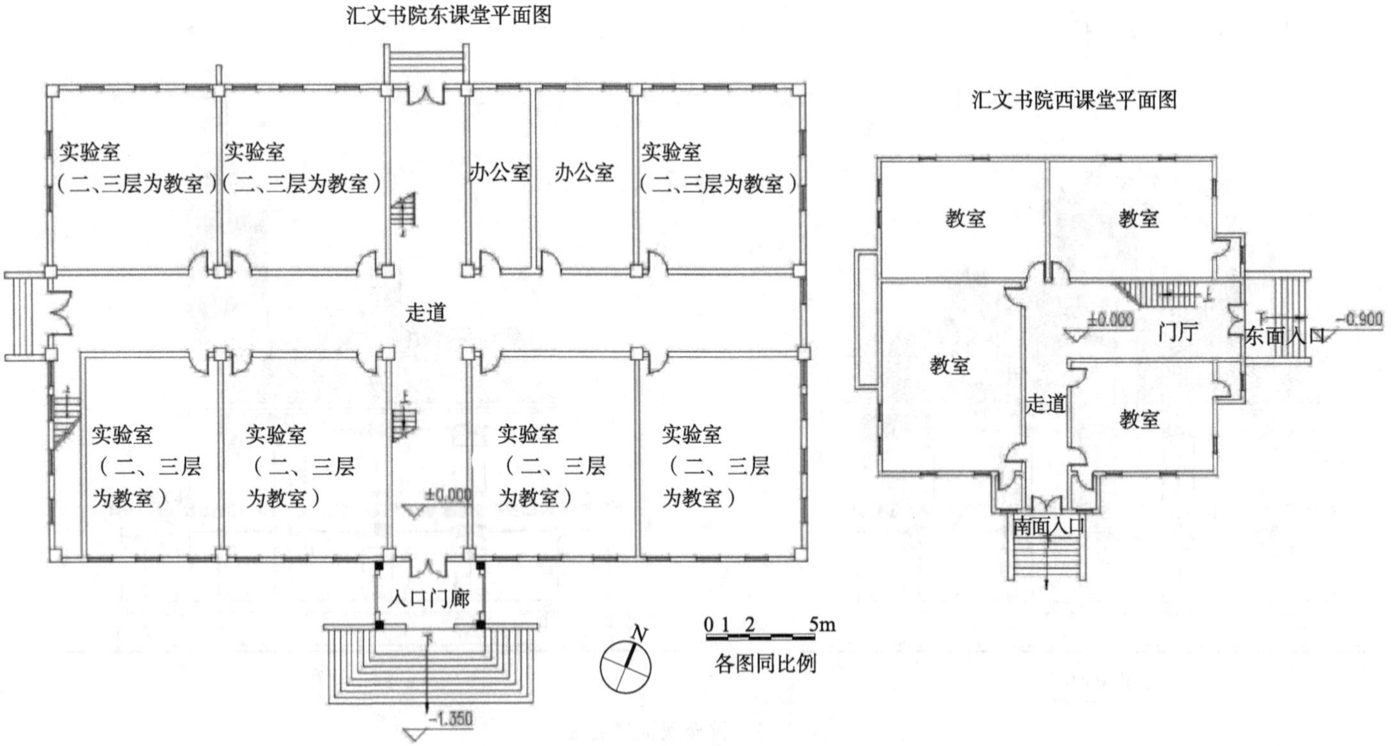

汇文书院东课堂平面图

实验室（二、三层为教室）
实验室（二、三层为教室）
办公室
办公室
实验室（二、三层为教室）
走道
实验室（二、三层为教室）
实验室（二、三层为教室）
±0.000
实验室（二、三层为教室）
实验室（二、三层为教室）
入口门廊
-1.350

汇文书院西课堂平面图

教室
教室
±0.000
门厅
东面入口
-0.900
教室
走道
教室
南面入口

N
0 1 2　5m
各图同比例

图 3-67　东课楼一层平面图、西课堂一层平面图

图片来源：笔者根据金陵中学校史室提供的原始图纸翻制

图 3-68　青年会图书馆（1910 年摄）
图片来源：美国耶鲁大学图书馆

图 3-69　1988 年重建后的图书馆（2017 年摄）
图片来源：笔者自摄

约 19.75m[1]，平面呈矩形，高二层，一层为学生宿舍，二层为图书馆，含阅览室 1 间、教室 1 间、藏书室 1 间[2]。入口门廊，外墙用青砖砌筑，檐口和勒脚处以砖砌线条装饰，一楼窗户为平券，二楼窗户为拱券，墙面四周设有菱形图案装饰。一楼窗户间的扶壁式砖墙柱有哥特式建筑的痕迹，与小礼堂做法一致。室内楼地板、楼梯、门窗均为木制。

5）生活用房：学生宿舍、教员宿舍

汇文书院建有多处教师宿舍或住宅，因教师住宅属于住宅类型，本书不做探讨，下文主要分析学生宿舍。

汇文书院的学生宿舍名为考吟寝室（图 3-70），建筑物东侧墙壁上刻有“COLLINS DORMITORY 1893”字样，该楼建于 1893 年，位于钟楼西侧，目前已不存。最初为平行的两栋二层楼房，20 世纪初加盖为三层，并将两楼连成一体，中间形成一个巨大的天井，利用天井采光通风，夏季能防止阳光直射，冬季减少散热利于保温，十分适合南京夏热冬冷的气候特征。因建筑平面呈口字形，故俗称“口字楼”。建筑物坐北朝南，东西向开间约 33.00m，南北向进深约 35.00m[3]。一楼配置有膳厅、浴室、通信处、膳委会及储藏室等生活服务设施，一楼的南面也曾作宿舍和教室，二楼和三楼分别是单身教师宿舍和学生宿舍[4]。每层均设有内走廊，四角有楼梯，用于解决交通疏散问题。东南西北四面均设有门，东门和西门设有门廊，方便学生通行。建筑形式为简化的西方古典式，外墙青砖砌筑，墙身有砖砌线脚装饰，并设有壁炉烟囱等。砖木混合结构，室内楼地板、屋架、门窗及楼梯均为木制。另有两幢单身教员宿舍，建筑形式亦为西方古典式，拱形门窗，层高为二层，四坡屋顶。

口字楼天井、院落的设置体现了教会学校建筑根据当地气候进行的调整和适应性改造。

6）宗教建筑：小礼堂（礼拜堂）

小礼堂建于 1888 年，位于钟楼东侧，原为美国基督教美以美会礼拜堂，目前已拆除。建筑物坐北朝

[1] 数据来源于 1988 年南京市中小学房屋分幢登记表，金陵中学校史室提供。

[2] 南京市金陵中学编 . 南京市金陵中学 [M]. 北京：人民教育出版社，1998：115-116.

[3] 数据来源于 1988 年南京市中小学房屋分幢登记表，金陵中学校史室提供。

[4] 南京市金陵中学编 . 南京市金陵中学 [M]. 北京：人民教育出版社，1998：116.

图 3-70　口字楼历史照片

（a）图片依次为 1893 年两层楼时期；（b）20 世纪初加为三层楼时期；（c）20 世纪 20 年代中期的口字楼

图片来源：美国耶鲁大学图书馆

南，东西向开间约 11.10m，南北向进深 22.10m[1]，建筑为单层平房，平面为简单的矩形，可容座位 300 人[2]。建筑属于哥特式建筑风格，入口设门廊，人字形的大坡屋顶有欧美乡村小教堂的特征。建筑结构为砖木混合结构，地板、屋架及门窗均为木制，外墙用青砖砌筑，檐口、墙身和窗顶用凸出墙面的砖砌线脚装饰（图 3-71）。

5. *汇文书院是晚清时期南京规模最大的教会学堂*

在 19 世纪末期，汇文书院附设金陵中学开启了南京近代中学教育之先河，外国传教士在引进新式教育内容的同时，也引进了适应新式教育模式的建筑布局方式。汇文书院建筑群采用当时西方学校建筑的规划和建筑设计手法，完全不同于当时南京的本土建筑，为南京仿西式建筑做出了楷模，极大程度上影响了南京近代教育建筑的发展，反映了当时社会的特点。

图 3-71　小礼堂

（a）小礼堂（1905 年摄）；（b）小礼堂南面主入口（摄于 1905 年左右）

图片来源：金陵中学校史室

---

❶ 数据来源于 1988 年南京市中小学房屋分幢登记表，金陵中学校史室提供。

❷ 南京市金陵中学编 . 南京市金陵中学 [M]. 北京：人民教育出版社，1998：115-116.

第四节 晚清南京的本土学堂与教会学堂对比研究

一、学堂数量比较

晚清时期国人创办的学校数量虽远远多于教会学校（图 3-72），但大多数堂舍是利用旧房改建的。其中洋务学堂新建者仅 3 所（江南水师学堂、江南陆师学堂、江南储才学堂）；蒙养园与小学堂均为旧房改造；中学堂新建 2 所，[暨南学堂、三（两）江师范学堂附属中学堂]；中等实业学堂全为旧房改建；中等师范学堂仅宁属师范新建平房数间；高等学堂中仅三（两）江师范学堂 1 所为新建房舍。

反观教会学校，创办之期虽也附设在教堂内或租用民房，但后来都是择址新建堂舍。

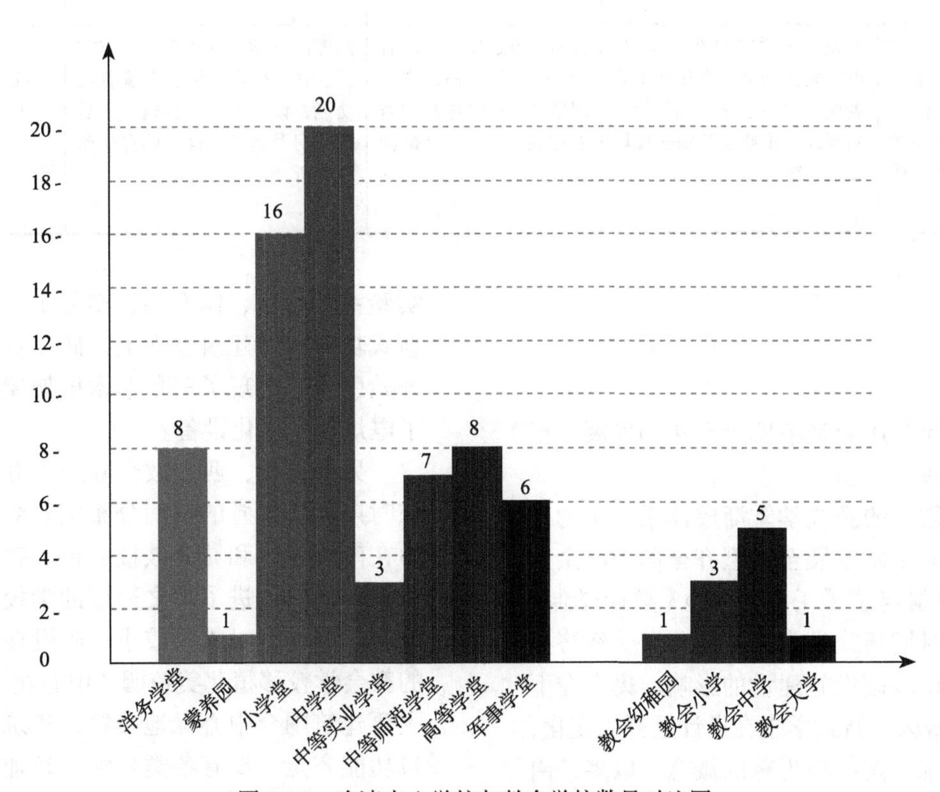

图 3-72 晚清本土学校与教会学校数量对比图

图片来源：笔者自绘；各学堂数量来源于：南京市地方志编纂委员会 . 南京教育志 [M]. 北京：方志出版社，1998

二、学堂建设比较（表3-10）

本土学校与教会学校的建设特征比较（1840—1911年）　　表3-10

办学主体	校址	学堂规划	建筑形态	建筑类型与功能	建筑技术
本土学校	新建学堂集中在城北，利用旧房改建而成的学堂集中在城南，军事学堂集中在城东	洋务学堂：打破了居中为尊的观念，沿袭南方传统书院毗连式的庭院天井布局形式，有大致的功能分区。 维新学堂：改大、小院为新式学堂。 新政学堂：与洋务学堂类似	中西两种建筑形式混合设置，校门和部分重点建筑采用西式，以殖民地外廊样式居多	旧学与新学建筑并存，功能逐渐演变，清政府颁布《壬寅学制》《癸卯学制》后，各学堂依照学制设置适应西学教学的各类教学、教辅、生活、运动用房，主要有讲堂、礼堂、图书室、办公室、体操场、后勤生活等用房	砖（石）木混合结构，传统的抬梁、穿斗式逐渐被木制三角屋架替代。水泥、玻璃等材料出现。少量学校在清末配设电灯，大多数学校仍使用“烛火井水”
教会学校	主要受传教活动影响，集中在城中和城北鼓楼一带，与教堂、教会医院共同形成宗教文化圈	规模小的学校设在教堂内，规模较大的学校直接移植北美校园“中心花园式”的布局模式，主要建筑围合操场或中心绿地布置	移植西方建筑形式。有“殖民地外廊样式”“美国殖民期建筑样式”“西方古典式”“学院哥特式”	照搬西方学校的建筑功能与类型。在一幢楼内混合布置各类功能，设有教学、教辅、生活等用房及宗教活动、体育活动等场所	砖（石）木混合结构，多数学校使用“烛火井水”

本章小结

南京近代教育建筑历经晚清四十余年的发展，至1911年时已初具规模。

一方面，国人创办的新式学堂渐成体系，从初时零散建设的8所洋务学堂发展至类型齐全的100余所新政学堂，清政府制定了《壬寅学制》《癸卯学制》引导学堂建设。该时期新式学堂的空间分布受经济条件的制约和南京城市基础设施建设的影响，集中在下关、城中和城南老城区。新式学堂在设计上开始变化，学堂规划打破了传统书院居中为尊的概念，以多条南北向轴线并置；在建筑形态上，中式与西式建筑混合布置，部分学堂的重点建筑为洋楼；在建筑功能设置上，旧学场所与新学空间并存，引进了适应西学教学内容和“编班授课”教学方式的各类教学、教辅空间和生活用房、体育活动场所，首次出现了西学讲堂、实验室、礼堂、体操场、实习工厂、科研试验场所等新式功能；在建筑技术上，砖（石）木混合结构体系开始引入，出现了三角形木桁架屋架，部分学校用上了电灯等现代化设备。

另一方面，西方教会陆续创办了10所教会学堂。该时期教会学堂的空间分布主要受传教活动影响，集中在南京城中和城北鼓楼一带。教会在引进西学教育体系的同时引进了与之适应的学校建设模式。大多数教会学校初创时规模较小，附设在教堂内，规模较大的教会学校移植北美校园“中心花园式”的布局模式，主要建筑围合中心绿地布置，建筑形态皆为西式，建筑功能齐全，设有各类教学、教辅、宗教活动、生活用房及体育活动场所。

晚清时期南京的教育建筑虽然简陋，但已经建立起了下至蒙养园上至高等学堂的健全教育体系，引进了适应西学的新式建筑功能，奠定了南京近代教育建筑的基础。

第四章　1912—1937 年的南京近代教育建筑

1912—1937 年，南京的教育建筑全面发展兴盛。一方面，本土学校在民国期间继续发展，政府先后颁布了《壬子学制》《壬戌学制》引导学校建设。伴随着南京教育业和建筑业的发展，学校建筑全面兴盛，相关文件、建筑法规和前期颁行的学制共同引导学校建设。该时期南京教育建筑数量大幅增长，学校分布范围也逐渐扩大，学校设计手法灵活多样，建筑技术日新月异，当时创办的一系列军事学校形成了南京教育建筑的一大特色。另一方面，教会学校在民国前期趁乱扩张，办学重心转向高等教育，学校数量增加，学校分布范围也逐渐扩大，学校建筑开始“中西合璧”。

本章在第一节分析该时期社会背景的基础上，第二至四节将本土学校与教会学校分节讨论后再作对比研究。以点线面结合的思路，先对 1912—1937 年的学校建设实况进行综述，归纳出该时期南京近代教育建筑的类型、数量、空间分布、学校营建方式和营建特征；再对各类学校分类研究，结合大量实例针对初中等学校、高等学校、军事学校等各类学校的选址与规划、建筑功能与形态、建筑技术等建筑本体特征和发展动因进行了详细探讨；最后选取典型案例进行深入剖析，通过对该时期规模最大的国立中央大学、金陵大学、金陵女子大学等 3 校进行典型案例研究，以期全面展现该时期教育建筑的特征，为后续章节的研究提供了基础和参考依据。

第一节　南京的社会状况和学校建设的关联因素

一、南京的社会状况

1912 年临时政府迁往北京后，江苏都督和浦口商埠督办成为实际控制南京的官员[1]。1927 年 6 月 1 日成立南京特别市政府并组建教育局，管辖全市“国立”“省立”之外的公、私立中小学和幼稚园[2]。

在经济和教育经费方面，北洋政府时期时局震荡，南京的教育经费并不充裕，至 1923 年前教育经费尚能勉强维持，1924 年后南京的教育经费捉襟见肘[3]，直至 1927 年才保障了教育经费的拨给。

---

❶ 南京市地方志编纂委员会办公室编．南京简志 [M]. 南京：江苏古籍出版社，1986：4-5.

❷ 南京市地方志编纂委员会．南京教育志（上册）[M]. 北京：方志出版社，1998：1527.

❸ 徐传德．南京教育史 [M]. 北京：商务印书馆，2006：206-209.

在社会风气方面，民国后社会风气逐渐开放，对教会办学逐渐认可，本土学校与教会学校之间的交流日益频繁。女子地位逐渐提升，解除“女禁”的呼声日益高涨，终于在1922年彻底解除女禁。

在人口方面，1912年南京有26.9万人，以后15年增长缓慢，最多时40.15万人。1927年后人口迅速增长，1928年达49.65万人，其中6～12岁学龄儿童占总人数的10.4%，约51742人，入学儿童数为13263人，总入学率达25.7%；1936年南京人口达100.7万人[1]，6～12岁学龄儿童总数为91641人，总入学率达55.33%，男童入学率为62.99%，女童入学率为37.01%[2]，在短短8年期间，入学率翻了一番。

二、教育业的改革与发展

随着留学欧美的蔡元培等一批有识之士管理教育，对教育进行了大刀阔斧的改革，废除忠君尊孔，由清末学习日本转向学习欧美。民国初年陆续制订了新的教育法令，改学堂为学校，初等小学可以男女同校，1912—1913年颁布《壬子·癸丑学制》引导学校建设。“五四运动”民主科学的浪潮激励着教育业的发展，1922年颁布的《壬戌学制》使近代学制走向定型，直至1949年学制再无较大改动。南京的普通中小学校、中等职业学校、中等师范学校、高等学校数量大幅度上升。另外，南京为开办军队学校的主要基地，创办了陆军、空军等大量军事学校和军官学校，形成了南京教育的一大特色。

另一支办学力量——教会学校在民国前期迅速发展，北洋时期长年军阀混战致使西方教会趁乱抢占了教育先机，南京绝大多数的教会学校在1927年前建成。1927年后政府收回教育权，教会学校被明确要求向政府注册，西方教会也逐渐失去了办学的热情，学校建设量剧减。

至1937年抗日战争全面爆发前，南京教育业和学校建设达到高峰。

三、建筑业的发展与兴盛

从20年代初至30年代中期，是南京近代建筑的繁荣时期，尤其是1927年后，城市全面规划与建设，形成了建筑史上的一个建设高潮，学校建设蓬勃发展。

南京的建筑材料业也迅速发展,有水泥厂、砖瓦厂、采石场等。1927年之后，工程实行招标投标，施工方面开始使用先进的机械设备，如混凝土搅拌机、磨石子机等机具。至1935年南京有营造厂480家，使用西式建筑技术，著名的有陈明记、陆根记、姚新记、陶馥记等营造厂[3]。

四、学校建设的新生力量：专业建筑师参与校园建设

20世纪20年代左右中国第一代建筑师学成归国，20年代后期国内培养的建筑师也逐渐毕业[4]，这些专业建筑师参与了南京的学校设计。政府机关大量雇用建筑专业人才[5]，这些机关建筑师完成了诸多的学校设计工作。例如当时南京市政府下设的工务局专业设计人员完成了大量中小学校的设计和部分专科学校的设计[6]，军事机关的建筑师完成了诸如陆军军官学校、白水桥兵工署研究所、各类营房工程的设计等[7]。

外国建筑师仍然是一支重要的设计力量，无论是本土学校还是教会学校均有西方建筑师参与其中。教会学校多由西方教会邀请本国建筑师设计，尤以

---

❶ 南京市地方志编纂委员会办公室编．南京简志[M].南京：江苏古籍出版社，1986：91.

❷ 南京市教育局编．南京教育[M].南京：南京市教育局，民国二十四年：21-23.

❸ 刘先觉，张复合，村松伸，等．中国近代建筑总览南京篇[M].北京：中国建筑工业出版社，1992.

❹ 中国第一代建筑师大都出生于清末至辛亥革命期间，几乎全部留学国外建筑系，且大多数留学美国名牌大学建筑系。中国最早开办现代建筑教育的是1923年苏州工业专门学校创办的建筑专业学科，1927年南京第四中山大学（现东南大学）创办建筑系，将苏州工业建筑学科并入，同年北平大学艺术学院也创办了建筑系，后来陆续在天津、上海、广州等地兴办了建筑系，我国开始有自己培养的专业建筑师。

❺ 季秋．中国早期现代建筑师群体：职业建筑师的出现和现代性的表现（1842—1949）——以南京为例［D］.南京：东南大学建筑学院，2014：51、82.

❻ 南京市档案馆馆藏民国建筑史料。

❼ 季秋．中国早期现代建筑师群体：职业建筑师的出现和现代性的表现（1842—1949）——以南京为例［D］.南京：东南大学建筑学院，2014：82.

美国的帕金斯事务所（Perkins，Fellows & Hamilton Architects，Chicago，USA）和美国建筑师墨菲（Henry Killam Murphy）最具代表性，分别完成了金陵大学建筑群和金陵女子大学建筑群的设计。

第二节　本土学校的发展

一、学校建设需求

民国期间确定“德育、智育、体育、美育”[1]的教育宗旨，此举直接导致旧学祭孔场所消失，清末学堂的祭孔场所改为他用或逐渐荒废。在智育、美育的教育宗旨下，《壬子学制》首次提出学校园（School Garden）的设置要求，各中小学校普设学校园，这种小型的种植园、植物园或综合性园林主要服务于中小学阶段广泛设置的农学、博物学课程，是自然学科、农业劳作科的户外教室和实验场所，也能用于游憩或美化校园环境，还能用作农业实习场。

新文化运动民主、科学的思想也影响着教育新思潮，美国的实用主义教育直接导致了南京职业教育的发展（如东南大学附中、南京市立一中等普通中学开设有职业科），陶行知的平民教育和乡村教育产生了一批平民学校和乡村学校（如晓庄师范、燕子矶小学），幼稚园也开始出现。

实行小学义务教育强迫入学制，在政府的推行下新建了一批质量较好的小学校[2]；建设了一批军事学校[3]。

随着教育目标的改革，教育内容也发生了变化，相应的学校建设也发生了变化。例如清末幼儿教学仅设游戏、歌谣、谈话、手技四项，基本为室内活动。民国时期幼儿教育迅速发展，增设音乐、手工、游戏和户外活动等内容[4]，因此要求幼稚园设有相应的室外活动场地和音乐室、游戏手工室等；民国中小学普设乐歌课程（清末仅个别学校设有唱歌课）[5]，因此条件好的学校会单独设置音乐教室、乐器演奏室或舞蹈室；高等小学增设职业科目，设家事、校事、农事、工艺等劳作课程[6]，这就要求学校设置相应的工场（木工、金工）、农场校园、合作社、家事实习室等；中学校强调动手能力和科学实验，这就对生理化实验室、图画等专用教室提出了建造要求，随着女禁的解除，中等以上的学校须设置女生宿舍，分设男女厕所和浴室等生活用房；高等学校十分注重科学研究，要求各校设置实验室和科研试验场等，例如工科要求设置实习工场，医科设置附属医院，农林科设农林试验场等。

二、学制及学校建设规则

1. 教育制度的改革与定型

《壬子·癸丑学制》规定了小学、中学、师范学校、实业学校、专门学校、大学等各级各类学校的房屋设置要求（原文详见附录），主要明确了学校的建筑类型与功能设置，在晚清《癸卯学制》的基础上有所改进，综述如下[7]：

小学校要求设置独立的校地、校舍、体操场，不得作为他用。中小学校设学校园，高等小学校加课农业者，应设农业实习场。高等学校增设实验室，女子师范学校须有艺圃。女子师范学校附设保姆讲习科及蒙养园，小学附设蒙养园。

1922年制订的《壬戌学制》使近代学制走向定型，后续学制均以此为基础或稍做微调。该学制彻底开放女禁[8]，改称蒙养园为幼稚园，将幼儿教育纳入正式

---

[1] 熊明安. 中华民国教育史 [M]. 重庆：重庆出版社，1990：24-25.

[2] 李华兴. 民国教育史 [M]. 上海：上海教育出版社，1997：11.

[3] 徐传德. 南京教育史 [M]. 北京：商务印书馆，2006：270.

[4] 南京市地方志编纂委员会. 南京教育志（上册）[M]. 北京：方志出版社，1998：113.

[5] 南京市地方志编纂委员会. 南京教育志（上册）[M]. 北京：方志出版社，1998：253-256.

[6] 同上。

[7] 舒新城. 中国近代教育史资料（上册）[M]. 北京：人民教育出版社，1961：682-780.

[8] 1907年清政府颁布《奏定女子小学堂章程》和《奏定女子师范学堂章程》，男女学校分设。1912年民国教育部规定初等小学男女可以同校，新文化运动促进女子高等学校的产生，1920年北大首开女禁，大学男女可以同校，同年南高师（现东南大学）也开女禁。直至1922年教育部公布的《壬戌学制》，才完全取消了各级各类学校限制女子入学的规定。在建筑方面的影响则是男女宿舍的分设。

学校系统，改实业学校为职业学校，南京因此产生了一批中等职业学校或在中学设职业科[1]，学校建筑功能也逐渐完善，这些学制很好地引导了学校建设。

2. 南京城市规划对学校建设的引导

在调查1928年南京学校现状和人口普查的基础上，对学校规划给出了指导性意见：学校分布须由教育当局与建设机关斟酌情形共同定夺。中小学校之校舍分配按市内人口之情形酌量设置，务使儿童就学便利，距离不致过远。根据美国各城考察之结果，南京每一小学容纳700人左右为宜，小学生距离校舍，不能超过一英里（1609m）之路线，至新住宅区发达及现在稠密区域学童递增时，按实际情形增建校舍。中学校每生占校舍面积50～75平方英尺，户外运动场每人100平方英尺，每一中学以容纳700人之标准，中学校须有大礼堂、试验室、游泳池、大体育堂、饭厅以及其他特别设置，中学生距离学校往来之程限定为一英里至一英里半（1609～2413m），校舍建设须留有足够的空地便于未来之发展。至于大学校，"中央"大学、金陵大学、金陵女子大学三校地处交通要津，间有私人业主土地，划为教育区域不妥，且三校所占面积甚广，将来扩充亦富余，因此，将三校划入住宅区内，使其临近地段不至移做他用，以免产生滋扰及其他障碍。中央军事学校距离明故宫不远，占地宽广，可为永久之校地[2]。

3. 南京建筑规则对学校建设的管控

1927年政府开始颁布一系列的建筑法规对学校营建活动进行引导与管控。南京市与教育建筑相关的法规经历了《市区建筑暂行简章》（1927年12月）—《南京市工务局建筑规则》（1933年2月）—《南京市建筑规则》（1935年11月23日）—《南京市建筑管理规则》（1948年，共11章327条）的过程[3]，均由南京工务局[4]颁布，其内容不断完善，1927—1937年间，《南京市建筑规则》成为控制南京学校营建活动的主要法规。

《南京市建筑规则》全文共11章[5]。第一章总则规定市内一切公私建筑（含校舍）起造、添造、改造、修理或拆卸均应于事前由业主约同承造人请领执照，并报送图样、施工说明书等呈工务局审核，通过后才可动工。在第八章第二节《医院校舍旅馆茶园浴室章》第205-211条规定：校舍除经工务局特许外，每层至少须有太平门两处，校舍建筑之楼梯过道及出入口处须设备减火器或其他消防设备，并须经工务局之核实。校舍建筑每层须设备合于卫生之男女厕所及盥洗所，小学校舍之楼梯其两旁应装设扶手及栏杆，梯级高度不得过15cm，深不得小于27cm，转弯处不得用斜形或螺旋形梯级。小学校舍最高不得过二层。教室四周窗户之面积不得小于室内墙壁面积1/5，窗台至少须高出地面1m，教室内之净高至少为3.5m。

从南京各学校的实际建造来看，《南京市建筑规则》基本上得到了较好的实施。

4. 教育制度和建设规则的实施状况

1927年以前，南京的学校建设受政府统一颁布的学制影响，这种影响主要表现在学制详细规定了各级各类学校的建筑功能设置要求。例如：1912—1913年，《壬子·癸丑学制》推行，该学制有效地引导了学校建设。该学制详细规定了各级各类学校开设的课程、教学方式；规定了各级各类学校校址的选择要求、校地要求、学校的建筑功能设置要求。该学制自颁布之日起施行，直至1922年新学制颁布后停止使用。1922年，《壬戌学制》仿照美国当时使用的"六三三学制"，确定了"小学六年、中学三年、高中三年"的学制体系，该学制成熟先进，奠定了中国近代学制的基础，该学制详细规定和完善了初、中等学校、高等学校等各级各类学校的建筑功能。

1927年南京的城市建设和学校建设进入高速发展期，城市规划、建设规则与之前颁布的学制共同引导学校建设。

在全国统一的教学目标、教育模式和教学内容的

[1] 南京市地方志编纂委员会.南京教育志（上册）[M].北京：方志出版社，1998：619.

[2] 南京稀见文献丛刊编委会.南京稀见文献丛刊——首都计划[M].南京：南京出版社，2006：205-211.

[3] 王海雨近代南京城市营建法规研究［D］.南京：东南大学建筑学院，2012：6-9.

[4] 南京市政府1927年成立务局，负责全市的建设与管理，设总务、设计、建筑、取缔和公用五科。

[5] 《南京市工务局建筑规则》修正后，于1935年公布为《南京市建筑规则》，全文详见档案号：10010011035（01）0015（南京市档案馆）。

前提下，在南京统一实行的城市规划、建设规则的环境下，同层次、同类型的学校建筑在功能空间设置上呈现出高度的“共性”。但是，各校规划方式、建筑形态的选择则取决于每所学校负责校园建设的具体负责人，如校方、建筑师等，因此，南京的学校建筑又有其“个性”所在。

1912—1937 年教育制度和建设法规的实施状况见表 4-1。

教育制度和建设法规的实施状况（1912—1937 年） **表 4-1**

实施时间	教育制度		建设法规实施程度
	名称	内容	
1912—1922 年	《壬子・癸丑学制》	《壬子・癸丑学制》对各级各类学校的校舍有详细的设置要求。 校址、校地 宜择于卫生、方便儿童之通学之处，且不得作为他用。 单体建筑 宜质朴坚固、适于教授、管理、卫生。 建筑功能 初中等学校： 教学用房：普通教室、生理化、图画等专用教室。 教辅用房：器具标本储藏室、图书室、礼堂、教职员办公室。 运动场所：体操场（分室内室外）。 生活用房：学生寝室、自习室、教员宿舍、厨厕、食堂、盥洗室、疗养室。 添设学校园，高等小学校如设农业课程，应设农业实习场。 高等学校：设教学、教辅、生活用房及运动场所，另设图书室、实验室、各种专业实习室。 职业学校：附设专业实习场。 师范学校：附设附中、附小	校址、校地实况 因《壬子・癸丑学制》明确要求校舍校地不得作为他用，因此南京各学校基本都有自己独立的校舍，学校仍集中在城中和城南人口稠密区。 单体建筑实况 学校多由书院、寺观、公所或民房改建而成。 建筑功能实施状况 各校的校地、校舍、体操场基本按学制要求具备，学校园暂缺
1922—1937 年	《壬戌学制》	1922 年颁布《壬戌学制》，1927 年沿袭《壬戌学制》补充了教育法规，对各类学校的房屋设置要求有详细规定。 建筑功能 初中等学校：在前学制基础上要求添设幼稚园、工场（木工、金工）、农场校园、合作社、家事实习室。 教学用房：普通教室、专用教室。 教辅用房：图书馆或图书室、自习室、会堂、添设学生成绩陈列室和课外活动作业室。 运动场所：添设体育馆和体育器械室。 生活用房：学生寝室、自习室、教员宿舍、厨厕、膳堂、浴室、疗养室。 高等学校：新学制对学堂初办时的经费有限制、每年的办学经费也有要求	总体实施效果 引进西方学校的规划设计手法，建筑形态丰富多样，各类学校的建筑功能齐全，基本按《壬戌学制》要求设置。 校址、校地实况 中小学校依据人口密度合理分布，南京城区划为 8 个学区，乡区划为 3 个学区，全城中小学校分布均匀。 单体建筑实况 实际建成的小学校舍均不超过二层，符合《南京市建筑规则》要求，但厕所设置与该建筑规则要求不同，中小学校一般不在教学楼每层设厕所，而是单独建造平房为厕所。 建筑功能实施状况 各学校基本按照《壬戌学制》的要求，相应地设置教学、教辅、生活、运动四类用房，高等学校开设理工科者，普遍设有各类实验室和科研试验场所

本表来源：笔者根据以下史料绘制：

1.《壬子・癸丑学制》《壬戌学制》关于各级各类学校的房屋设备要求均来源：舒新城 . 中国近代教育史资料（上册）[M]. 北京：人民教育出版社，1961：444-780；宋恩荣，章咸 . 中华民国教育法规选编（1912—1949）[M]. 南京：江苏教育出版社，1990：218-511.

2.《南京市建筑规则》关于学校建筑设计细则来源：南京市档案馆民国文书，档案号：10010011035（01）0015。

三、各类学校的实际建造状况

1. 办学力量及学校类型

民国时期学堂一律改称为学校，办学力量有政府和私人两类，政府创办的学校称为公立学校，私人创办的学堂为私立学校。该时期与清朝最大的不同是政府允许私人创办大学，最明显的特征是南京创办建了一系列的军事学校。

2. 营建特征

北洋军阀混战时期，教育经费得不到保障，南京的本土学校几乎没有发展，学校数量与晚清时期相比涨幅不大。1927 年后政局相对稳定，政府大力发展教育事业，积极推行小学义务教育，学校数量迅速增长，尤其以小学数量增长迅速。该时期政府并成立了教育局和工务局对学校建设进行管控。

1927 年 6 月 1 日南京市教育局成立，管辖全市“国立”、省立之外的公、私立中小学和幼稚园[1]。

1927 年 6 月南京市政府工务局成立，下设总务、设计、建筑、取缔、公用五科，管辖全城的城市建设。1933 年 2 月颁布的《南京市工务局建筑规划》[2]规范了市内一切公私建筑的营造，以学校建设为例：首先由校方报工务局申请执照，图则经审查合格后，由工务局通知请照人领取；然后领照兴工，待兴工和排灰等工作完毕后分别填写报告单，呈请工务局派员勘察；最后由工务局取缔科负责违章查处[3]。

在建造经费方面，首都南京时期市立学校经费从市财政税收项下拨付，由于市财政入不敷出，依赖上级补助，私立学校主要依靠私人捐资和征收学杂费[4]。

从学校建筑本体层面上讲，一是学校数量迅速增加；二是学校建筑功能设置上的变化，民国成立后教育部废除读经、祭孔，旧学祭孔场所消失，舶来品——西方公共建筑礼堂取代祭孔场所，成为新的聚会庆祝之所。随着学制的反复改革与定型，学校建筑功能与类型也走向定型，教学、科研、教辅、生活、体育活动用房一一齐备，建筑形态呈现多元化；三是专业建筑师参与学校建设，学校规划手法灵活多样，建筑形态中西兼备，建筑功能设置齐全。总之，“黄金十年”期间，南京的学校建设达到了近代发展的顶峰。

3. 空间分布

1929 年前南京的学校分布与晚清无异，学校集中在城中与城南[5]。

从 1936 年学校分布图来看，南京城区（明代城墙内）被划分为 8 个学区，乡区被划分为 3 个学区，中小学校在全城均匀分布，如图 4-1 所示。

1912—1937 年间，南京的高等学校也迅速发展。因大学校地宽广，学校地范围和学校建设已大致定型，故尊重大学现状，任其继续发展。

新创办了一批军事学校，军事学校主要根据军事演练选址，例如因工兵科、炮兵科等军事演练的需要，军校常择址于城墙外人烟稀少、适合军事演练之地（图 4-1）。

部分高等学校和军事学校在城墙外择址新建。已建大学在原校址不变，但是随着校地规模的扩大，学校不断整合周边用地，校区扩张合并街块，周边街块逐渐成为校区用地，街块间的城市道路也成为为学校道路，学校建设使城市肌理发生转变。军事学校设在晚清军事学堂旧址或在城墙外。因城市道路的修建、公共汽车、市内火车等现代化便捷的交通工具，使新建学校已不再局限在城内，而是根据教学需要或军事演练需要择址于城外。

四、初、中等学校的建设

1. 初、中等学校的统计与简介

幼稚园：1918 年创办了民国时期的第一所幼稚园，

---

[1] 南京市地方志编纂委员会 . 南京教育志（上册）[M]. 北京：方志出版社，1998：1527.

[2] 南京建筑法规曾经历了《市区建筑暂行简章》——《南京市工务局建筑规则》（1933 年）——南京市建筑规则（1935 年）——南京市建筑管理规则（1948 年，共 11 章 327 条）等过程。引自：王海雨，近代南京城市营建法规研究［D］. 南京：东南大学建筑学院，2012.

[3] 南京市档案馆，档案号 10010011035（01）0015。

[4] 南京市地方志编纂委员会 . 南京教育志（上册）[M]. 北京：方志出版社，1998：1577-1581.

[5] 南京稀见文献丛刊编委会 . 南京稀见文献丛刊——首都计划[M]. 南京：南京出版社，2006：213.

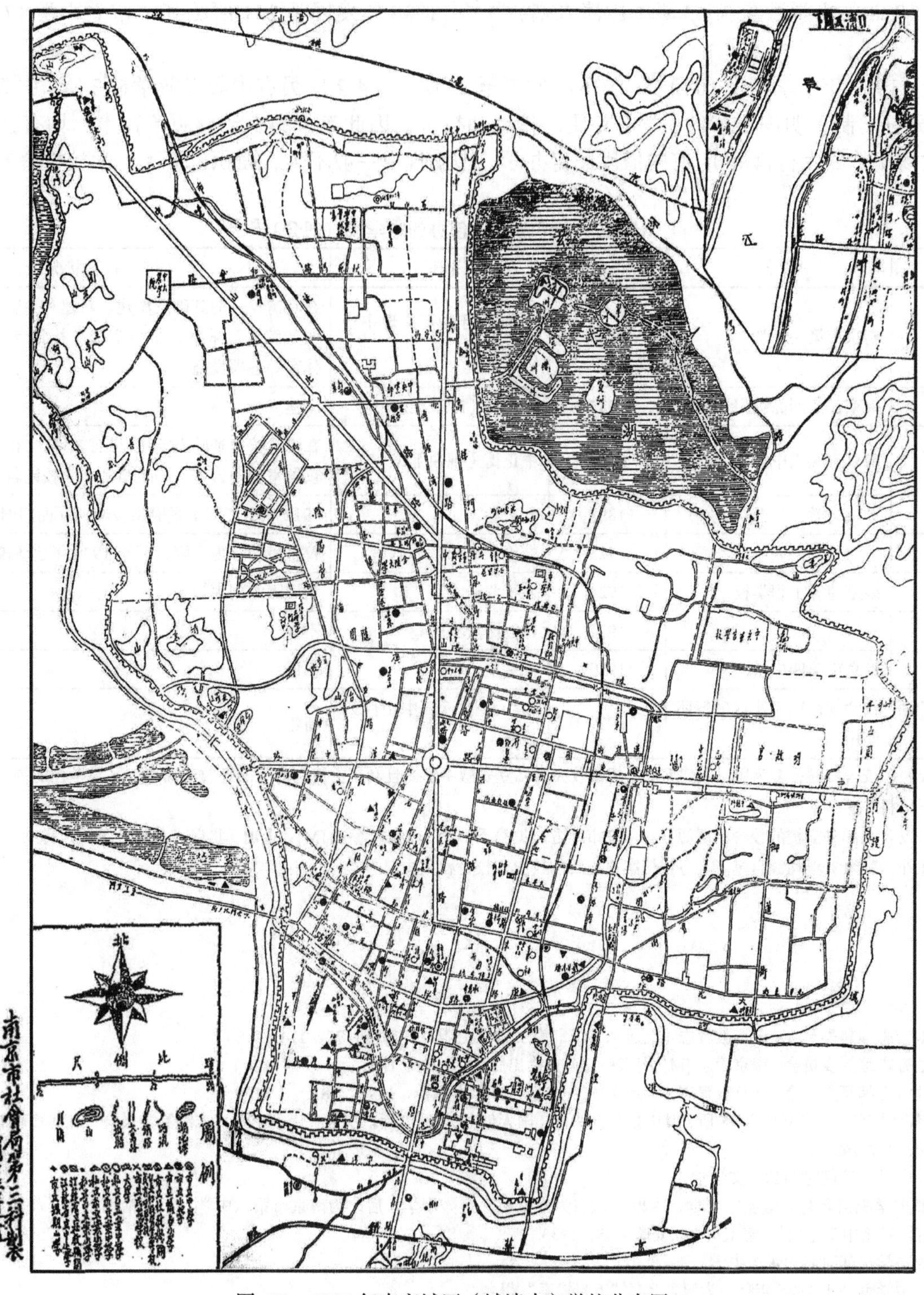

图 4-1　1936 年南京城区（城墙内）学校分布图

图片来源：南京市社会局编 . 南京教育 [M]. 南京：南京市社会局，1936：1-2

1935 年幼稚园数量增至 26 所[1]。

小学校：1928 年小学数量为 53 所（比清末稍减）[2]，1936 年发展至 231 所（其中市立小学 179 所，私立小学 52 所[3]）。

中等学校：1927 年中学校仅 10 所[4]，1936 年发展至 20 所（表 4-2）。另有中等专业学校 3 所、中等师范学校 4 所。

《壬子・癸丑学制》明确要求各小学有专用的校地和校舍，因此南京的小学校照章行事，均有独立的校地校舍，有的借用公共场所（如大行宫等），有的借用民房办学，小学规模一般不大，面积也不大，学校校舍有教室、办公室、

1911—1937 年国人创办的中学校（部分）[5-9] **表 4-2**

原名	现名	创办时间	校址	校舍状况
市立第一中学[5]	南京市第一中学	1907	中华路府西街（现中山南路）	在晚清校舍的基础上添建。新建和平院、博爱院、励青院、明德院、音乐室、学生宿舍、礼堂等。学校教学、生活、体育等各项设施齐全
市立第二中学	南京田家炳高级中学	1935	筹市口（现长江新村）	新建
私立安徽中学	南京市第六中学	1904	中正街（现白下路）	在晚清校舍基础上添建。设有教室、大礼堂、实验室、图书室、仪器室、办公室、师生宿舍、学校园若干间[6]
私立钟英中学[7]	钟英中学	1898	九条巷	1912 年由江苏都督府指拨南捕厅衙门旧址，改建为校舍
私立五卅中学	—	1925	鼓楼保泰街	校舍最初分为三院，后于 1930 年建新校舍[8]
私立钟南中学[9]	南京建筑工程学校	1924	太平北路	利用闺阁祠为校舍
私立东方中学	—	1921	长江路及邓府巷	不详
私立三民中学	南京市第四中学	1929	龙蟠里	不详
国民革命军遗族学校	校舍现由南京军区歌舞团使用	1929	中山陵附近，中山门外卫岗	新建

注：私立学校大多校舍简陋，多为民房改建而成，规模较大的私立安徽中学尚且利用前清南捕厅旧址改建而成，私立学校的校舍简陋程度可见一斑。

笔者根据以下史料绘制：

1. 学校数量、校名、部分学校的校舍状况源自：南京市地方志编纂委员会．南京教育志 [M]：上册．北京：方志出版社，1998：370-371.

2. 除特别引注外，其余史料均源自笔者在各校档案室查阅的校史、校舍档案史料。

---

❶ 南京市地方志编纂委员会．南京教育志（上册）[M]. 北京：方志出版社，1998：77、114.

❷ 南京市地方志编纂委员会．南京简志 [M]. 南京：江苏古籍出版社，1986：671.

❸ 南京市地方志编纂委员会．南京教育志（上册）[M]．北京：方志出版社，1998：181.

❹ 1927 年南京共有公、私立中学 18 所，其中教会办 8 所，国人创办的仅 10 所。引自：南京市地方志编纂委员会．南京教育志（上册）[M]. 北京：方志出版社，1998：367-368.

❺ 市立第一中学为清朝时期的崇文学堂。

❻ 私立安徽中学晚清名为安徽旅宁公学，1929 年改名为南京私立安徽中学，后改为南京市第六中学，校名沿用至今，校舍设备来源于南京安徽中学．十年来之南京安徽中学［M］．南京：南京安徽中学，1933.

❼ 私立钟英中学清朝时名为钟英中学。

❽ 南京五卅中学创办于 1925 年秋，为纪念上海“五卅惨案”得名。

❾ 钟南中学创建于 1924 年，1951 年 7 月，复兴、开明两户学与钟南中学合并，改名为城中中学，后几易其名，为南京市建筑工程学校的前身。

宿舍、操场等设施[1]。1927—1937年由南京市政府有组织、成规模地新建了48所[2]小学校舍（大多数为工务局设计），该时期共有小学231所，新建校舍占总数的20.8%，涵盖市立小学、义务（简易小学）、乡区等各类小学校舍。

根据统计分析：新建学校2所，仅占总数的10%。扩充添建的学校有5所，占总数的20%。另有13所私立中学，校舍简陋，大多利用民房、寺观、公所改造而成。

1911—1937年国人创办的师范学校见表4-3。

1911—1937年国人创办的师范学校（合计6所，1937年合并为4所） 表4-3

原名	现名	创办时间	校址	校舍状况
江苏省立第四师范学校[3]	宁海中学	1912	钱厂桥（今白下路白下会堂）	利用钟山书院的房屋
江苏省立第一女子师范学校[4]	宁海中学	1912	中正街	1912年先租赁中正街、后租赁考棚西巷为校舍，原方言学堂为附小校舍，1914年以马府街官屋为校舍，1921年，翻盖大会堂及学校大门，并增租中正街民房，将保姆传习所迁入，是年秋，拆除旧教室，翻盖楼房
江苏省立栖霞乡村师范学校[5]	南京市栖霞中学	1927	栖霞山麓，毗邻栖霞寺	1928年新建校舍45间，购地10亩[6]，先后建有教室、礼堂、自然科学馆、农业研究室、理化器械室、图书馆、师生宿舍等，并设有学习基地，有农场、林场、各种工场[7]等
晓庄师范学校	南京晓庄学院	1927	和平门外劳山脚下晓庄	新建，均为茅草房
南京中区实验中学设师范科	南京市第一中学	1929	中华路府西街	附设在市立一中内
南京市立师范学校[8]	宁海中学	1935	中华门外小市口集合村	该校由江苏省立第四师范学校、江苏省立第一女子师范学校与其他学校合并组建而成，各校区的建筑功能完善

本表来源：笔者根据南京市地方志编纂委员会.南京教育志（上册）[M].北京：方志出版社，1998：908-910绘制.

❶ 徐传德.南京教育史[M].北京：商务印书馆，2006：197.

❷ 南京市教育局编.南京市教育概览[M].南京：南京市教育局，1948：12-16.

❸ 1927年并入第四中山大学区立南京中学。

❹ 江苏省立第一女子师范学校系在晚清时期宁垣属女子师范学堂复办，1927年改名为江苏省立南京女子中学，1927年后与江苏省立第四师范学校合并，改名为第四中山大学区立南京中学。

❺ 该校始建于1923年，前身系江苏省立第四师范分校。1932年易名为江苏省立栖霞乡村师范学校，1956年定名为南京市栖霞中学。

❻ 南京市地方志编纂委员会.南京教育志（上册）[M].北京：方志出版社，1998：909.

❼ 徐传德.南京教育史[M].北京：商务印书馆，2006：262.

❽ 前身可追溯至创建于1890年的文正书院，后文正书院易名为江宁府学堂（1912—1913年）、江苏省立第一中学（1913—1927年），1927年与江苏省立工业专门学校、江苏省立第一农业学校、江苏省立第四师范学校合并组建为南京中学，后改名为江苏省立南京中学（1929—1935年），1935年，该校与江苏省立南京中学乡村师范科（栖霞师范）、南京中学乡村师范科合并组建为南京市立师范学校（1935—1937年），后西迁，称重庆师范学校（1938—1946年），战后复校仍改回原名南京市立师范学校（1946—1962年），1962年改名为“南京宁海中学”，现名为宁海中学。

另外，至1937年时南京有4所中等职业学校。分别为私立鼓楼医院高级护士学校（教会办）、高级护士职业学校、高级助产职业学校、工业职业学校。前3所附设在其实习机构内，仅工业职业学校设在郭家山。

1911—1937年南京规模较大的中等学校分析如下：

（1）市立第二中学

1937年南京有两所市立中学，其中市立一中为晚清创办的崇文学堂，市立二中为新建中学，其旧址现为南京市田家炳高中，位于现长江新村8号（原名筹市口）。

该校创办于1935年9月，创办之始由校长黄俊昌在邀贵井租用民屋数间为校舍。1936年由南京市工务局进行了新校园的总体规划设计、一期规划设计[❶]，并拟先期建设教学楼、体育馆、学校大门及门房、厨房、厕所等必要之建筑（图4-11）。1937年春，三层楼的主教学楼落成，为简洁的现代主义建筑形式。南京沦陷后，筹市口校舍被日军占领。抗战后学校迁回原址复校，添建了学生宿舍、大礼堂等建筑。该校目前遗存1937年建造的教学楼1座（图4-2）。

（2）国民革命军遗族学校

国民革命军遗族学校旧址位于中山门外卫岗55号，校舍现由解放军南京军区前线歌舞团、话剧团、干休所使用。

1929年学校开办初期租借城内的大仓园为临时校舍，与此同时一边择址创建新校舍。校址确定在中山陵园界内四方城前、钟汤公路（钟灵街—汤水镇）之北的高岗。全部校舍由朱葆初设计，校园景观绿化由总理陵园管理委员会的园林专家设计[❷]。校园占地面积512亩，附设农场面积约千亩。校舍自1929年开工建设，1931年全部建成，建筑功能十分齐全，建成大小房屋共计38座，主要建筑有校门1座，楼房1幢，大礼堂1座，小学部教室9间，中学部教室5间，特殊教室2间，平民学校教室2间，图书室和医务室各1间，办公室6间，会客室2间，学生宿舍4间，教职员宿舍、教职员家眷宿舍各2间，校工宿舍和乳牛房各1间，盥洗室、浴室、厨房、厕所、洗衣室若干，另设运动场、网球场、篮球场、足球场各1个[❸]。校门为中国传统牌坊式，校内建筑以坚固实用为原则，多为平房，部分为二层高的楼房，均为中国传统的大屋顶形式（图4-3）。

图4-2　南京市立二中1937年建成的教学楼

图片来源：南京田家炳高级中学校史室

图4-3　国民革命军遗族学校校舍

图片来源：叶皓.南京民国建筑的故事（下册）[M].南京：南京出版社，2010：564-565

❶《南京市立二中规划及单体建筑图》，东南大学档案馆，档案号：10010050214(00)0002。

❷ 卢海鸣，杨新华.南京民国建筑[M].南京：南京大学出版社，2001：144-145.

❸ 根据《陵园小志》记载整理，卢海鸣，杨新华.南京民国建筑[M].南京：南京大学出版社，2001：145.

1930 年因学生人数增多实行男女分校，暂借羊皮巷 1 号[1]（东风剧场原址）另设遗族女校，1933 年新建女校校舍（今南京农业大学内），1934 年女校校舍落成，有牌坊式校门、宫殿式的两幢主楼（含教室、办公室、图书室等）、大礼堂（兼作健身房）、另有学生宿舍、浴室、医务室和运动场等。1935 年增设幼稚园，新建一幢家政实习西式住宅房，盖有玻璃阳光花房，女校舍有从幼稚园到中学的全套校舍[2]。

（3）晓庄师范学校

南京晓庄师范学校系陶行知先生 1927 年创办，原名南京试验乡村师范，校址位于南京北郊劳山下晓庄村，故名晓庄师范。1930 年被国民党政府封闭，仅办学 3 年，中华人民共和国成立后复校，为现南京晓庄学院的前身[3]。

该校先后建有小学示范园、幼稚师范院各 1 所；中心小学 8 所；中心幼稚园 4 所，民众学校 3 所；中心茶园 2 所；中心木匠店 1 所；乡村医院 1 座；联村救火会 1 所；石印工厂 1 座，校舍全是师生自己动手盖的，大部分是茅草屋[4]，标志性建筑大礼堂犁宫也是茅草屋。学校没有规划，建筑物自由散布在乡间（图 4-4）。

（a）

（b）

图 4-4　晓庄师范学校

（a）晓庄师范学校全景；（b）大礼堂犁宫（茅草屋）

图片来源：徐传德 . 南京教育史 [M]. 北京：商务印书馆，2006：260

2. 初、中等学校的选址与规划

（1）初、中等学校的选址

1929 年之前，南京初中等学校集中在城南一带，自发生长，与晚清无太大差别[5]。

市教育局将南京市划为城区和乡区。城区划为第一、二、三、四、五、六、七、八等 8 个分区，乡区划分为上新河、燕子矶、孝陵卫等 3 个分区[6]。教育局还对全市学校重新布局，迁移因校址分布不均匀的 6 校[7]。1935 年 11 月 11 日发布《市县划分小学区办法》[8]，要求各市县应遵照实施义务教育暂行办法，视户口之疏密，与地势交通等相互关系，并参酌各地方自治组织情形将全市县划分为若干小学区。每区约有一千人口，城市中人口繁密之地得变通，偏僻农村人口不满一千者，亦划为一小学区。从 1936 年南京学校分布中可以看出，中小学校分布均匀，改变了晚清集中在城南和城中的格局（图 4-1）。

---

[1] 租借的羊皮巷 1 号临时校舍，面积较大，校园环境良好。进入校门便是一座过街大桥，桥那边是一处较大的院落。正对校门有数幢两层楼的校舍，分别为教室、图书馆、礼堂、办公室、女生宿舍、厨房饭厅等。楼房一侧有竹篱围绕着的大操场，设有篮球场、跑道、沙坑、单杠等体育运动设施。沿院墙建有两排 16 间平房：一排用作医务室、学生患病疗养室；另一排为教师职员宿舍。引自：桑万邦 . 国民革命军遗族女校旧闻轶事［J］. 钟山风雨，2007，6 ：57.

[2] 同上。

[3] 南京晓庄学院校史室，校史沿革。

[4] 徐传德 . 南京教育史 [M]. 北京：商务印书馆，2006：260；卢海鸣，杨新华 . 南京民国建筑 [M]. 南京：南京大学出版社，2001：143.

[5] 南京稀见文献丛刊编委会 . 南京稀见文献丛刊——首都计划 [M]. 南京：南京出版社，2006：213.

[6] 南京市教育局编 . 南京教育 [M]. 南京：南京市教育局，1936：14.

[7] 南京市地方志编纂委员会 . 南京教育志（上册）[M]. 北京：方志出版社，1998：180.

[8] 宋恩荣，章咸 . 中华民国教育法规选编（1912—1949）[M]. 南京：江苏教育出版社，1990：309-310.

职业学校选址根据专业特点而定，多附设在实习机构内。晚清维新派曾提出中等职业学校的校址选择根据专业特点而择定[1]，虽然迟至1947年颁布的《职业学校规程》中才有明确要求："校址选择须以适合学科之环境而便于实习的原则[2]"，但在1937年前创办的职业学校已经不自觉地履行了这一原则。例如1932年建立的高级护士职业学校附设在黄埔路中央医院内（现南京军区总医院），1933年成立的助产学校最初亦附设在中央医院内，后迁到石鼓路新址（现南京妇产科医院院址）。职业学校选址须利于理论教学与实践结合的模式影响至今。

（2）初、中等学校规划

北洋政府时期南京的中小学校几乎无所增长[3]，初中等学校的建设集中在1927—1937年间。

在国家统一学制的前提下，在教育、建设部门的共同引导下，在专业建筑师参与学校建设背景下，学校建筑无论其校园规划还是功能设置，有着明显的"共性"，由于中小学校量大面广，本文抓住教育建筑"共性多，个性少[4]"的特点，本着科学严谨的态度（避免仅选取典型案例的做法），在基于一定数量实例的基础上，选取规模较大的学校进行分析。

本文史料梳理力求全面清晰，选取南京市工务局设计的51所小学校舍原始图纸[5]和8所[6]校舍质量较好、规模较大的南京市公私立中等学校做实例分析。在这51所小学校中，有明确史料记载的实际建成的有26校[7]，涵盖了公、私立各类实验小学、简易小学、乡区小学、住宅区配套小学。通过这些实例分析发现南京初中等学校规划状况大致如下：

1）在具体建造时，充分利用原晚清校舍，在此基础上逐渐扩添建。新建学校根据财力和实际使用需求分期建设。例如南京市立一中（图4-14）、中大附中（图4-13）、安徽中学（图4-15）、钟英中学均在晚清校舍的基础上改扩建，在充分利用原有校舍的基础上，分轻重缓急，逐渐添建新建筑。如中大附中在1919年添建教学楼杜威院、望钟楼、附中一院，1922年又建教学楼附中二院。添建有劳作工厂，风雨操场、篮球场、网球场等。因学校开设有幼稚园，1920年代添建有幼稚园舍，附设幼儿活动场地[8]。

南京市立二中由工务局设计了两套规划方案，拟分期新建校舍。一期工程仅建设教学楼和大礼堂两幢建筑，二期进行整体校园建设[9]（图4-11）。分期建设的优点在于经济压力小和便于实施，这种优点很好地体现在市立二中建设中。

2）该时期有专业建筑师参与校园建设，学校规划结合周边环境因地制宜设计，注重采光、通风，以营造良好的学习生活环境，学校规划开始有明确的功能分区，根据地形合理布置教学楼与体操场。功能分区理论始于1933年的《雅典宪章》，功能分区的方法后来被引入校园规划中，按照相近的功能划分活动区域、组织校园[10]，此时期南京的初中等学校功能分区明确，有教学办公区、后勤生活区、体育运动区等。

中小学校尤其重视户外运动，因此最重要的

[1] 王建军.中国教育史新编[M].广州：广东高等教育出版社，2014：228-229.

[2] 教育部公布的《职业学校规程》，引自：宋恩荣，章咸.中华民国教育法规选编（1912—1949）[M].南京：江苏教育出版社，1990：555-560.

[3] 南京市地方志编纂委员会办公.南京简志[M].南京：江苏古籍出版社，1986：671；南京市地方志编纂委员会.南京教育志[M].上册.北京：方志出版社，1998：367-368.

[4] 姜辉，孙磊磊，万正旸，孙曦.齐康主编《城市建筑系列》，大学校园群体[M].南京：东南大学出版社，2006.

[5] 这批小学校的原始图纸现藏于南京市档案馆，全宗号：1001，档案号：0030-0050，部分学校的档案号为：10010030015，10010050208，10010050209，10010050210，10010050212，10010050213，10010050214。

[6] 这8所规模较大的中学校为：市立一中、市立二中、私立安徽中学、"中大"附中、国民革命军遗族学校、江苏省立第四师范学校、江苏省立栖霞乡村师范学校、晓庄师范学校。

[7] 实际建成的26校分别为：大中桥、三条巷、小西湖、中央路、安品街、丰富路、惠如、竺桥、南昌路、香铺营、马道街、淮清桥、崔八巷、游府西街、新茎市、裴家桥、于家巷、陵园、中山门、午朝门、光华门、浦口码头街、通浦路、挹江门、邓府山、江东门等小学。

[8] 朱斐.东南大学史[M].南京：东南大学出版社，1991：53-55.

[9] 南京市档案馆，档案号：10010050214(00)0002。

[10] 赵万民.山地大学校园规划理论与方法[M].武汉：华中科技大学出版社，2007：83.

是处理好体育活动区与教学办公区的动静分区关系，从这批中小学校图纸中了解到其设计手法如下（图 4-5）：

①教学楼与体操场前后布置，用于南北方向长、东西方向短的校地，体操场一般布置在基地南侧。例如新路口简易小学和南京市立第一中学基地南北方向较长，设计者将体操场设置在教学楼的南面，两者之间用道路或其他建筑分隔。

②教学楼与体操场左右布置，用于东西方向宽，南北方向窄的校地。例如私立安徽中学、剪子巷小学皆为此种布置方式，充分利用地形将教学楼和体操场一左一右分开设置。

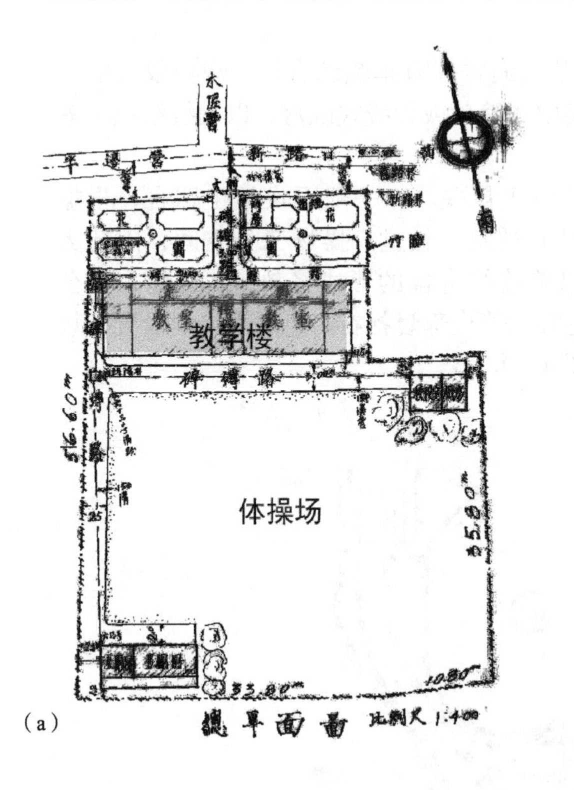

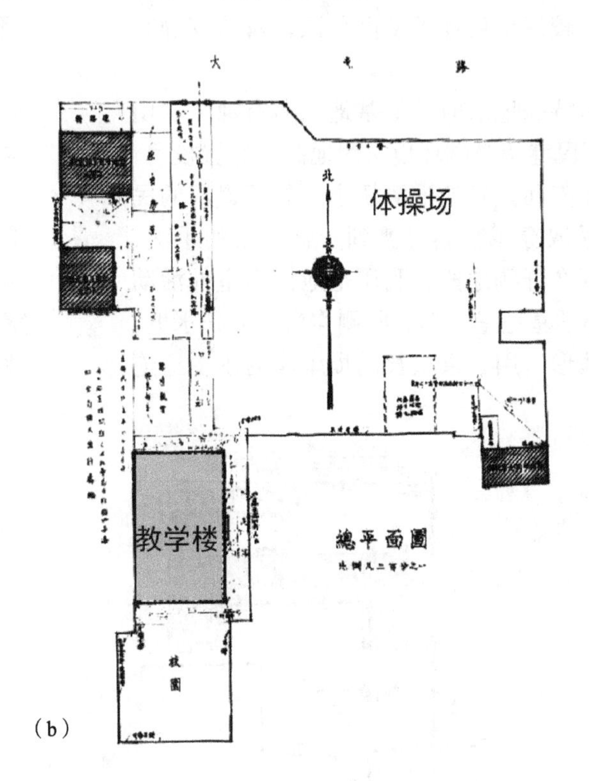

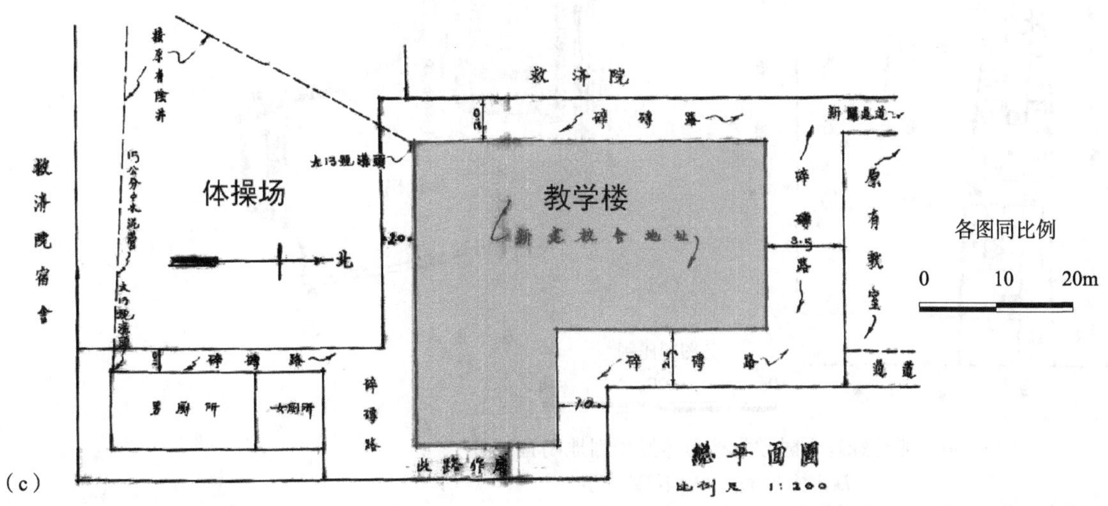

图 4-5　教学楼与体操场的三种布置方式（教学楼与体操场前后布置、教学楼与体操场各据一角布置、教学楼与体操场左右布置）

（a）新路口简易小学；（b）大中桥小学；（c）剪子巷简易小学
三图均源自南京市档案馆，
档案号分别为：
10010050209（00）0015、
10010050207（00）0001、
10010050207（00）0001

③教学楼与体操场地各据一角布置，教学楼免受体操场的干扰。例如大中桥小学将教学楼设于基地最南端，空出东面大面积的校地用作体操场。例如南京市立第二中学基地面向城市道路，设计者将体操场靠近城市道路布置，巧妙地将体操场处理成校园与城市道路之间的“隔离带”，在体操场与教学楼之间设置礼堂及办公楼，较好地处理了动静分区，营造安静宜人的学习环境。

④当基地为特殊地形时（如基地周边有河流、山丘或需穿过狭窄民巷等极端环境），因地制宜布置校舍，体操场一般设在南面。例如淮清桥小学处于逼仄的民巷中，设计者采取穿越窄巷过渡到开阔地段的手法，将主教学楼设置在开阔地段，利用空地作为室外活动空间。南昌路小学基地呈带形，两侧均为大面积水塘，设计合理利用地形，用一条狭长的堤岸作为主干道连接校门和教学楼，南北向设置教学楼，在教学楼的南面设置操场（图 4-6）。

至于朝向问题，一般将教学楼、宿舍楼等主要建筑南北向布置，学校园、运动场一般设在南面向阳处，运动场长轴多南北向布置，但也有少数学校根据地形设为东西向，例如中央路小学的运动场长轴为东西向（图 4-9）。

3）小学校通常仅有单幢综合楼，规模较大的小学校多为集中式院落或轴线式院落，以轴线组织院落空间。

小学校由于规模小，一般不设学生宿舍，根据学制要求设有教室、礼堂、操场三类空间，因此大多数学校以单幢综合楼的形式将教室、礼堂、办公室、图书室等功能全部囊括在内，利用空地设置操场（图 4-7、图 4-8）。

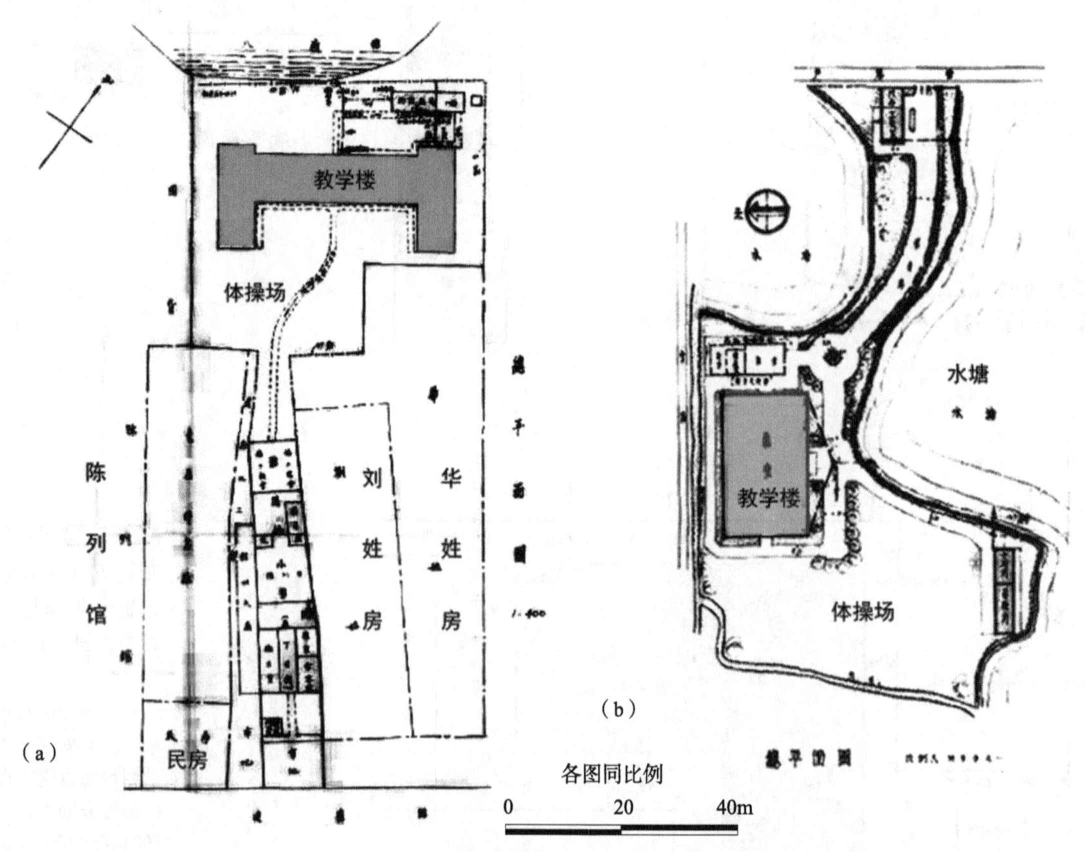

图 4-6 遇特殊地形时教学楼与体操场因地制宜布置

（a）淮清桥小学；（b）南昌路小学

二图均源自南京市档案馆，档案号分别为：10010050208（00）0007、10010050207（00）0001

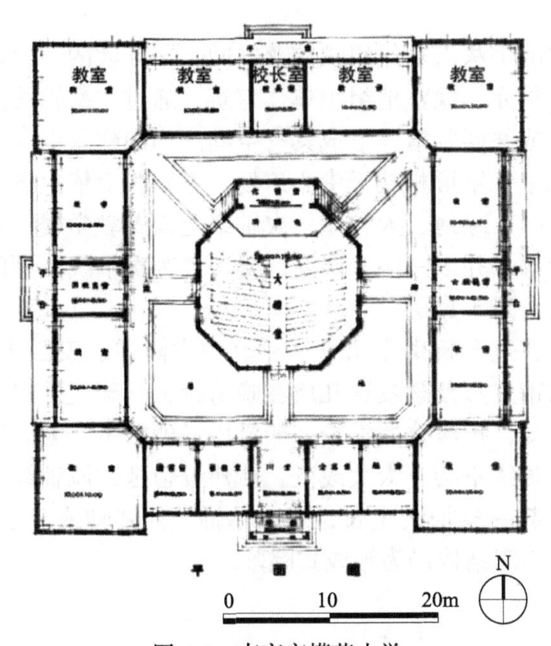

图 4-7 南京市模范小学

图片来源：南京市档案馆，档案号：10010050213（00）0003

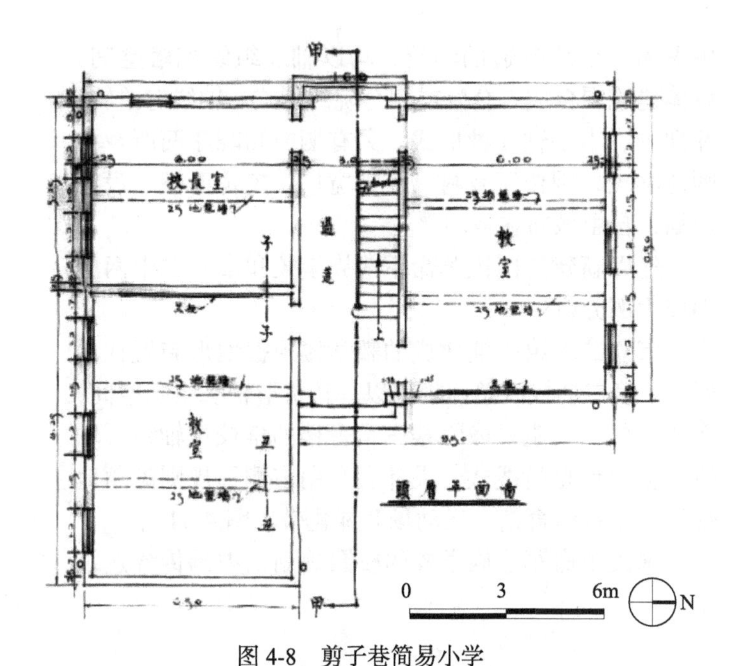

图 4-8 剪子巷简易小学

图片来源：南京市档案馆，档案号：10010050207（00）0001

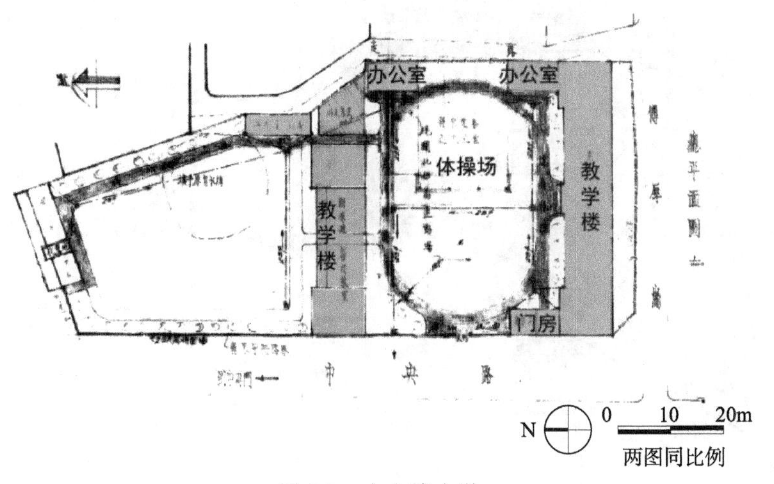

图 4-9 中央路小学

图片来源：南京市档案馆，档案号：10010050206（00）0009

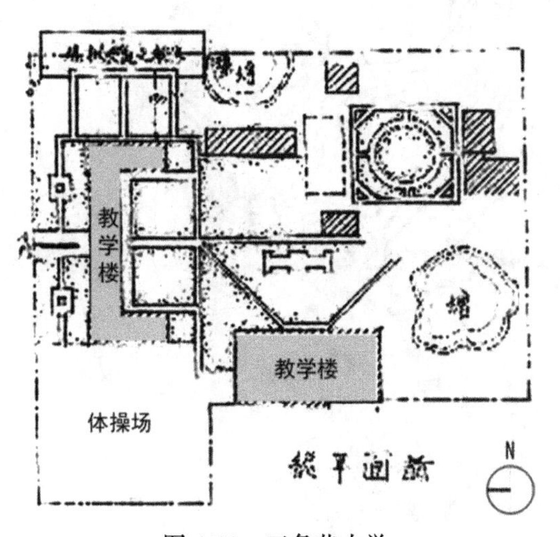

图 4-10 三条巷小学

图片来源：南京市档案馆，档案号：10010050210（00）0006

例如南京市模范小学（图 4-7）、剪子巷简易小学（图 4-8）校内只有一幢综合楼，在综合楼内设置教室、图书室、各类办公室等各类功能空间。模范小学利用综合楼中心部位设置大礼堂，礼堂四周的边角部分铺设草地，合理利用空间。

当学校有多幢建筑时，单体建筑围合中心绿地或操场布置，形成集中式的户外活动场地，呈“中心花园式”，这种布局方式结构紧凑，非常适合规模不大的学校，例如中央路小学围合中心操场布置（图 4-9），三条巷小学（图 4-10）单体建筑围合成开敞的三合院形式。

4）中学校规模稍大，无论是新建、扩添建或利用民屋、公所改造的学校，均以轴线组织院落空间，单体建筑围合成三合院或四合院的形式。轴线有单轴、并列轴、十字轴几种形式。另有栖霞和晓庄两所乡村师范学校，因位于乡村，校地宽广，校舍简陋，没有规划，自由散布在乡间[1]。

先以新建的国民革命军遗族学校和市立二中两所学校为例分析。

市立二中第一期建成的教学楼根据地形布置在山冈上。第二期校园总体规划以一转折形轴线组织空间，形成大门—礼堂—教学楼—宿舍楼的学校主轴线，轴线依据地形呈折线式，设计者利用右侧不规则尖角地带巧妙布置体育馆、运动场和绿化带（图 4-11）。

国民革命军遗族学校的校园规划以中国传统建筑群体的手法沿轴线组织院落空间，以开敞的三合院为基本单元，规整地组织单体建筑，通过主次轴线关系串联或并联院落，形成具有空间序列的建筑群。主次轴线呈十字形相交于中心广场。主轴线上依次设置大门、中心绿地、大礼堂；次轴线上设置教学楼、学生宿舍等，并以一座二层高的楼房作为次轴线高潮的终结点（图 4-12）。

通过分析南京市立一中、中大附中、安徽中学、南京市立师范学校这几所在晚清校舍基础上扩建的学校可知，扩添建的学校一般沿用清朝校舍，因此原有校园轴线不会有太大改变，新建校舍延续原轴线生长或另起一条轴线生长，形成单轴、并列轴或十字轴，校园空间结构仍为轴线式院落。

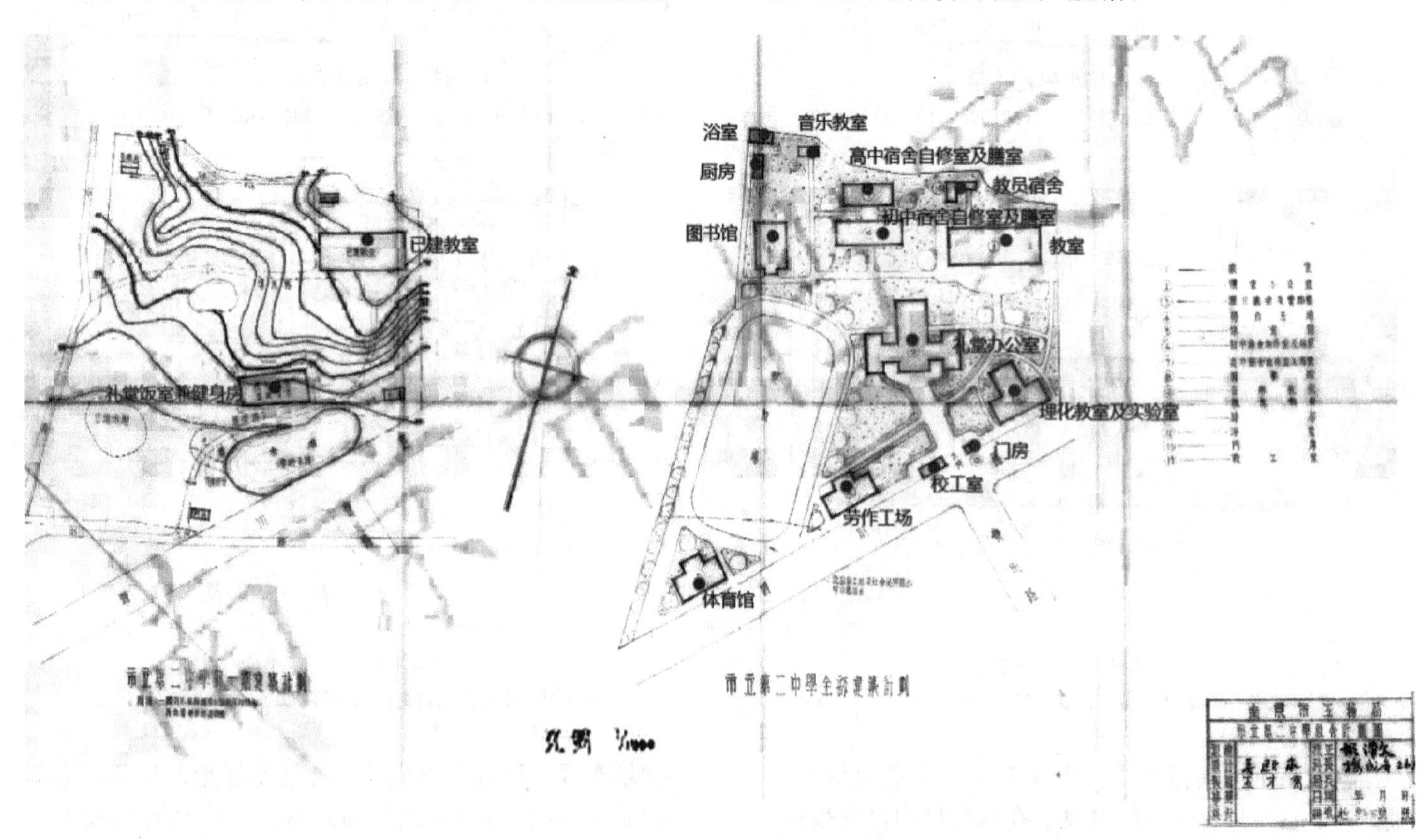

图 4-11　南京市立第二中学一期规划图及总体规划图

图片来源：南京市档案馆，档案号：10010050214（00）0002

---

[1] 徐传德 . 南京教育史 [M]. 北京：商务印书馆，2006：262.

图 4-12　国民革命军遗族学校鸟瞰图

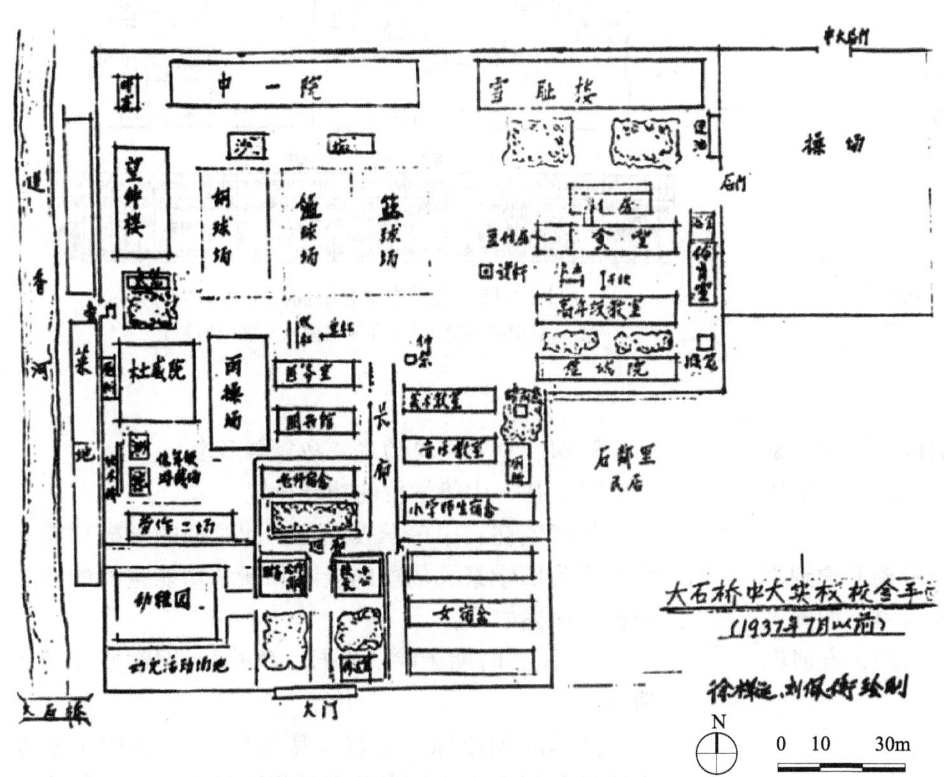

图 4-13　中大附属中小学校总平面图（1937 年）

图片来源：南京师范大学附属中学校史室

例如中大附中小学将晚清校舍轴线延长，添建中一院、雪耻楼、杜威院、望钟楼、教室食堂等，添建的校舍围合中心操场布置，校园总体布局呈单轴发展（图 4-13）。南京市立一中延续晚清校舍这条轴线，添建和平院、博爱院，形成大门—主教学楼—学生宿舍这条主轴线，后来在这条轴线的左侧并列一条新轴线，建明德院、厨房饭厅和体育运动场（图 4-14）。私立安徽中学在保持晚清校舍这条轴线的基础上，在右侧另辟一条次轴线，次轴线上布置生活用房和运动场所，主轴线布置办公、教学、生活用房，主次轴线沿南北向并列布置（图 4-15）。江苏省立第四师范学校在保持右侧主轴线的同时在基地左侧另设一条新轴线并列发展，在新轴线上设置添建普通教

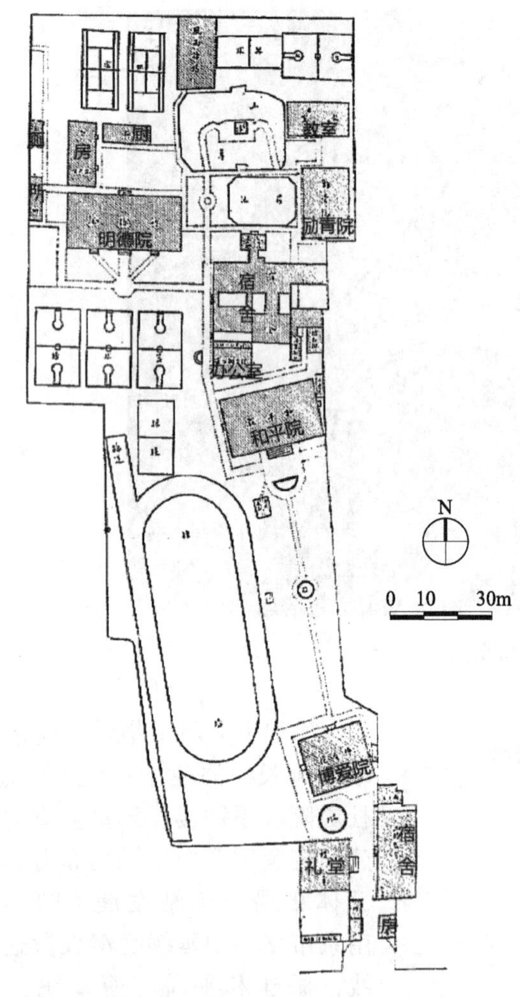

图 4-14　南京市立第一中学总平面图（1937 年）
图片来源：《南京市立第一中学十周年纪念册》

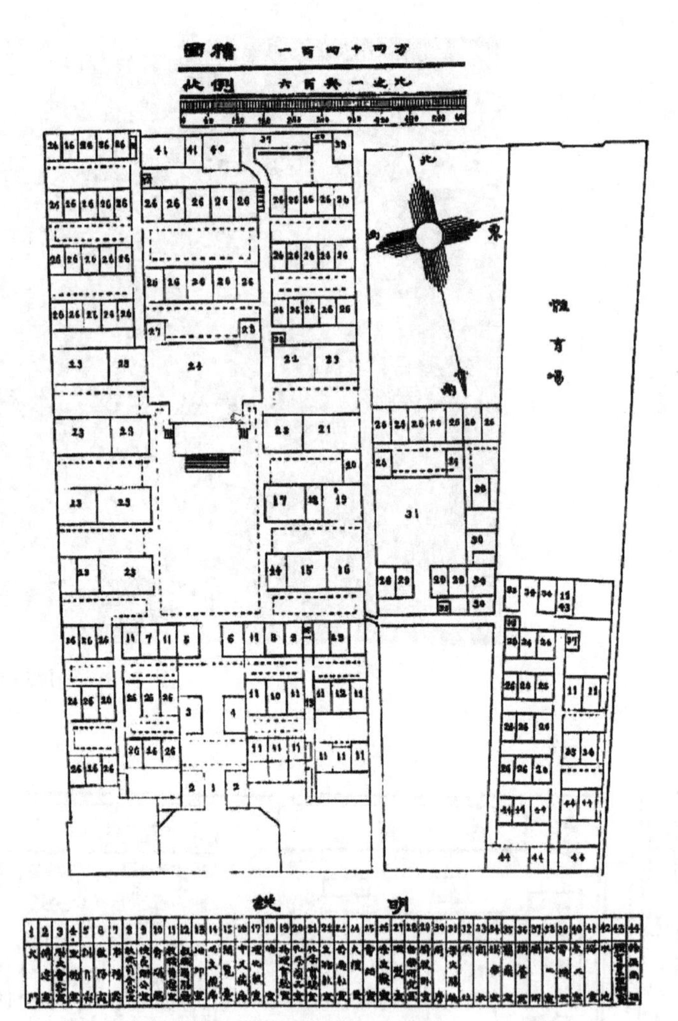

图 4-15　安徽中学总平面图（1937 年）
图片来源：《十年来之南京安徽中学》

室、健身房、球场、运动场等，原主轴线上添建了部分教室、大会堂、办公室、学生宿舍、厨房浴室等（图 4-16）。

值得一提的是校园内的道路在部分学校考虑到汽车和行人的方便，校内铺设水泥路或碎石路，如国民革命军遗族学校和遗族女校铺设有水泥马路，方便汽车直达校园[1]。

[1] 桑万邦 . 国民革命军遗族女校旧闻轶事［J］. 钟山风雨，2007，6：57.

3. 初、中等学校的建筑功能与形态

（1）初、中等学校的功能设置

与清朝初、中等学校相比，此时期的学校功能主要表现为旧学祭孔场所的废除和新学功能空间的逐步完善，详述如下：

1）民国时期废除“忠君、尊孔”，旧学祭孔场所消失。

民国时期废除“忠君，尊孔”，全国各中小学废止读经和拜孔之礼，自此旧学祭孔场所在各类新式学堂消失，祭孔场所荒废或转为他用。

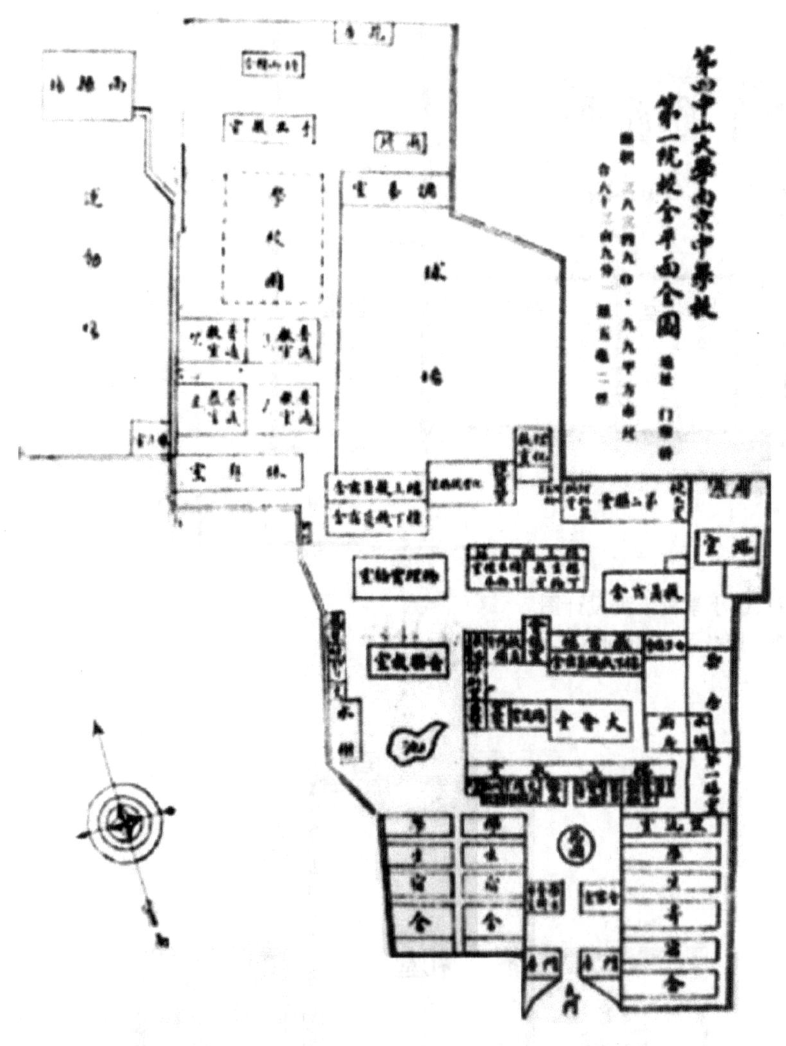

图 4-16　南京市立师范学校总平面图（1928 年）
图片来源：南京市宁海中学校史室

2）学校功能趋于完善，规模较大的学校有明显的建筑分类，设有教学楼、宿舍楼、礼堂等；规模较小的学校则在单幢建筑内分隔出教室、办公室、宿舍等专门性空间，内部功能混杂，师生活动对应有专门性的场所空间。建筑规模仿照西方建筑向高空发展，建筑平面变得复杂。

晚清时期中小学堂房屋多为平房，因《奏定小学堂章程》明确规定“小学堂房屋以平地建造为宜，万不得已时可建造楼房。”民国时期随着结构技术的发展，中小学校建筑不再仅限于平房，1927—1937 年新建的大部分中小学建筑已经仿照西方建筑（与同时期教会学校校舍类似）向高空发展，建筑高度一般不超过三层，平面功能复杂，功能混合设置[1]。

①教学用房：教学楼、教室、实验室

教学用房有普通教室，生理化、图画、音乐等专用教室，实验室等。

小学校舍多为单幢教学综合楼，内部设置各类教室、实验室、办公室、礼堂、图书室甚至学生宿舍等，功能几乎无所不包，俨然一座综合楼。中等学校按照学制规定的房屋设置要求，在教学楼内添设音乐、图画等专用教室、生理化实验室、学生成绩陈列室、农工劳作等实习室、课外活动作业室等。理化实验室初期附设在教学楼内，后来拟建成独幢的科学馆，例如 1935 年市立二中拟建理化实验楼（图 4-11），但因抗战全面爆发未曾建成。

教学楼的平面形式演变为复杂多样，由晚清时期单座平房的简单矩形平面演变为建筑体量丰富的楼房，当在教学楼北面设置大礼堂或大教室时，平面则衍生出 T 字形；在矩形平面的两侧设办公室等辅助用房时，则衍生出工字形平面，故建筑平面大致有矩形、一字形、T 字形、L 形、工字形、口字形等几种形式。教学楼的朝向一般为南北向。

教学楼内部的房间采用走道式组合布局，空间使用效率高。主要有单廊式（南外廊或北外廊，图 4-17）和中廊式（中间走道两侧房间，图 4-18）两类，也有沿房间两侧设置走道的双外廊式、四周布置房间的回廊式，大礼堂或专用教室等大空间一般设置在教学楼中部或端部。

教学楼用楼梯联系垂直交通，与水平交通道走廊、门厅、入口共同构成大楼的交通体系。

[1] 见 1927—1937 年南京新建的 51 所小学校图纸，南京市档案馆，全宗号：1001，档案号：0030-0050。

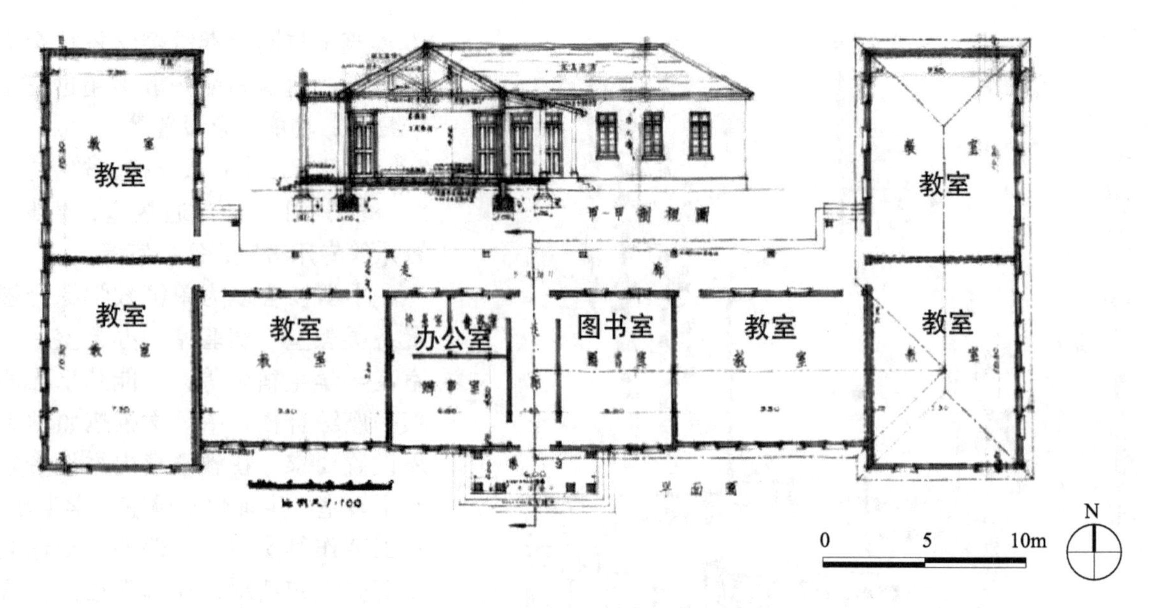

图 4-17　南京市小学校甲种设计图

图片来源：南京市档案馆，档案号：10010050213（00）0003

教室内部的设计也有发展。在晚清教室注重光线、视线设计的基础上，1927—1937 年新建的中小学校的教室内部已经考虑到了流线设计。一间教室通常设有前门和后门（图 4-17、图 4-18），方便学生进出。通常在两侧墙上开设窗户采光和通风，教室的大小满足正常人的视力要求，长宽均不会超过 10m。笔者从 1927—1937 年南京工务局设计的 51 所小学的教室图纸中了解到，教室多为长方形，长度 8 ～ 10m，宽度 6 ～ 10m，小学教室尺寸多采用 6m × 8m、6.5m × 8m、6.5m × 10m、7.5m × 10m、8m × 9m 等， 最大的教室 10m × 10m[1]。

②教辅用房：礼堂、图书室、各类行政办公室

各中小学校图书室、校长办公室和教职员办公室等行政用房一般附设在教学楼内，如果为平房时，则以“间”为单位集中设置。

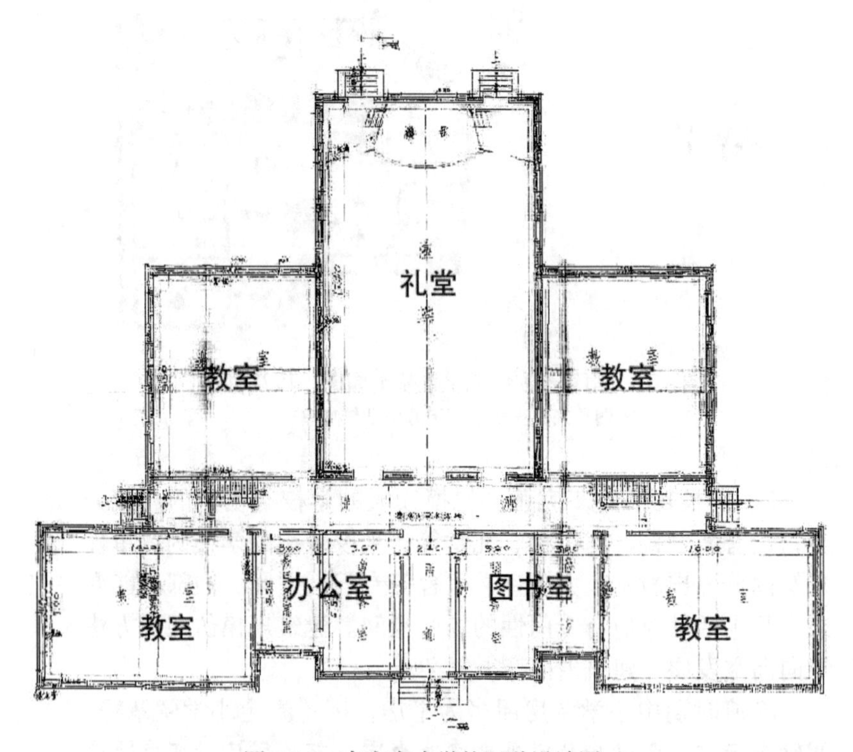

图 4-18　南京市小学校乙种设计图

图片来源：南京市档案馆，档案号：10010050213（00）0003

[1] 南京市档案馆，全宗号：1001，档案号：0030-0050。

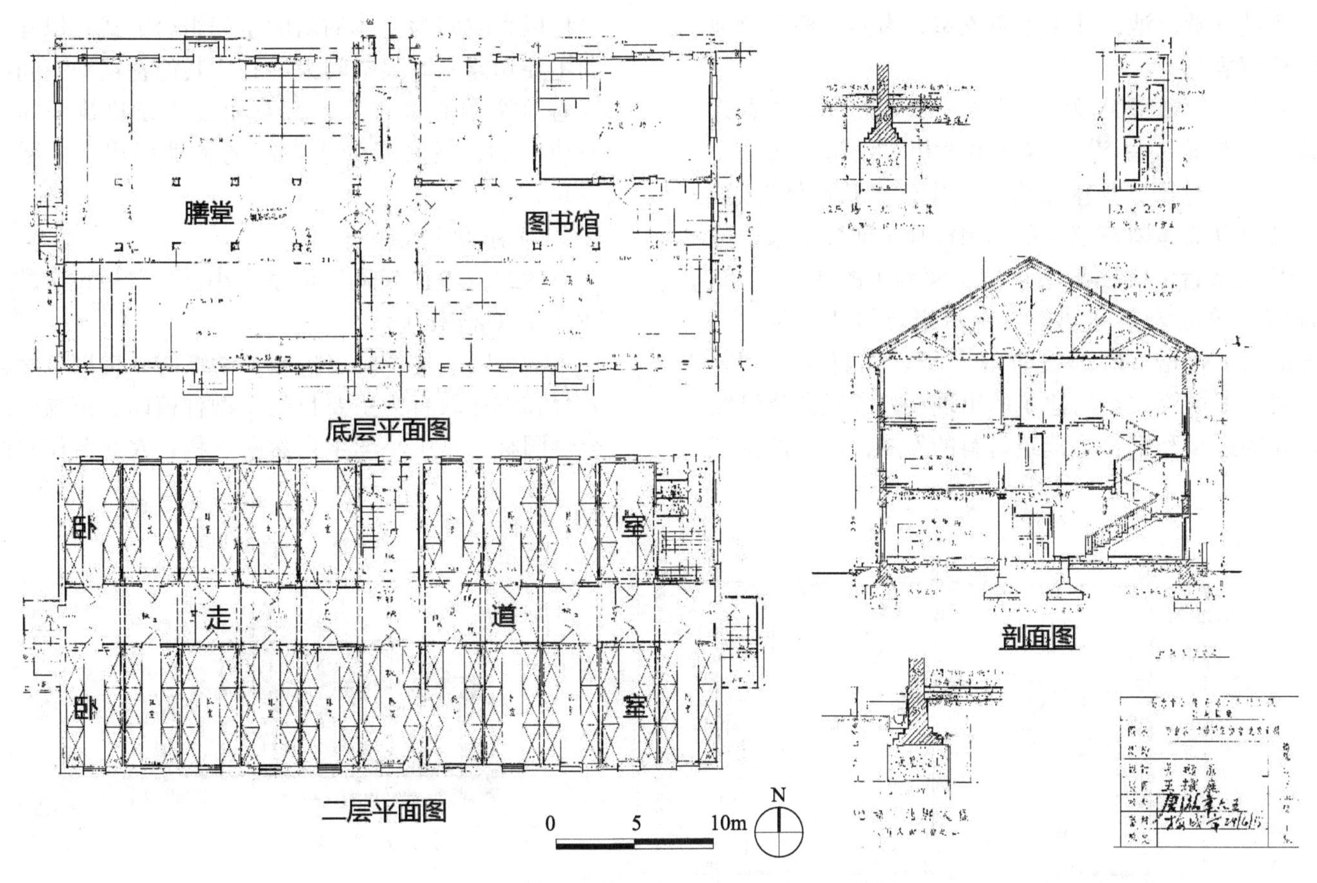

图 4-19　南京市立第一中学新建学生宿舍

图片来源：南京市档案馆，档案号：10010030107（00）0011

各中小学校均设有礼堂，一般单独设置，用地紧张时附设在教学楼背面的中部或端部。这主要是根据《壬子·癸丑学制》的规定，将大礼堂与教学用房分设，而晚清《癸卯学制》允许礼堂与通用讲堂，可便宜兼用❶。

③生活后勤用房：学生宿舍、厨厕、食堂等，后添建教师宿舍或教师住宅。

小学校一般不设学生宿舍，但会配置厨房。中等学校都会设置学生宿舍，1935 年颁布的《中学规程》首次明确要求"中学校需设置教职员寝室，如属可能，应备教职员住宅❷"。后勤用房初期多为简陋平房。学生宿舍一般设在教学楼内，随着学生人数的增加，有些学校建有独幢的学生宿舍楼，在宿舍楼内附设膳堂、图书室等（图 4-19），建筑平面多中廊式布局，也有单面布房间的单外廊式。

④体育活动场所：体育馆和标准运动场的兴建。

中小学校均设有体操场、球场等体育活动场所。体操场分室内和室外两种。小学校一般设置室外体操场。笔者从 51 处南京工务局设计的小学校舍中仅查

❶　舒新城 . 中国近代教育史资料 [M]：上册 . 北京：人民教育出版社，1961：510-511.

❷　宋恩荣，章咸 . 中华民国教育法规选编（1912-1949）[M]. 南京：江苏教育出版社，1990：388-389.

得一例设有游泳池，并附设更衣室，为九龙桥游泳池及简易小学[1]。

因《中学规程》规定中学校“如属可能，应备体育馆、体育器械室[2]”，市立中学相对设施较好，一般会照学制行事，如南京市立一中建有独幢体育馆，市立二中也拟建体育馆，虽然因抗战全面爆发未曾建成，但从原始设计图纸中可以了解到（图 4-20），该体育馆为单层大空间建筑，钢木组合屋架，跨度达 16.6m，高 8.5m，内部设置篮球场。体育馆、大礼堂、实习工场等大空间建筑的出现反映了民国建筑结构计算的进步和钢材等建筑材料的发展，由此产生了一种以大空间为主体的新的空间组合方式，以建筑物的主要功能——大空间为中心，其他各辅助空间都环绕着这个中心来布置，大空间设置在建筑平面的中心或一侧，或底层为小空间的辅助用房，上层为大空间。

3）添设学校园

1927—1937 年间，南京中小学校普遍设有学校园（School Garden）。

学校园又称学园、校园、学级园，是以自然科学教育和农业教育为主要目的小型种植园、植物园或综合性园林，是中小学生自然科学科、农业劳作科的户

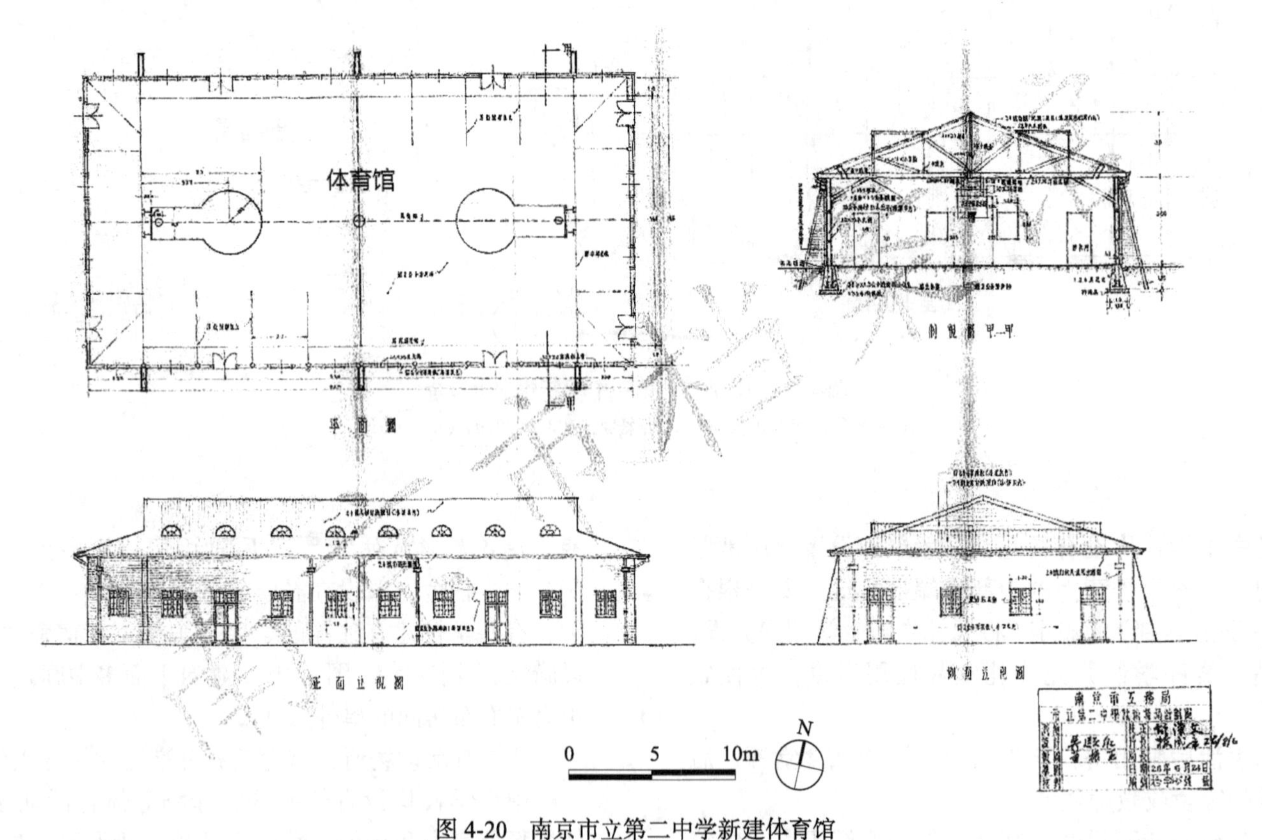

图 4-20　南京市立第二中学新建体育馆

图片来源：南京市档案馆，档案号：10010050214（00）0002

[1] 南京市档案馆，档案号：10010050208（00）0002。

[2] 宋恩荣，章咸.中华民国教育法规选编（1912—1949）[M].南京：江苏教育出版社，1990：388-389.

外教室和实验场所，根据学校规模适当设置，包括成片的绿地、种植、饲养、天文和气象观测等用地[❶]。学校园的兴起与当时基础教育阶段强调自然科学教育、实业教育和劳动教育等密切相关。

《壬子·癸丑学制》首次明确提出了在中小学校中设置学校园，但“视学校情形可暂缺学校园[❷]”。《中学规程》中将学校园的设置作为中小学校的硬件设施，至此开始了普及式发展。规模较大的中小学学校园设置完备且具有特色，用地紧张或财政限制的中小学，因陋就简利用校园边角地或仅用盆栽方式充当学校园。如图 4-5 所示，新路口简易小学设有大面积的学校园。

4）附设幼稚园舍

1927 年以前南京已创办有幼稚园。1932 年颁布的《小学法》明令“小学得附设幼稚园”，自此各小学校附设有幼稚园舍，幼稚园舍一般单独设置，与小学校舍分开，并配置幼儿户外活动场地和相关游玩设施。

（2）初、中等学校的建筑形态

初中等学校的校舍相对简陋，主要为解决使用功能，建筑形态处于次要地位。

民国时期很多中小学校沿用晚清校舍，除 48 所新建小学校舍[❸]设计相对考究外，其余大多数学校房屋简陋，多为简单的两坡顶或四坡顶平房或楼房，屋面覆瓦，立面开设矩形窗户，清水砖墙或略做粉刷，建筑外形与普通民房无异，或者直接用民房改建而成。例如私立安徽中学、私立五卅中学、江苏省立第四师范学校等学校建筑均属此类（图 4-21、图 4-22）。

图 4-21　私立安徽中学

图片来源：南京市第六中学档案室

图 4-22　私立五卅中学

图片来源：《五卅中学十周年纪念册》

新建校舍设计手法灵活，建筑形态丰富多样。分述如下：

大多数新建校舍建筑形态简朴。例如长乐路小学新建教学楼建筑外形简单质朴，高二层，四坡屋顶，矩形窗户，建筑立面无多余装饰（图 4-23）。新路口简易小学的教学楼设计手法与此类似，但稍有变化，将外廊设置成拱形的门廊，窗户也做成半圆拱窗（图 4-24）。

---

❶ 张蕾，徐苏斌. 20 世纪前期中国中小学学校园发展述略［J］. 中国风景园林学会 2013 年会论文集（上册），2013：210-212.

❷ 舒新城. 中国近代教育史资料（上册）[M]. 北京：人民教育出版社，1961：447.

❸ 抗战后统计的战前新建小学校舍数量，引自南京市教育局编. 南京市教育概览 [M]. 南京：南京市教育局，1948：12-16.

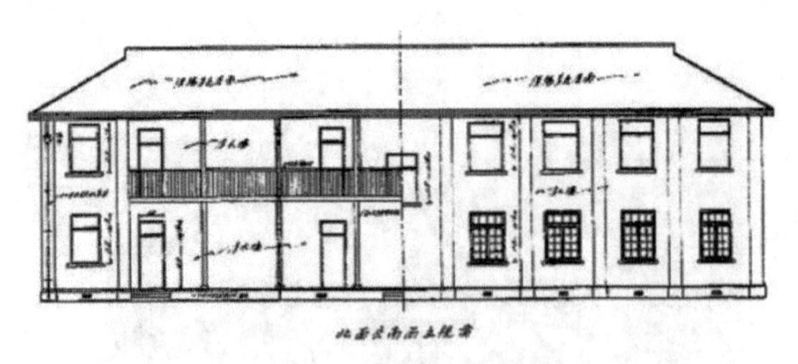

图 4-23　长乐路小学教学楼
图片来源：南京市档案馆，档案号：10010050210（00）0008

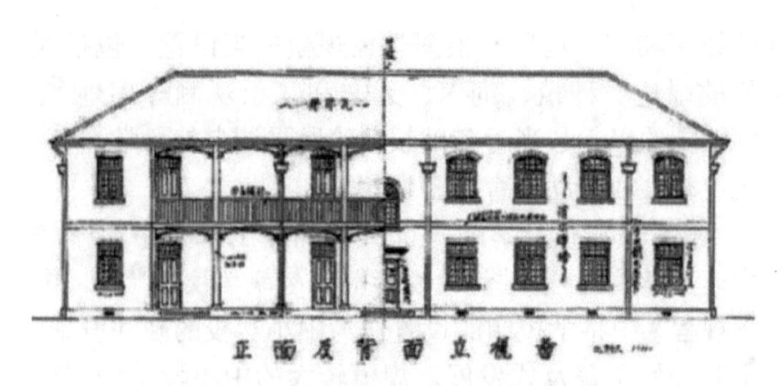

图 4-24　新路口简易小学教学楼
图片来源：南京市档案馆，档案号：10010050209（00）0015

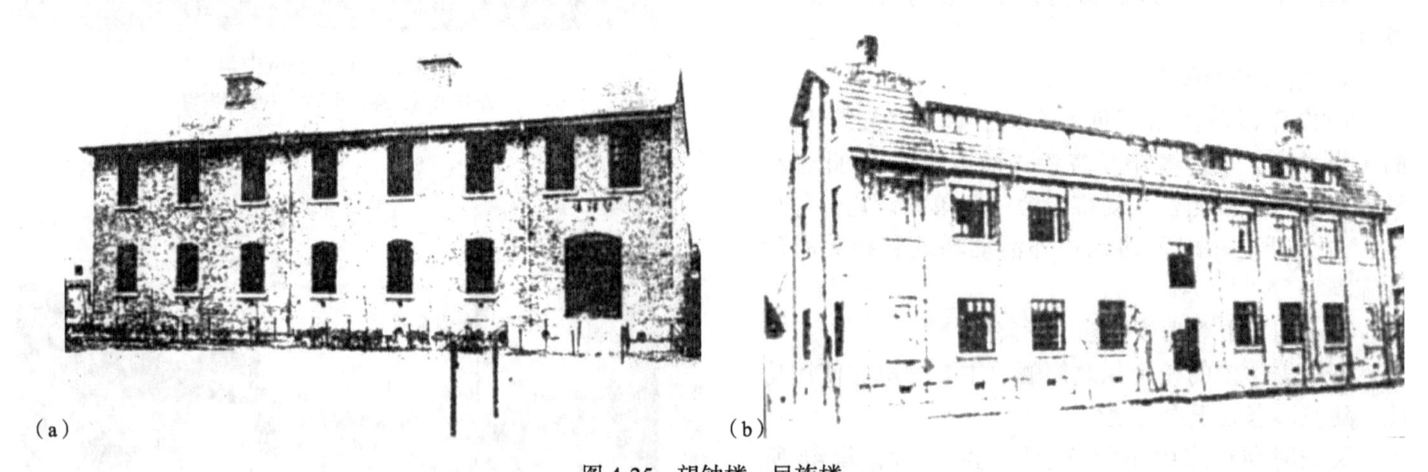

（a）　（b）

图 4-25　望钟楼、民族楼
（a）望钟楼；（b）民族楼
图片来源：南京师范大学附属中学校史室

部分新建校舍建筑形态采用西式或中国传统宫殿形式。例如中大附中新建的望钟楼的拱形门窗具有西方古典建筑特征；民族楼采用法国孟莎式四坡两折屋顶，屋顶斜坡分为上下两段，上段坡度较缓，下段坡度陡峭，在陡的屋顶处开设老虎窗。立面上用凸出墙身的柱子分隔墙面，矩形窗户，建筑物底部设置通风孔（图 4-25）。

也有部分学校建筑采用中国传统宫殿形式。典型的实例有市立一中和国民革命军遗族学校建筑群。例如市立一中博爱院（图 4-26），采用中国传统歇山式屋顶，墙身上有中式纹样装饰，矩形窗户。南京市立一中是在晚清崇文学堂基础上继续办校的，其校址位于原江宁府署旧址，校内有大量晚清遗存的传统建筑，因此，新建校舍延续原建筑形式。类似的例子还有国民革命军遗族学校建筑群（图 4-27），因位于中山陵脚下，建筑采用中国传统宫殿形式。

此外，在 1937 年前南京的建筑师已经进行了现代主义建筑的探索，在校园建筑中虽然应用不多，但也有案例出现，例如工务局设计的拟建市小学校舍（图 4-28）、南京市立二中教学楼（图 4-29）等皆为简洁的现代主义建筑形式，平屋顶、矩形窗户、立面简洁、无多余装饰。

图 4-26 南京市立第一中学教学楼

图片来源：南京市立第一中学编. 南京市立第一中学十周纪念册［M］. 南京：南京市立第一中学，1937 年.

图 4-27 国民革命军遗族学校教学楼

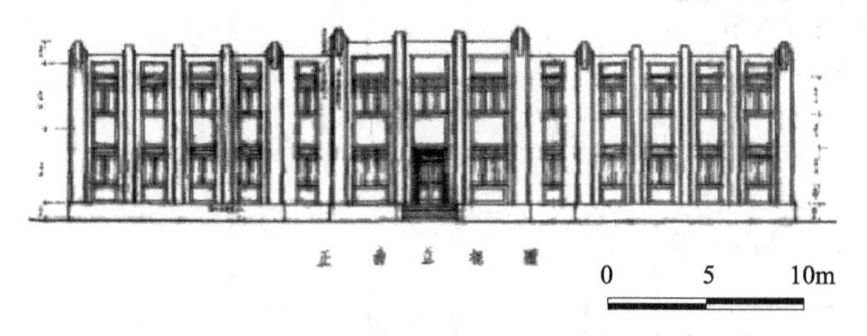

图 4-28 南京市教育局拟建全市小学校乙种设计图

图片来源：南京市档案馆，档案号：10010050213（00）0003

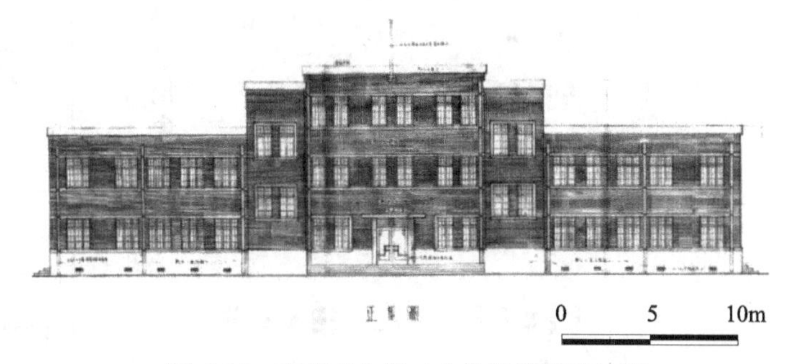

图 4-29 南京市立第二中学教学楼设计图

图片来源：南京市档案馆，档案号：10010050214（00）0002

五、高等学校的建设

1. 高等学校的统计与简介

1927 年前共有高等学校 3 所（表 4-4），1927 年 6 月颁行的“大学区制”[1]导致江苏 8 所高校合并，至 1937 年初，南京共有国人创办的高等学校 6 所。

下文就 1912—1937 年南京规模较大的高等学校分析如下：

（1）河海工程大学

河海工程大学为现河海大学的前身。该校创建于 1915 年，由我国近代著名实业家、教育家张謇创办。1924 年夏，东南大学工科并入该校，校名改为河海工科大学，1927 年夏，该校与东南大学等 8 所高校合并建立第四中山大学。1949 年后与国内其他多所水利院校重组合并，1985 年 9 月恢复“河海大学”校名至今[2]。

该校在 1927 年前并无固定校址和自建校舍。自 1915—1927 年的 13 年间，校舍一直采用租借的方式，校址曾先后 5 次搬迁：最初借用丁家桥原江苏省咨议局房屋，1916 年借用南京高等师范学堂的部分房屋（现东南大学河海院）、1917 年租长江路大仓园民房 2 所，1918 年迁白下路原中正街上江考棚，1924 年迁至三元巷洁漪园（图 4-30）[3]。

---

[1] “大学区”制系蔡元培等人仿效法国教育制度，保障教育经费独立，实现“教育学术化，学术研究化”。

[2] 南京市地方志编纂委员会 . 南京教育志（上册）[M]. 北京：方志出版社，1998：1191-1192.

[3] 校舍资料来源：河海大学校史展览馆。

1927 年前国人创办的高等学校（合计 3 所） 表 4-4

学校名称	现名	创办时间	校址	校舍
私立江苏法政大学 ❶	东南大学	1914	初在府西街原江宁府署，1923 年迁至红纸廊	初时利用江宁府署为校舍，后迁至红纸廊前清两江法政学堂旧址
东南大学 ❷	东南大学	1902	四牌楼	在晚清三（两）江师范学堂房屋的基础上大规模新建
河海工程大学	河海大学	1915	五迁校址	详见下文

本表来源：笔者根据南京市地方志编纂委员会 . 南京教育志 [M]：上册 . 北京：方志出版社，1998. 第 983-985 页绘制。

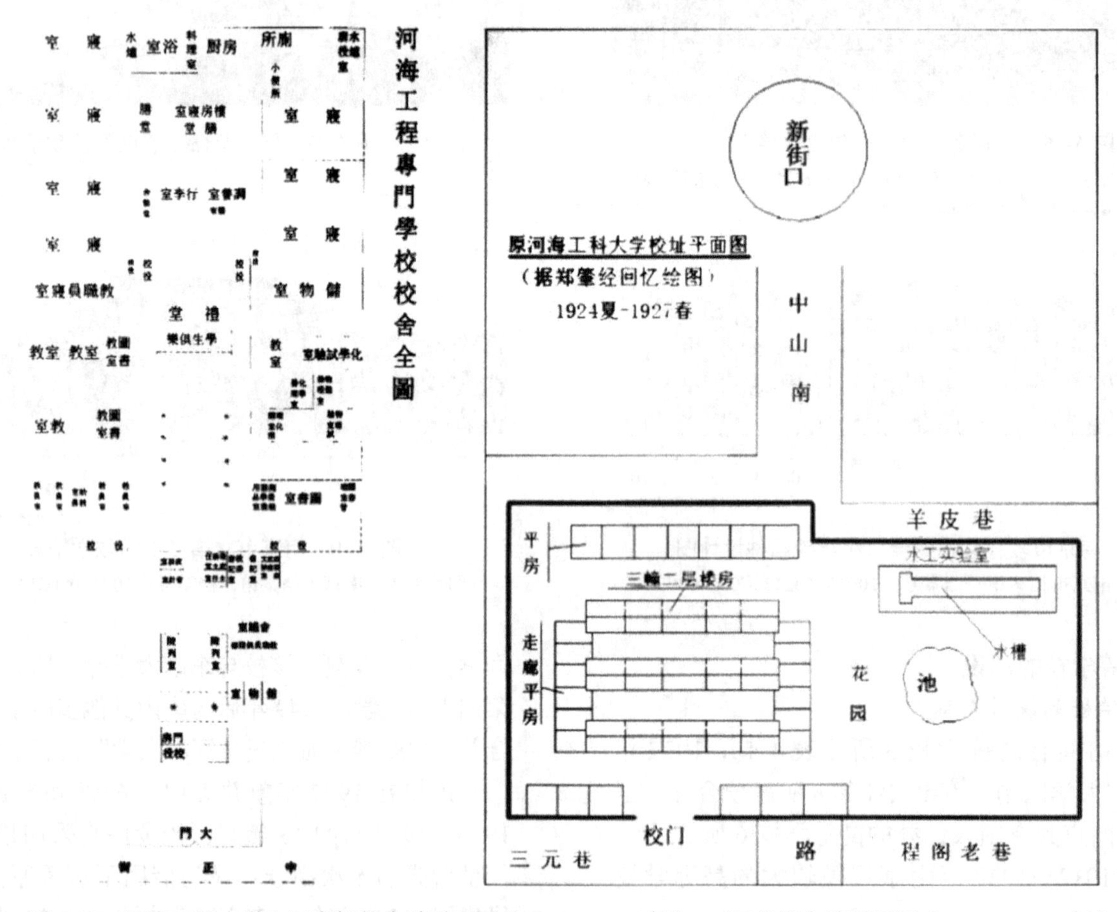

图 4-30　河海工程大学上江考棚校舍总平面图（1918—1924 年）、三元巷校舍总平面图（1924—1927 年）

图片来源：河海大学校史馆

❶ 江苏公立法政专门学校创建于 1914 年，1923 年升格为江苏法政大学。

❷ 东南大学为前清的三（两）江师范学堂，辛亥革命时停办，民国成立后，1914 年成立南高师，1921 年成立东南大学，1927 年与其他几校合并组建成第四中山大学。

河海工程大学则一直租借民房公所为校舍，房屋为中国传统建筑群体布局方式。

（2）体育专科学校

体育专科学校初名国术研究馆，1927年3月在南京成立，1928年6月改为国术馆，以倡导中国武术和培养武术人才为目的。1933年，增设国术体育传习所，1934年改名为国术体育专科学校，南京沦陷时前学校西迁，抗战后迁返南京[1]。但战前所建校舍已毁于日军战火，暂借大锏银巷金陵女子神学院大礼堂后面日军建造的平房一座、马房数间栖身[2]。

该校校址位于中山陵附近，刘敦桢设计，建有综合楼、教室、宿舍、食堂等建筑，设置篮球场等。学校规划为简单的行列式布局形式，建筑形式均为中国传统宫殿形式[3]。

2. 高等学校的选址与规划

（1）高等学校选址

民国时期的6所大学在全城呈分散状态，新建大学多数位于城北或城墙外（表4-5）。

民国时期大学选址主要从以下因素考虑：

一是沿用晚清旧校址或租借房屋。1927年以前的三所大学中，私立江苏法政大学沿用城南晚清法政学堂旧址、东南大学在城北晚清三（两）江师范学堂旧址续办，河海工程大学一直租用民房为校舍。药学专科和戏剧专科创办之初亦租借公房为校舍。

二是利用闲置的晚清南洋劝业会旧址建造校舍。其中药学专科学校、牙医专科学校均选址于南洋劝业会场旧址，此处举办南洋劝业会后长年闲置，占地千余亩，大面积的土地为校园后期扩建留有余地。

1927—1937年国人创办的高等学校（部分） 表4-5

学校名称	现名	创办时间（年）	校址	校舍
戏剧专科学校[4]		1935	初在鼓楼妙相庵，后在大光路	利用鼓楼妙相庵曾国荃祠堂为校舍。1937年曾在南京珠江路勘定基地，请建筑师设计绘图期间，因抗战全面爆发未遂[5]
药学专科学校[6]	中国药科大学	1936	初在白下路盐业银行旧址、后在丁家桥	1936年8月租赁南京白下路盐业银行旧址为临时校址，此为一座前后五进的平房。第一进为教室，第二进为实验室，两侧有办公室和图书室，第三进为男生宿舍，第四进为女生宿舍，最后是食堂和浴室[7]。1937年3月在丁家桥（今中国药科大学校址）建新校舍，工程未竣，因抗战爆发西迁，战后在原址复建
牙医专科学校[8]	东南大学	1935	丁家桥	建有医学院大楼、病房楼
体育专科学校		1927	中山陵附近	详见下文

本表系笔者根据以下史料绘制：

1. 南京市地方志编纂委员会．南京教育志（上册）[M]. 北京：方志出版社，1998：983-987。

2. 除引注外，其余史料均来自笔者亲往各校校史档案室查阅的校史、校产档案。

❶ 吴德广．老南京记忆：故都旧影[M]. 南京：东南大学出版社，2011: 260.

❷ 南京市档案馆，《金陵女子神学院保管人将该院房舍借给国术体育专科学校使用，1945年11月20日》，档案号：10030210123（00）0004。

❸ 南京市档案馆，《为告知国民体育学校筹备处成立日期及办公地址由》，档案号：10050010338（00）0016-0017。

❹ 戏剧专科学校创建于1935年10月18日，是我国近代第一所戏剧专科学校。

❺ 戏剧专科学校编．戏剧专科学校一览[M]. 四川：戏剧专科学校，1941：18.

❻ 药学专科学校创建于1936年，是我国最早独立设置的一所高等药学院校。中华人民共和国成立后与其他院校合并且几易校名，为现中国药科大学前身。

❼ 戴立春．中国第一所独立高等药科学校——“国立”药学专科学校[J]. 中国药学杂志，1990，25(12)：747-749.

❽ 南京大学高教研究所．南京大学大事记1902—1988[M]. 南京：南京大学出版社，1989：56-57.

三是择址于风景优美、交通便利、具有历史文脉之地。例如国术馆体育专科学校选址于风景优美的紫金山脚下。

（2）高等学校的校园规划

1927年以前，南京的3所高等学校中仅东南大学聘请了专业建筑师进行校园总体规划，新的校园规划以欧美大学为参考，改变了晚清校园仅有的东西向轴线，新增一条从南校门—体操场—学生宿舍的南北向轴线作为学校的主轴线，单体建筑在此规划下按照轻重缓急逐渐添建，建筑形式采用西方古典式。

江苏法政大学利用前清两江法政学堂旧址办学，学校建设停留在单体建筑层面，新建了西式的校门和图书馆。河海工程大学一直租借民房公所为校舍[1]。

1927—1937年间，南京的高等学校多由专业建筑师进行规划，设计手法受美国大学校园的影响，体现出自由开放的大学精神，从6所大学的校园总图中分析其规划特点如下：

1）空间布局仿照欧美大学校园开敞的三合院形式，空间组织十分强调由“校门—广场—主楼”构成的主轴线。这种仿照美国大学开敞三合院形式的典型实例如药学专科学校（图4-31），校园总体布局以学院式序列、轴线式空间关系，按顺序一层一层地进行空间展现和过渡，十分重视主轴线控制的大门—广场—主体建筑的教学区模式。其配套的单体建筑形态

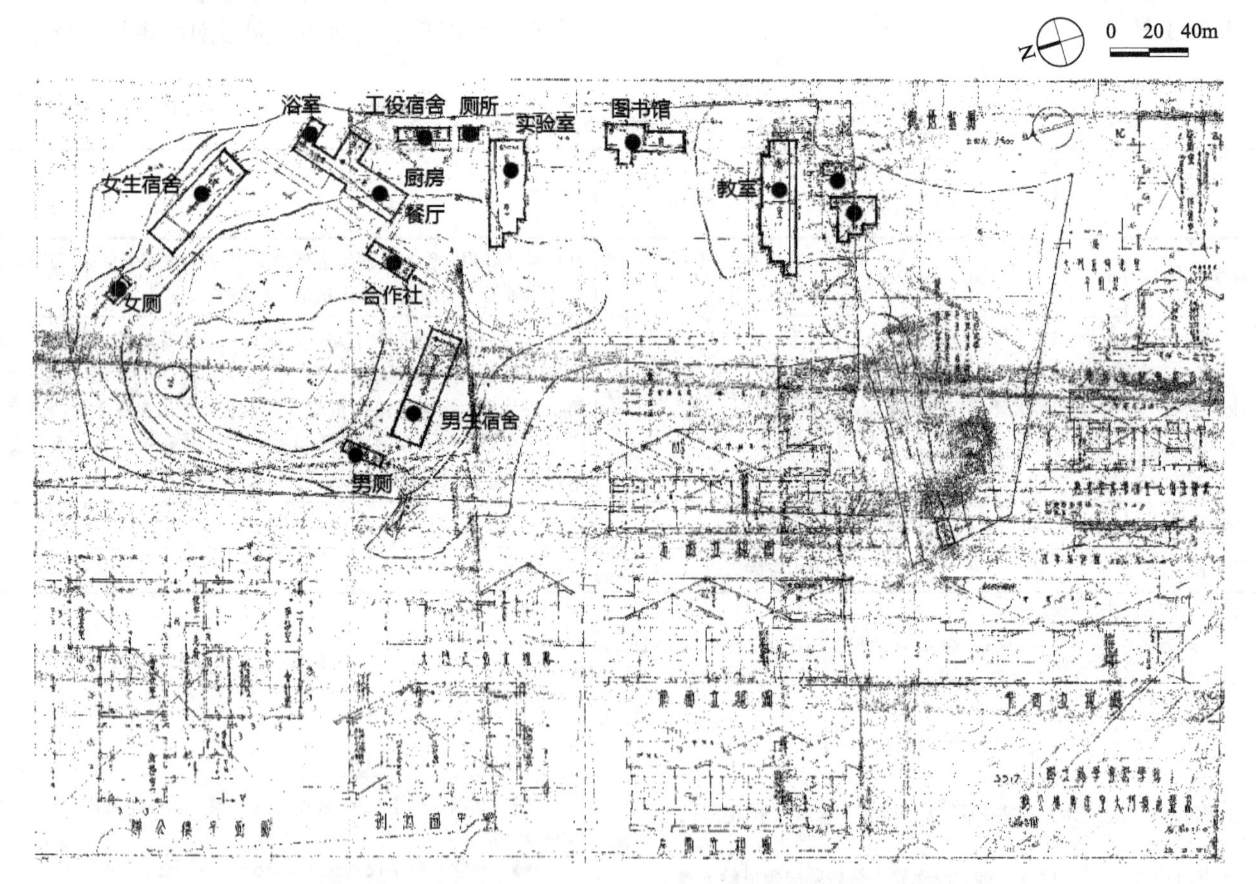

图4-31　校园采用开敞的三合院布局形式：药学专科学校总平面图（丁家桥校舍，1936年）

图片来源：南京市档案馆，档案号10010030489（00）0046

[1] 校舍资料来源：河海大学校史展览馆。

为西方古典式。

例如药学专科学校由两组三合院式的建筑群组成，一组为饭厅、男生宿舍、女生宿舍等生活用房围合而成的开敞三合院，另一组为实验室、图书馆、教室等教学用房围合成的三合院，两组建筑均有明确的中轴线（图 4-31）。

2）单体建筑呈行列式布局，十分强调由“校门—广场—主楼”构成的主轴线。例如体育专科学校受地形限制，该基地为山地，南北向长，东西向短，东西高差约 9m，建筑物平行于等高线布置，学校总体布局呈行列式。因城市道路位于基地西侧，故在此设置主入口。学校由一条“十分强烈”的东西向主轴线控制总体布局，在这条主轴线上依次设置大门、校本部办公楼、学员宿舍，主轴线两侧建筑非对称布置，单体建筑呈行列式布局（图 4-32）。

分析可知，6 所大学共 8 个校区，有 2 校。租借民房公所办校，其他 6 个校区均聘请专业建筑师进行规划设计，设计手法灵活多样。

3）学校有明确的功能分区，按照教学层次、建筑物的使用功能、学科等划分功能区块。按照现代主义功能分区的方法，将校园分为教学办公区、后勤生活区、体育活动区，各类建筑集中布置在相应区域内，校舍建筑总体呈现为若干不同尺度、肌理的功能区块拼合。

各学校首先按照教学层次进行分区，大学附设的中小学校都会与大学部分开设置。其次按照建筑物的使用功能划分为教学办公区、学生生活区、体育活动区，

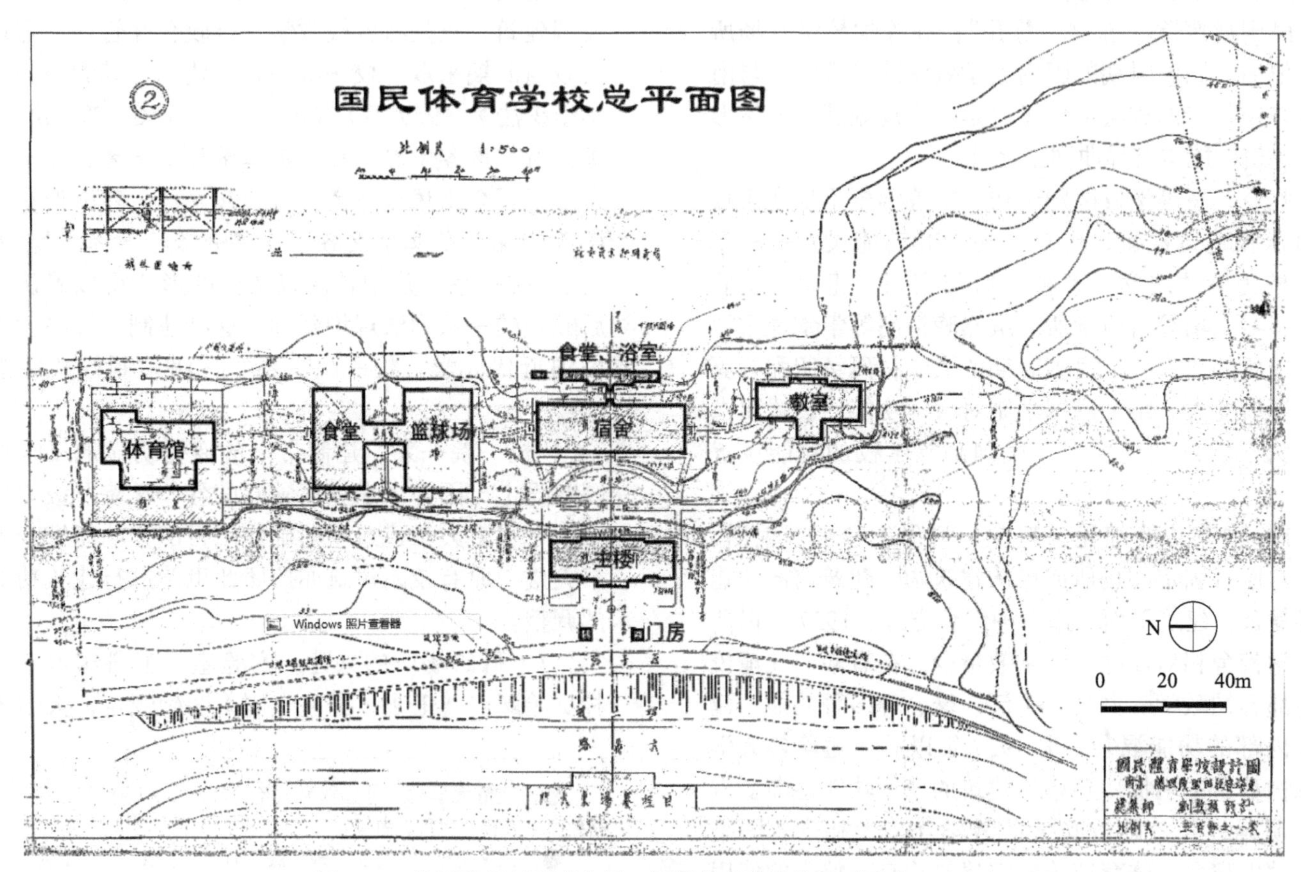

图 4-32　校园采用行列式布局：国民体育学校总平面图（1935 年）
图片来源：南京市档案馆，档案号：10010030485（00）0002

各区分布按照教学活动规律及便于管理为原则并考虑动静分区。三是教学区按照学科进行细化，随着大学“校—院—系”三级建制的定型，各校兴建了院系大楼，因此按照文、理、农、医等学科进行区划。

4）学校道路经过精心设计，形成几何方正的道路网架。与晚清时期根据需要自由开设的道路不同，此时期的校内道路经过精心设计，几何方正。考虑到车行和人行方便，路面材质铺设水泥或石子。

5）重视校园景观绿化设计。注重入口广场空间的景观和校内的绿化设计。

6）受现代主义思潮的影响，后期新建的学校其规划强调自然环境的利用，功能分区明确，建筑形式让位于功能。

3. 高等学校的建筑功能与形态

（1）高等学校的建筑功能

民国后废除“忠君、尊孔”，高等学校祭孔场所改为他用。民国时期的国内大学效法欧美大学，与南京同时期建造的教会大学无论是校园规划还是建筑形态、建筑功能均有异曲同工之妙。

此外，高等学校区别于初、中等学校不仅在于校园面积和建筑数量，更重要在于其功能设置——高等学校为专才之学，重视科研与实训，建设有实验室、实习工场等科研场所。虽然晚清高等学堂也重视实习场所的建设，但民国时期的大学科研场所配置更全，规模变大。结合民国学制对大学功能的设置要求和各大学实际建造实况，民国高等学校的功能设置如下：

1）建筑功能细化，教学、科研、教辅、生活、运动对应有固定的场所或单体建筑物。建筑内部功能变得复杂，建筑平面采用多种组合方式。1927 年以前的大学校舍相对简陋，建筑数量少，在有限的几幢校舍内部容纳教学、办公、生活、聚会等多种功能，建筑物内部的功能混杂。但 1927 年以后，随着各大学建筑物数量的增加，各单体建筑的使用功能逐渐变得单一明确，各校陆续建设的教学楼、大礼堂、图书馆、学生宿舍、体育馆等固定建筑均有其特殊的使用功能，发展至后期，固定建筑与专业学科相对应（如院系大楼），近代大学建筑类型也彻底完成了专业分化。

建筑平面采用多种组合方式。对于教学楼、办公楼、实验楼、宿舍楼等建筑，为最大化地利用空间，多采用走道式组合，且多以中廊式为主，中间走道两侧布置房间。对于体育馆、实习工厂、礼堂等大空间建筑，则采用大空间为主体的组合方式，在建筑物中心部位设置大空间，两侧或周边设置小房间。因大学建筑平面功能相对复杂，空间组合多样化。

2）大学建制的转变和大学专业的细化引发了院系大楼的建设。晚清时期大学堂采用“堂—科—门”三级建制，按八科[1]建设分科大学校舍。1912 年采用“校—科—门”建制，学堂一律改称为学校，改八科为七科[2]，1919 年五四运动之后，采用“校—科—系”建制，1927 ～ 1929 年的大学区制并没有影响到校园建筑，只是将各校教学、行政合并管理。南京民国政府时期采取“校—院—系”建制，其颁布的《大学组织法》（1929 年）规定：“大学分文、理、法、农、工、商、医各学院。凡具备三学院以上者，始得称为大学。不合上述条件者，为独立学院，得分两科。大学各学院及独立学院各科，得分若干学系[3]”。大学“校—院—系”建制首次以法律的形式得以确认，此后颁布的一系列法规均延续了这种建制，最终确立了中国近代大学“校—院—系”三级建制模式并沿用至今。

“校—院—系”建制带来的变化明显地反映在校园建设上，因为大学里面独立的各“学院”级单位的出现，很多大学建造了明确使用目的、功能综合的院系大楼，原有校园建筑亦按照此思路进行建筑功能上的调整。

3）科研场所的兴建：实验室、工科实习室、农林试验场。《壬子·癸丑学制》明确规定，大学校舍

---

[1] 晚清大学堂八科分别为：经学科、政法科、文学科、医科、格致科、农科、工科、商科。

[2] 民国初年大学分文、理、法、商、医、农、工等七科。

[3] 宋恩荣，章咸 .中华民国教育法规选编（1912—1949）[M]. 南京：江苏教育出版社，1990：415.

“除各种教室及事务室外，应备设图书室、实习室、实验室、器械标本室、药品室、制炼室等，以供实地研究。在文科并应设历史博物室、人类模型室、美术室等。在理科并应设附属气象台、植物园、动物园、临海实验所等。在商科并应设商品陈列所、商业实践室等。在医科并应设附属病院。在农科并应没农事试验场、演习林、家畜病院等。在工科并应设各种实习工场[1]。”各类科研实验室、工科实习室、农林试验场等，科研实验室、工科实习室设置在教学楼附近，附属实验区、农林试验场因面积较大，一般设置在校园外。

4）结构技术的发展使大跨度建筑得以兴建。随着结构技术和建筑材料的发展，大跨度建筑得以实现。

（2）高等学校的建筑形态

该时期南京高等学校的建筑形态主要有西方古典式和中国传统宫殿形式两类，校内新建建筑的形态保持统一。

晚清时期南京的高等学堂只有局部重点建筑为西式，其他建筑仍为中式。1927 年以前的大学校舍虽为零星添建，但已有统一建筑形态的理念，例如江苏法政大学民国后新建了巴洛克式的校门（图 4-33），西方古典形式的图书馆（图 4-34）。

1927—1937 年间，校方一般会聘请专业建筑师进行学校设计，校内建筑形态趋于一致，多为西方古典形式，也有新建校舍采用中国传统宫殿形式，典型的实例有体育专科学校[2]，这所学校选址于中山陵脚下，由著名建筑师刘敦桢先生设计，学校主楼采用中国传统宫殿形式。

上文提到的学校建筑形态皆为质量较高的校舍，有些学校校舍简陋。建筑形态以西方古典式最多，占总数的 50%，有 4 个校区，其对应的校园规划多为美国大学校园开敞的三合院式布局。采用中国传统宫殿形式的有 2 个校区，校园规划摒弃了传统书院封闭内

图 4-33　江苏法政学堂大门

图片来源：叶兆言，卢海鸣，黄强 . 老明信片南京旧影 [M]. 南京：南京出版社，2012：151.

图 4-34　江苏法政学堂教学楼

图片来源：叶兆言，卢海鸣，黄强 . 老明信片南京旧影 [M]. 南京：南京出版社，2012：151.

向的院落布局，采取简单的行列式。另有药学专科学校、戏剧专科学校学校租借公房和寺观为校舍。

建筑形态是社会意识形态的反映，如果说“中国传统宫殿式”的教会大学建筑反映的是西方教会采用中国化进行传教的一种手段，那么以西方古典建筑风格为主的建筑形态则折射出近代时期中国政府维新变革、努力学习西方的决心。

六、军事学校的建设

1. 军事学校的统计与简介

1927 年以前南京的军校较少，1927 年后建设的军事院校（合计 20 所），是南京近代教育建筑区别于其他地方教育建筑的一大特色。

[1] 舒新城 . 中国近代教育史资料（上册）[M]. 北京：人民教育出版社，1961：660.

[2] 南京市档案馆，《国民体育学校设计图》，档案号 10010030485（00）0003。

2. 军事学校的建筑功能与形态

（1）军事学校的建筑功能

该时期南京军事学校按其建筑规模大致分为两类，一类附设在营房内，主要性质为兵营，本文不作研究。另一类军事学校建有大规模建筑群，其建筑功能类型与大学建筑类似，有教学建筑（主要为教学楼）、教辅建筑（办公楼、大礼堂、图书馆）、后勤用房（学员宿舍、教员宿舍、食堂）等。各单体建筑的平面布局、建筑形态与同时期的大学建筑类似，本文不再重述。

但是，军事学校因其教学目标和教学内容的不同，建筑类型及其功能设置也有其特殊性所在，概括如下：

1）军校十分注重军事科目的实际演练，将理论课程与军事演练相结合，配备有大面积的军事训练场、射击场，并建有军事观测塔、兵器陈列馆等与军事科目训练相关的建筑。

2）军校注重体格训练，规模较大的学校配设有体育馆、游泳馆、健身房。

（2）军事学校的建筑形态

通过分析发现，该时期军事学校建筑形态以西洋古典式为主，也出现了简约的现代主义建筑形式。

七、各类学校的建筑技术

1. 建筑结构

建筑技术与材料的发展是近代建筑发展的物质基础，为近代建筑新类型与新形式的出现提供了必要条件。从19世纪中期开始，西方建筑的新材料、新结构、新施工技术、新建筑设备陆续传入我国，20世纪初随着西方建筑师来我国执业以及我国留学归来的第一代建筑师登上历史舞台，近代的科学设计方法也在许多大城市的建筑中普遍应用，建筑层数和高度随之增加。

民国时期砖木结构体系在学校建筑中继续沿用，随着结构技术和建筑材料的发展，出现了钢筋混凝土结构体系和钢木结构体系等。

（1）砖（石）木结构体系

砖木结构体系的特征是墙体承重，楼层与屋顶结构皆为木质，砖砌墙体，楼层结构用木梁、木楼板，屋顶一般用西式木屋架，上铺木椽、小青瓦，楼梯、门窗皆为木制，建筑高度一般不超过两层[1]。大多数跨度较小的小学校舍或单层平房采用这种结构体系。例如九龙桥简易小学新建教室为单层平房，开间为38.89m，进深为8.30m，其中教室为6.00m，南向外廊，走道净宽1.50m，建筑系砖木结构体系，采用三角形木屋架，外廊檐口列柱为直径15cm的杉木柱，一层地面先用直径0.12cm的杉木格栅做地龙骨，再铺2.5cm厚的松木地板，踢脚板、门窗等皆为木制，外墙使用砖砌[2]，如图4-35所示。

（2）钢筋混凝土结构体系

随着水泥工业的发展和钢筋混凝土结构计算规范的建立，钢筋混凝土建筑得到广泛运用，1900年以后砖（石）墙钢筋混凝土混合结构即开始使用[3]。20世纪开始较多地使用钢和钢筋混凝土，利用混凝土的可塑性创造出纯正的西方古典样式和中国传统宫殿形式。

钢筋混凝土结构系统除了采用钢筋混凝土之外，往往还运用了其他材料，按照材料的不同可以进一步分为以下四种不同的结构类型[4]：

1）钢筋混凝土梁柱、砖墙、木屋架（楼板）混合结构

这种体系以砖砌体、木楼板、木屋架和钢筋混凝土柱、梁共同作为承重构件。外墙为砖墙承重，内部为钢筋混凝土梁、柱或砖承重墙，木屋架、木楼板[5]。南京国民政府时期新建的中小学校建筑大多属于这种类型，部分建筑的走道、楼梯等承受较大荷载的公共空间采用钢筋混凝土楼板。

---

❶ 李海清. 中国建筑现代转型之研究——关于建筑技术、制度、观念三个层面的思考[D]. 南京：东南大学建筑学院，2002：31.

❷ 南京市档案馆，《九龙桥游泳池及简易小学图》，档案全宗号：1001。

❸ 李海清. 中国建筑现代转型之研究——关于建筑技术、制度、观念三个层面的思考[D[. 南京：东南大学建筑学院，2002：90.

❹ 周琦. 南京近现代建筑修缮技术指南[M]. 北京：中国建筑工业出版社，2018.

❺ 同上。

例如南昌路小学教学楼开间 26.25m，进深 15.75m，中廊式布局，外墙用砖墙砌筑，门窗洞口采用钢筋混凝土过梁，教学楼中间的走道采用 12cm 厚的钢筋混凝土楼板，教室内部用 38cm × 60cm 的钢筋混凝土梁，教室铺设杉木企口楼板，钢筋混凝土制的楼梯，三角形的木屋架[1]。外墙采用砖墙承重，内部由钢筋混凝土梁、柱和砖墙共同承重，如图 4-36 所示。

2）钢筋混凝土梁柱、砖墙、钢屋架混合结构

这种体系以砖砌体、钢屋架和钢筋混凝土柱、梁作为承重构件。外墙为砖承重，内部采用钢筋混凝土柱、梁或砖承重墙[2]。由于钢屋架能够营造大跨度的室内空间，一般用于室内大空间。

例如现东南大学大礼堂中部会堂为钢筋混凝土走道和看台，钢结构穹顶，穹顶最高点标高达 31.20m，半球形的穹顶做法依次为钢桁架和钢拉杆、木壳、油毡、金属壳。中心采光顶加设玻璃罩，用钢拉杆拉住玻璃罩，四周再用木框架固定玻璃罩。建筑物两翼部分皆为木质楼地板，砖墙砌筑[3]。

3）钢筋混凝土框架、砖墙混合结构

这种体系以砖砌体和钢筋混凝土柱、梁、板共同作为承重构件。外墙一般为砖承重墙，内部为钢筋混凝土柱、梁、板承重，但也有内部用砖墙作承重墙的情况[4]。屋顶、楼板为钢筋混凝土。由于钢筋混凝土用量较多，这种体系在南京教育建筑中很少。例如南京

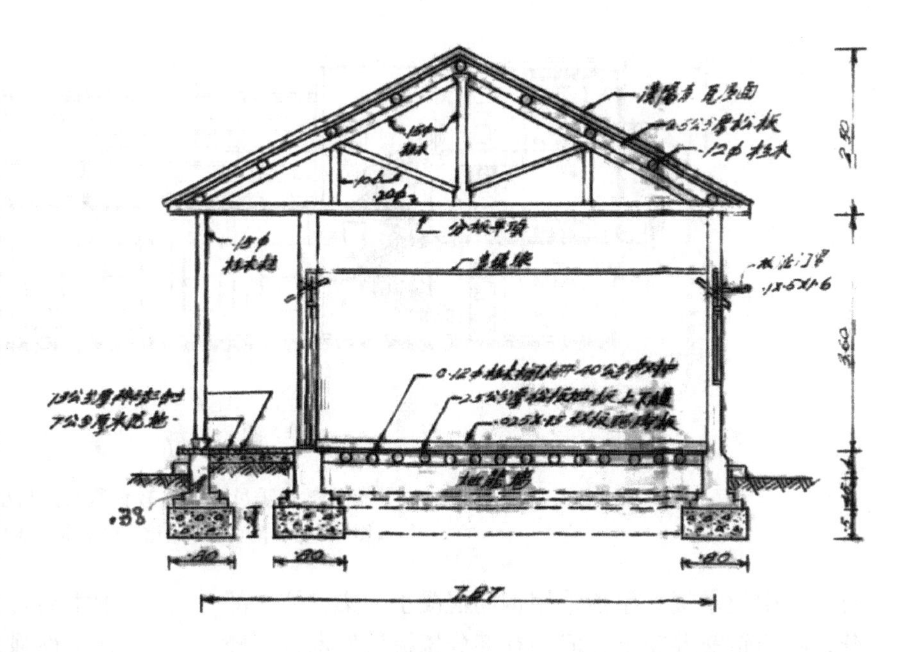

图 4-35　九龙桥简易小学新建教室

图片来源：南京市档案馆，档案全宗号 1001

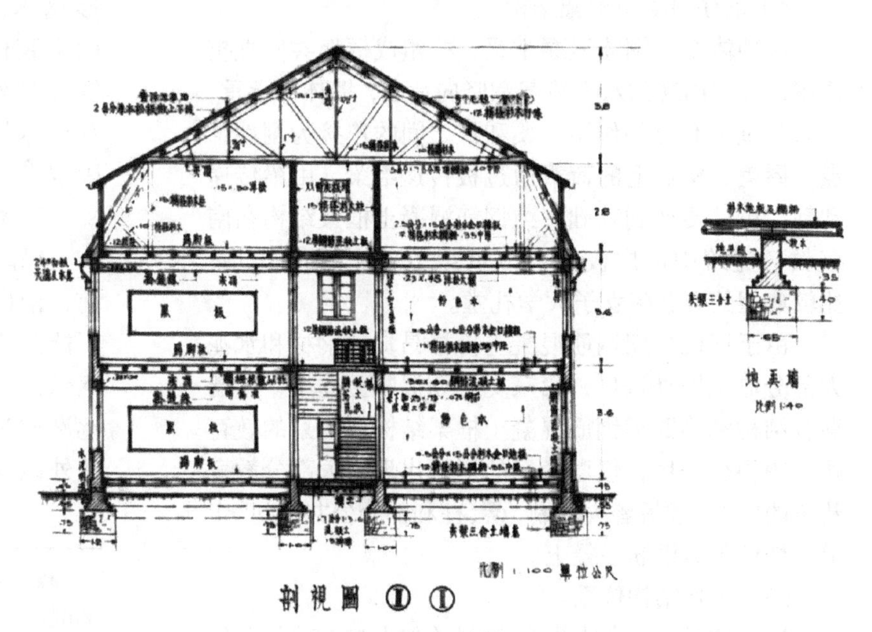

图 4-36　南昌路小学新建教室

图片来源：南京市档案馆，档案号：10010050207（00）0001

---

[1] 南京市档案馆，《南昌路小学新建教室图》，档案号：10010050207（00）0001。

[2] 周琦 . 南京近现代建筑修缮技术指南 [M]. 北京：中国建筑工业出版社，2018.

[3] 东南大学档案馆，《大礼堂原始图纸》，档案号：3010428-6&11-26。

[4] 周琦 . 南京近现代建筑修缮技术指南 [M]. 北京：中国建筑工业出版社，2018.

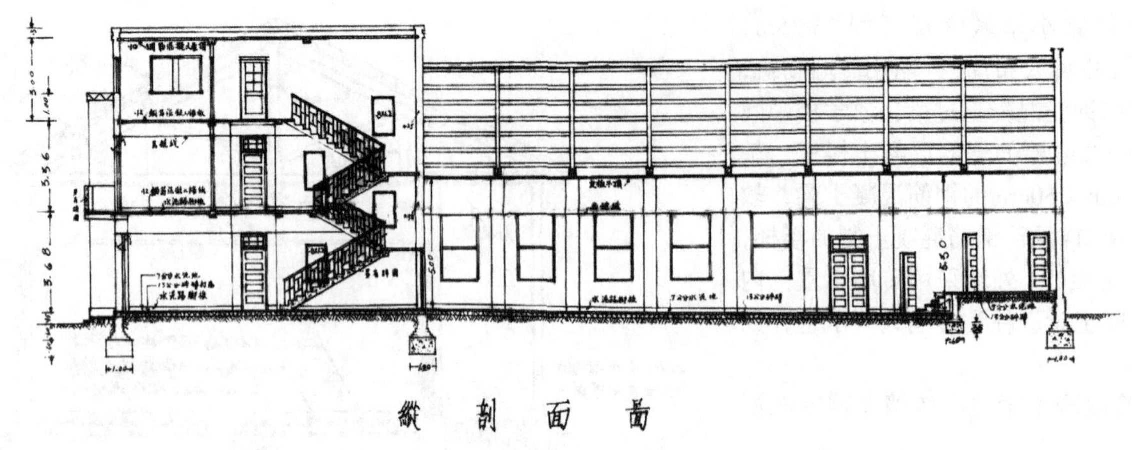

图 4-37 健康教育委员会卫生教育所及简易小学新建教室

图片来源：南京市档案馆，档案全宗号 1001

市立二中教学楼平屋顶采用钢筋混凝土，梁、柱、部分楼板为钢筋混凝土，但仍有部分楼板为杉木企口楼板[1]。健康教育委员会卫生教育所及简易小学采用钢筋混凝土的屋顶、梁、楼地板和楼梯共同承重，墙体用砖砌，如图 4-37 所示。

4）钢筋混凝土框架结构

这种体系由钢筋混凝土梁、柱组成框架共同抵抗使用过程中出现的水平荷载和竖向荷载，墙体不承重，仅起到围护和分隔作用，梁和柱之间的连接为刚性结点。屋盖、楼板上的荷载通过板传递给梁，由梁传递到柱，由柱传递到基础。纯钢筋混凝土框架结构在南京教育建筑中运用极少，20 世纪 20 年代开始出现，比较典型的有金陵女子大学礼堂。

由于近代早期钢筋混凝土价格昂贵，钢材和水泥大部分靠从国外进口，第三类钢筋混凝土框架、砖墙混合结构和第四类钢筋混凝土框架结构在南京的教育建筑中很少采用，仅以个案的形式出现。大部分教育建筑的屋架、楼板皆为木制，梁、柱和部分公共空间（走道，楼梯）为钢筋混凝土。

（3）钢木结构体系

这种体系由钢材与其他材料（如木材、砖材）结合构成，砖墙承重，屋面结构为木屋架或钢屋架，以钢木结合为部分梁柱、最后传力至基础[2]。材料本身结构性强，能够实现大跨度空间的建造，适用于大空间公共建筑，代表性的建筑有现东南大学体育馆，如图 4-38 所示。

体育馆高二层，砖墙承重，木楼板，采用三角形钢木组合屋架，跨度达 22m，三角形钢木屋架的上弦杆和下弦杆为木杆，直杆为钢材。屋架通过铁件与外墙连接，在砖砌外墙的顶部与屋架交接处预埋木块后，再用铁件将木制屋架与预埋木块连接固定[3]。

2. 建筑材料

民国时期南京建筑用的钢材从外地运来。20 世纪前，钢材主要从国外进口，20 世纪初，国内有少数工厂能制造部分建筑型钢，如唐山桥梁厂、上海新兴和钢铁厂，至 20 世纪 30 年代，鞍山钢铁厂发展迅速，逐渐成为我国钢铁生产基地[4]。南京建筑用的玻璃也从外地运来[5]。

[1] 南京市档案馆，档案号：10010050214（00）0002。

[2] 周琦 . 南京近现代建筑修缮技术指南 [M]. 北京：中国建筑工业出版社，2018.

[3] 东南大学档案馆，《国立中央大学体育馆修理图屋架修理节点大样图》，档案号：3011622-96。

[4] 刘先觉 . 中国近现代建筑艺术 [M]. 武汉：湖北教育出版社，2004：88-89.

[5] 同上。

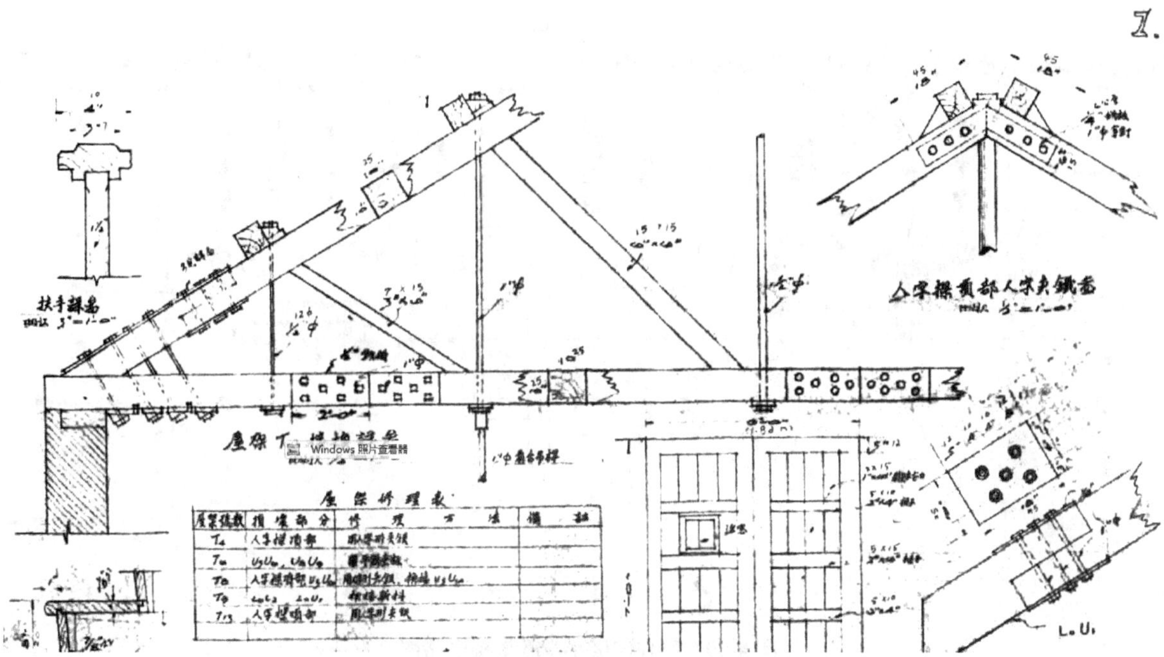

图 4-38 体育馆钢木屋架节点详图（1946 年修缮图）
图片来源：东南大学档案馆

1921 年南京创立了中国水泥公司，1924 年正式投产，设有比较完整的轧石、磨碎、运输、装桶机械，是国内最早成立的五大水泥厂之一。1935 年，南京栖霞山开始建设江南水泥厂，为南京地区近代钢筋混凝土结构的建筑以及各种水泥砂浆外墙粉刷的发展提供了有利条件。在南京出现水泥厂之前，已有少数建筑应用水泥材料，但都是从国外或其他城市运来的❶。

民国初年南京的砖瓦在全国已享有盛名，1927 年后营造业异常繁荣，水泥、砖瓦、采石等行业应运而兴。到 1934 年，南京砖瓦业有淡海、征业、大兴、新建、新利源、协议记、通华、宏业 8 个工厂。各种石料的开采与加工也开始机械化，人造大理石、水磨石在许多厂家均能预制生产，为内外装饰工程创造了条件❷。

建筑材料的发展促进了南京近代教育建筑新建筑类型的产生，钢筋混凝土技术的发展使得体育馆、大礼堂等大跨度建筑得以兴建。

3. 建筑设备

民国时期水、电、暖气设备已经齐备，晚清时南京已经设有官办金陵电灯厂，1912 年改名为江苏省立南京电灯厂。1930 年南京市自来水工程处成立，负责南京自来水工程建设❸。民国时期大多数学校告别了烛火井水，用上了现代化的电灯和自来水。连小学教室、学生宿舍、食堂厕所等附属建筑都用上了现代化的电灯❹（图 4-39），中学和大学应该更是普及。部分大学建筑甚至用上了暖气设施。

❶ 刘先觉，张复合，村松伸，等 . 中国近代建筑总览 [M]. 北京：中国建筑工业出版社，1992：14.

❷ 同上。

❸ 左静楠 . 南京近代城市规划与建设研究 [D]. 南京：东南大学建筑学院，2016：121.

❹ 笔者根据南京工务局设计的小学电气设计图纸得出，档案全宗号 1001，目录号：0050，南京市档案馆藏。

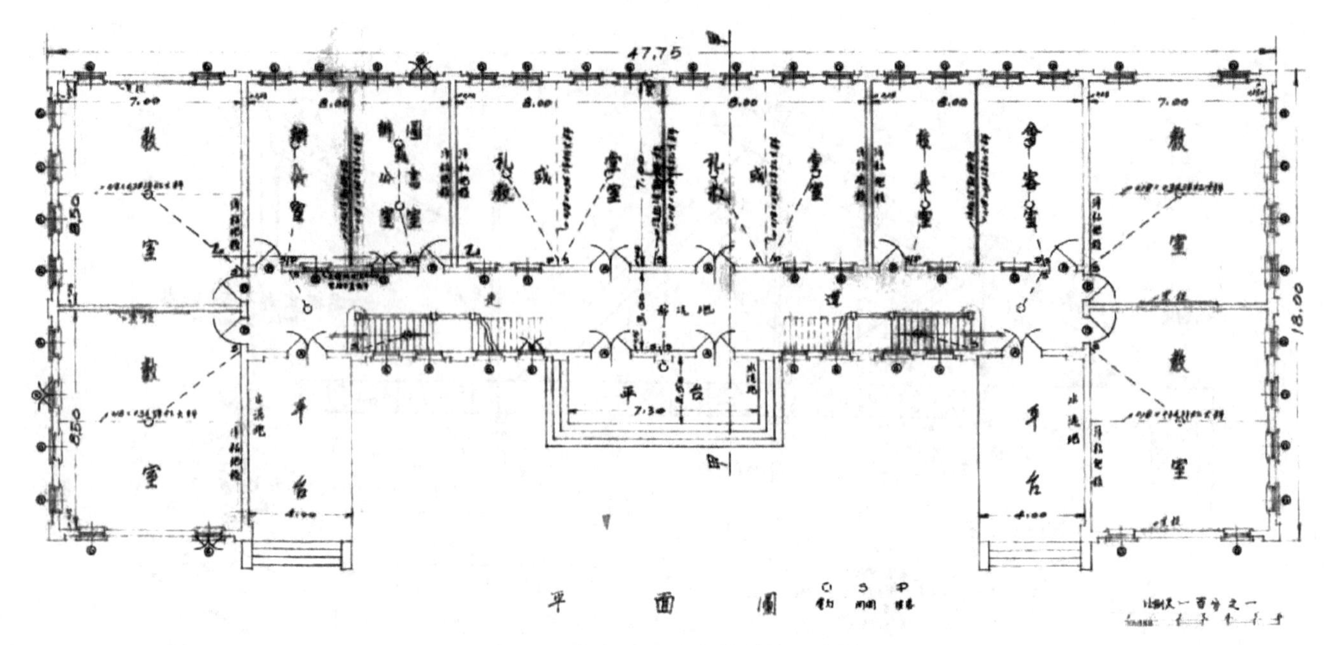

图 4-39　新住宅区小学教学楼电路图

图片来源：南京市档案馆，档案号 10010050208（00）0002

第三节　教会学校的扩张与发展

一、西方教会的办学重心转向高等教育

清末民初，西方教会确定了重点发展高等教育的方针。

北洋时期军阀混战的社会背景给教会学校提供了机会。教会一面将南京初、中等学校合并组建成大学，一面开始筹建新大学。1911 年前后，南京先后创办了四所教会大学：金陵大学（1910 年）、金陵神学院（1911 年）、金陵女子神学院（1912 年）、金陵女子大学（1915 年），这四所教会大学均为择址新建，由校方聘请美国著名建筑师设计。

二、教会学校建设理念的发展流变：中西合璧成为主流

清末民初除少数租界的建设之外，大规模的建设活动当数教会大学的建设，由此也拉开了中西合璧的序幕。这些教会大学的校舍采用当时西方建筑的工程技术和材料，平面功能符合西方建筑的功能主义设计理念，适应新式学堂的教学，外部造型模仿借鉴中国宫殿寺庙建筑构图元素并与西方建筑风格相糅合，称之为“中国传统宫殿式[1]”。

1. 中西合璧的历史原因

一是当时的中国社会对西方教会的反抗。

晚清开埠以来，西方建筑形式更多地表现出对工业文明技术成果的输入，而与教会相关的建筑则显示出西方文化观念对中国传统文化的一种“侵蚀”。自 19 世纪 60 年代开始，反教会引起的“教案”不断发生，自“庚子教难”之后，面对中国民众的激烈反抗，在华教会不得不重新调整传教方式，迫使教会尊重中国传统文化，努力在文化上通过一种与中国本土文化的融合来消除彼此间的隔阂，教会很自然地想到建筑的文化参照物的表象效应。建筑是文化的载体，是最容易影响普通民众的直观符号，中国自古以来就在其上附加了礼法、等级等内容，于中于西，都乐于用建筑

[1] 董黎 . 中国近代教会大学建筑史研究 [M]. 北京：科学出版社，2010.

这一符号来表达自身的立场。如此，中西建筑文化观念有了共通点，即创造一种能满足各自不同的文化动机并具有表象特征的建筑形式，其实这也是西方建筑形态对中国传统建筑文化的一种妥协与折中。

“庚子教难”仅是迫使教会寻求中西合璧建筑形式的起因，进入20世纪20年代，教会学校的命运则不得不与中国近代所发生的重大事件紧密联结在一起，如1919年的“五四运动”、1922年的“收回教育权”运动、教会学校必须向国民政府注册等都给教会学校提出了严峻问题，另外还有来自中国人办学的竞争。这些都迫使教会做出相应的改革，更大程度地表明其“中国化的态度”。1922后，教会学校建筑形态出现了明显的“复古主义”倾向，建筑形式几乎毫无例外地指向了宫殿式建筑，组合手法趋向于程式化和标准化，建筑风格基本定型、纯正，更加优美[1]。南京的金陵女子大学就是这一时期教会学校“宫殿化”建筑的定型之作。

二是主导校园建设的部分传教士和建筑师对中国传统建筑文化的喜好。

教会学校在时机上顺应了中国人引入“西学”的大趋势，汇文书院的创办人福开森“于中国古代艺术致力既久[2]”，在金陵大学新校园建设中，与时任金大校长包文一致明确要求“建筑式样必须以中国传统为主[3]”。负责金陵女子大学校园建设的德本康夫人明确向建筑师墨菲提出“建造不超过两层，建筑内部和屋顶一样，全部都能显露出中国风格[4]”，建筑师墨菲认为“中国建筑艺术,其历史之悠久与结构之谨严，使余神往[5]”。有了喜爱中国传统建筑文化的业主和建筑师，“中西合璧”建筑存在并成为主流就成为顺理成章之事。

2. 西方建筑师对中国传统建筑复兴的贡献

在教会学校宫殿化的进程中，职业建筑师起了非常关键的作用。帕金斯事务所设计的金陵大学采用西方的校园规划思想和布局模式，建筑形态模仿中国北方传统官式建筑，内部功能按照西学要求进行设置，是南京最早开始中西合璧的教会学校，但真正将中国古典复兴推向高度的是美国建筑师亨利·墨菲（Henry Killam Murphy，1877—1954年）[6]。

墨菲以其扎实的专业功底、对中国古典建筑的热爱和刻苦钻研的精神，设计了一大批质量上乘、形似兼神似的教会学校，成为中国建筑古典复兴思潮的代表性人物。南京的金陵女子大学是墨菲探索中国传统建筑的一个新突破，是以模仿“宫殿”为倾向的定型之作，并在随后的燕京大学设计中达到顶峰。

在金女大的校园设计中，墨菲不仅捕捉到了中国传统建筑的具体特征，在单体建筑形式处理上形成固定的设计套路，而且领会到了中国传统建筑的意境，如建筑意匠、空间营造、园林意境等，较之金陵大学初步的“中西合璧”，金女大的中国传统化更加彻底，墨菲在此次设计中形成了一套固定的设计套路，并在20世纪20年代后期提出了“中国建筑复兴”（renaissance of Chinese architecture）的观点，墨菲称之为“具适应性的中国建筑复兴”（the

---

❶ 董黎. 中国近代教会大学建筑史研究 [M]. 北京：科学出版社，2010：127-128.

❷ 《南大百年实录》编辑组. 南大百年实录（中卷）[M]. 南京：南京大学出版社，2002：8.

❸ 引自南京大学校报第754期。

❹ 引自《亨利·墨菲在中国的适应性建筑1914—1935》，第164页。

❺ 潘谷西. 中国建筑史（第5版）[M]. 北京：中国建筑工业出版社，2004：376.

❻ 美国建筑师亨利·基拉姆·墨菲（Henry Killam Murphy1877—1954年）是中国近代建筑史上著名的建筑师。1899年从耶鲁大学毕业，1908年与合伙人小理查德·亨利·丹纳（Richard Henry Dana，Jr.）在纽约市麦迪逊大街成立墨菲和丹纳建筑事务所（Murphy & Dana，Architect），1914年5月下旬首次来到中国，开启了中国传统形式结合现代功能的设计之路，主持规划设计了长沙的雅礼大学、清华大学、福建协和大学、金陵女子大学和燕京大学等多所著名大学，他的“适应性建筑”使“中国传统建筑复兴”走向了一个新的高度，是当时中国建筑古典复兴思潮的代表性人物。1935年墨菲退休，结束了在中国长达21年的建筑活动，随后回到美国康涅狄格州故宅。他还在佛罗里达州的克罗尔加布尔斯设计了一个有8个家庭的小型的“中国村”（Chinese village），1949年，他在72岁时第一次结婚，1954年在家中逝世，享年77岁。

adaptive renaissance of Chinese architecture）[1]。

至 1927 年，南京的各基督教大学建设已基本完成，以帕金斯、墨菲为代表的美国建筑师们采用中国古典建筑形式与新的功能类型建筑相结合，开创了中国近代古典复兴的先河，事实上成为由中国第一代建筑师在 20 世纪 30 年代发起的“中国固有建筑形式”创作潮流的先导。

三、教会学校的实际建造状况

1. 办学力量及学校类型

南京的教会学校中，除震旦大学预科学校由马相伯创办、育群中学为英国基督教会创办外，其余学校均为美国基督教会创办。学校类型有初中等学校、高等学校。主要创办高等学校，初、中等学校也有发展。女子教育、医学、农学等方面一直保持优势。

2. 营建特征

从学校建设量讲，因军阀混战，教会学校趁乱迅速扩张，大多数教会学校在该时期建成。教会中小学校由 8 所增至 12 所，新建 4 所教会大学。1927 年后收回教育权，政府要求教会学校必须注册，教会学校由开始的纯宗教教育过渡到以现代科学教育为主，加之西方爆发了严重的经济危机，自 1930 年后教会办学发展放缓，南京的教会学校再无较大的建设活动。

从建筑本体来讲，随着学校规模的扩大，学校功能逐渐完善。

3. 空间分布

民国时期教会学校选址仍主要受传教活动影响，随着传教范围的扩大，城北下关、城南、城西均出现了教会中小学，教会大学仍集中在鼓楼附近（图 4-40）。

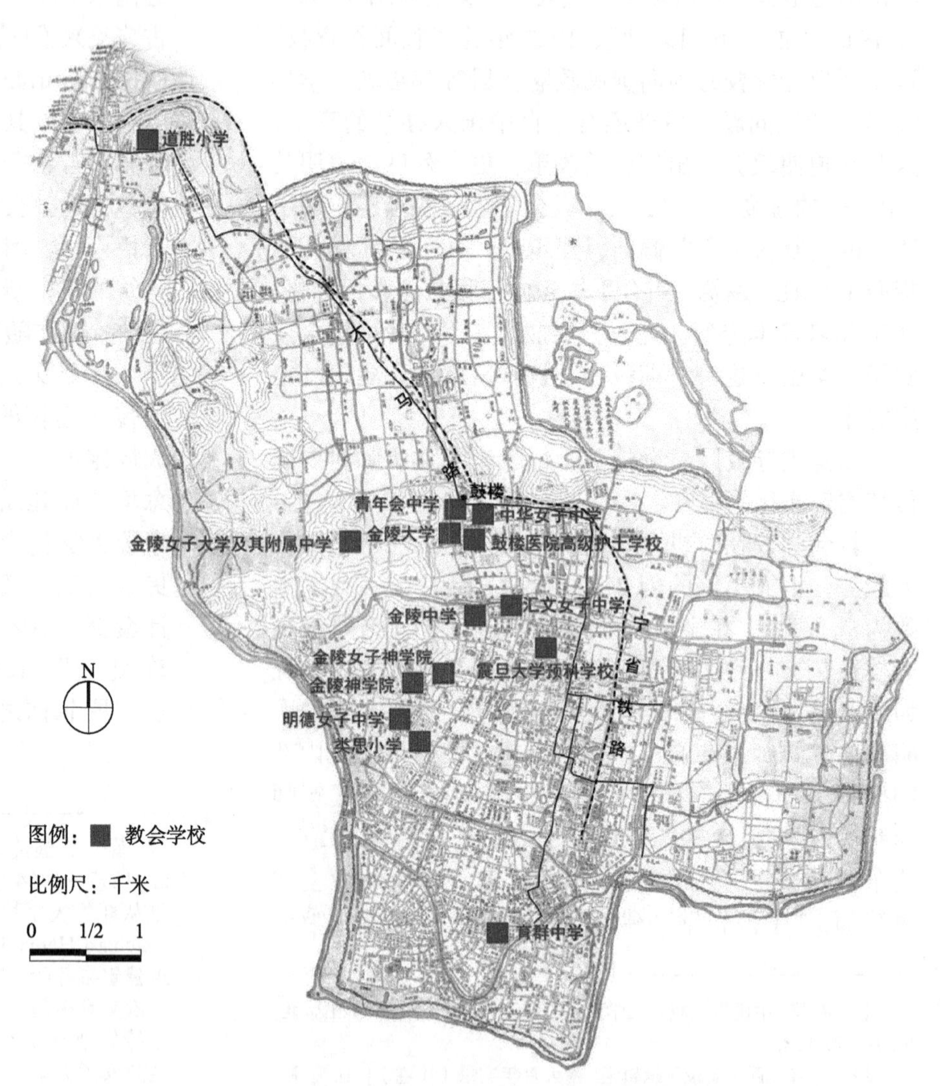

图 4-40 1911—1937 年南京教会学校空间分布图
图片来源：笔者自绘，底图为 1928 年南京城市地图

[1] 唐克扬. 从废园到燕园 [M]. 北京：生活·读书·新知三联书店，2009：62.

四、初、中等教会学校的建设

1. 初、中等教会学校的统计与简介

至1937年，南京有教会幼稚园4所[1]（分别为畲清小学幼稚园、明德小学幼稚园、道胜小学幼稚园、中华女子中学幼稚园）；小学4所（汇文女中附属畲清小学、明德小学、益智小学、类思小学[2]）；中学9所[3]，见表4-6。

（1）益智小学

益智小学为现南京市第十二中学的前身。

学校位于中山北路，紧邻绣球公园。该校为1915年美国传教士约翰•马吉（John Magee）创办的道胜堂，1917年始设益智小学，校舍住宅、教员室、礼拜堂皆

1911—1937年南京的教会中学（合计9所）　表4-6

原校名	现名	设立时间	校址、校舍
私立明德女子中学[4]	南京市女子中等专业学校、南京幼儿高等师范学校	1884	校址位于四根杆子（现莫愁路），1911—1937年添建的校舍有思明堂、小礼堂、健身房、爱明楼、幼稚园
私立汇文女子中学[5]	南京市人民中学	1887	校址位于乾河沿（现鼓楼区中山路178号），1929年因开辟中山路将校园分为东、西两部分，1911—1937年添建的校舍有体育馆、教员住宅
私立金陵中学[6]	金陵中学	1888	校址位于乾河沿（现鼓楼区中山路169号），1934年添建体育馆
私立中华女子中学[7]	南京大学附属中学	1896	校址位于保泰街（现鼓楼区鼓楼街83号），1911—1937年添建的校舍有主教学楼、大礼堂、家政楼、体育馆、教员住宅
私立育群中学[8]	中华中学	1899	详见下文
私立青年会中学	南京市第五中学	1913	1920年学校随青年会迁到花牌楼（今太平南路）商务印书馆隔壁，1926年迁到内桥南府东街，1934年迁至保泰街7号，以基督教来复会的三座楼房为教室
私立金陵女子文理学院附属中学（高中）	南京市第十中学	1924	校址在宁海路金女大校内，1936年宋氏三姐妹捐赠附中宿舍1座（东一楼）[9]
私立震旦大学预科学校	南京市第九中学	1925	校址在碑亭巷，附设在天主教堂内[10]
私立鼓楼医院高级护士学校[11]	南京卫生学校	1918	附属在鼓楼医院内

本表来源：笔者根据以下史料绘制：

1. 各校设计者、校址、校舍状况除特别标注者外，其余均来自笔者在各校史档案室查阅的档案史料（含各校1949年前关于校园建设的原始图纸、照片、文字档案资料等）。

2. 结合《中国近代建筑总览南京篇》《南京明清建筑》《南京民国建筑》等著作绘制。

---

[1] 南京市地方志编纂委员会.南京教育志（上册）[M].北京：方志出版社，1998：79.

[2] 该校为1875年法国传教士倪怀伦创办的南京第一所教会学校，隶属于天主教会，初时无校名，1930年在石鼓路天主教堂内创办类思小学。1939年在国府路（长江路）增办类思小学二部，中华人民共和国成立前一直为教会学校现为石鼓路小学。

[3] 南京市地方志编纂委员会.南京教育志（上册）[M].北京：方志出版社，1998：370-371.

[4] 清朝时期为明德女子书院，民国时期改名为私立明德女子中学。

[5] 清朝时期为汇文女子中学，民国时期沿用原名。

[6] 清朝时期为汇文书院，1910年成立金陵大学堂后，1915改中学堂为附属中学，简称金大附中、金陵中学。

[7] 清朝时期为金陵基督女书院，1927年改名为私立中华女子中学。

[8] 清朝时期为基督及明育中学，1929年爱群中学与明育中学合并为育群中学。

[9] 冯世昌.南京师范大学志（上册）[M].南京：南京师范大学出版社，2002：420.

[10] 私立震旦大学预科学校创办于1925年秋，始名上海震旦大学预科部。

[11] 1918年10月建立，附属于金陵大学鼓楼医院，原名金陵大学鼓楼医院护士学校。1936年更名为南京私立金陵高级护士职业学校。校址在鼓楼。

在一处。1919年改名为道胜小学，由于小学人数不断增加，约翰·马吉在下关海陵门（今挹江门）外购地，正式建造校舍，兴建五幢中国传统宫殿式建筑，1923年落成。1925年校名定为南京下关中华圣公会私立道胜小学，1937年学校停办，1942年更名为“私立道胜中学”。中华人民共和国成立后几易校名，现为南京市第十二中学[1]。

校园规划移植北美校园的中心花园模式，为集中式院落形式，主要建筑物围合中心绿地设置（图4-44）。该校原有的五幢建筑均保存完好，中华人民共和国成立后学校将其中的两幢建筑连成一幢，所以校内现为四幢历史建筑[2]，分别为道胜楼、图书馆南楼与北楼[3]、尊道楼、益智楼，建筑形态皆为中国传统宫殿形式，现存建筑有歇山顶和攒尖顶两种，筒瓦屋面，檐下施以彩画[4]（图4-41）。

（2）育群中学

育群中学位于花市大街（现秦淮区中华路369号，长乐路与中华路交叉口），现为南京市中华中学初中部。

该校历史悠久，创办于1899年，最初为英国基督教传教士威廉姆·爱德华·麦克林[5]（William Edward Macklin）创办的基督中学（男部）、明育中学（女部）[6]。

图4-41　益智小学图书馆、益智楼（马吉住所）现状照片

图片来源：笔者自摄

1926年，基督中学改名为爱群中学，三年后与明育中学合并为育群中学。南京沦陷时学校部分师生内迁，日占时期当局政府改校名为育德中学，抗战胜利后内迁师生回原址复校并恢复战前原校名。中华人民共和国成立后与多校合并、几易校名，1983年定名为南京市中华中学至今[7]。

晚清时期学校房屋简陋，仅有平房数间[8]。1926年新建教学综合楼1座，设计者为Mary Kelly。建筑

---

❶ 南京市第十二中学校校史室。

❷ 南京市第十二中学校史室藏校舍文字档案记录，无档案号。

❸ 目前的约翰·马吉图书馆中华人民共和国成立前是两栋建筑，中华人民共和国成立后校方用边廊将其连成一栋，并加盖正立面中间的歇山顶牌楼。

❹ 卢海鸣，杨新华.南京民国建筑[M].南京：南京大学出版社，2001：180.

❺ 基督医院创办人为英籍加拿大人威廉姆·爱德华·麦克林（1860—1947），中国名字称为马林。马林医生最初在鼓楼附近及城南花市大街（今长乐路附近）买地建房，开设诊所，在此两处行医数十年。1892年在美国基督教会传教士美在中先生的资助下，在鼓楼建立一座四层楼房，命名为基督医院，马林任院长，此为鼓楼医院之前身。1914年金陵大学购买基督医院并将其更名为金陵大学附属鼓楼医院，马林遂离开鼓楼医院，在花市大街的小基督医院继续行医，同时兼任鼓楼医院外科顾问。引自：《南大百年实录》编辑组.南大百年实录（中卷）[M].南京：南京大学出版社，2002：13.

❻ 南京市地方志编纂委员会.南京教育志（上册）[M].北京：方志出版社，1998.

❼ 南京市中华中学校史室，校史介绍。

❽ 中华中学校史室文字史料记载。

物坐东朝西，是一栋两端五层、中部四层的砖混结构楼房，占地面积910m²，建筑面积2924m²，建筑内部为中廊式布局，一层设有聚会厅、餐厅、厨房、盥洗室等；二层、三层主要设置大小教室和办公室，并在一层主入口处设有礼拜室1间；四层主要为学生宿舍；五层为教员住宅，设起居室、卧室、厨房、卫生间等。建筑物在北面居中设主入口，南面设次入口，两处入口均设有木质楼梯。

图 4-42　育群中学综合楼历史照片
图片来源：中华中学校史室

建筑外观为现代主义建筑形式，立面简洁、矩形窗户、平屋顶，屋顶处有壁炉伸出屋面。尤其值得一提的是20世纪20年代中期正值西方现代主义建筑思潮兴起之际，1926年西方教会在中国南京的教会学校中立即引入了现代主义建筑形式，其历史意义远大于建筑本身。如图4-42、图4-43所示。

2. 初、中等教会学校的选址与规划

（1）初、中等教会学校的选址

民国时期的教会中小学校选址仍主要受传教活动的影响，随着教会传教范围的扩大，教会学校开始向城西、城北发展，例如在城北下关挹江门内新创办了道胜小学。另外，随着西方教会势力的扩大，教会不断购买和整合周边用地，扩大学校规模。

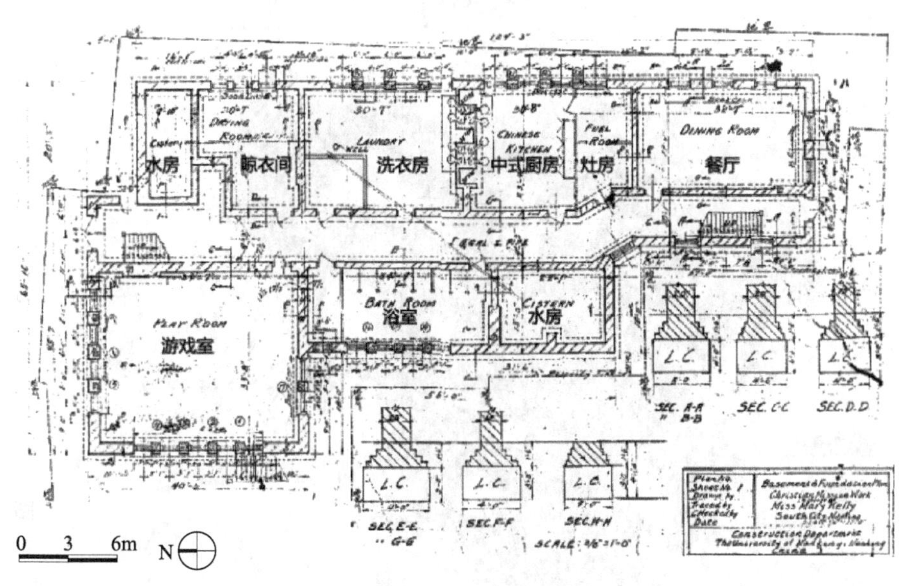

图 4-43　育群中学综合楼一层平面图
图片来源：中华中学校史室

（2）初、中等教会学校的规划

随着学校规模扩大，多数教会学校开始校园规划。例如明德女子中学、中华女子中学（晚清时期名为金陵基督女书院）添建了教学楼、礼堂、体育馆、学生宿舍等建筑，功能渐趋完善，开始校园规划，新建的道胜小学也有完整的学校规划，这 3 所学校因同为美国基督教会创办，与晚清的汇文书院、汇文女中类似，均采用北美校园“中心花园”式（集中式院落）的规划布局模式，主要建筑物（教学大楼、礼拜堂与生活用房等）围合体操场或中心绿地设置，由于学校规模小，教学、生活、运动等功能相互临近和混合布局时使用方便。如图 4-44 所示。

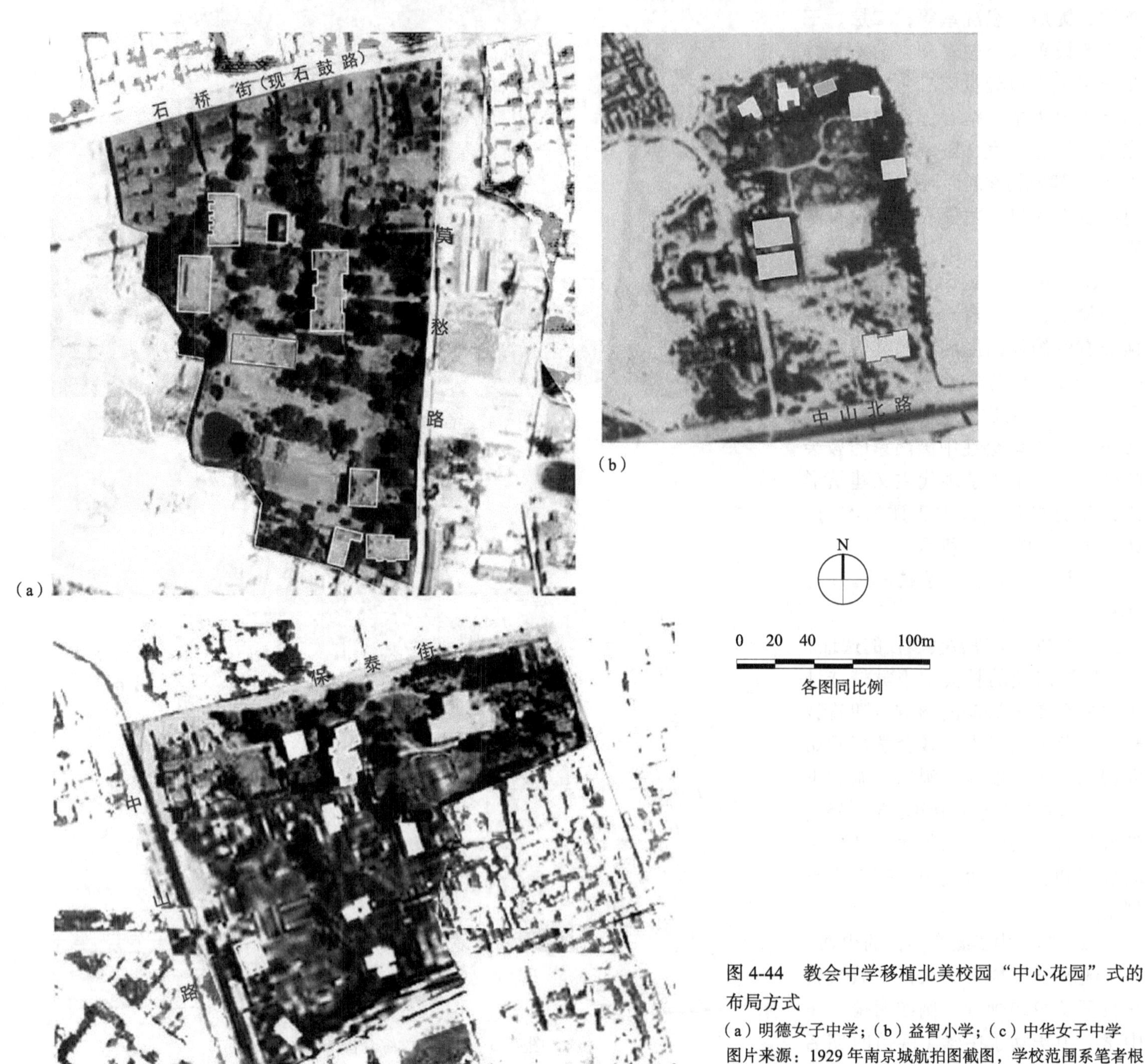

图 4-44　教会中学移植北美校园“中心花园”式的布局方式

（a）明德女子中学；（b）益智小学；（c）中华女子中学

图片来源：1929 年南京城航拍图截图，学校范围系笔者根据 1929 年南京地图标示的学校范围绘制

例如明德女中主教学楼淑德堂、学生宿舍思明堂、小礼堂、健身房围绕中心绿地布置，后勤平房放置在校园南北两端边角处。空间组织因地制宜，由一条明显的东西向轴线引领，从校门开始，经过精心修剪的大片草坪和主教学楼至健身房。空间的收放也有对比，教学楼前面开敞的大草坪提供给师生一个可供交流的露天场所，教学楼、学生宿舍、小礼堂、健身房围合而成的中心绿地上布置有亭榭、水池、花卉树木，形成相对封闭的庭院空间。道胜小学基地依山傍水，三面临湖，设计者将建筑与环境有机融合，三幢传教士住宅与校长住宅(益智楼)、办公楼(尊道楼)临湖设置，与主教学楼（现为约翰·马吉图书馆）围合成中心大草坪和体操场，中华女子中学规划布局亦与此类似（图 4-44）。

上述 5 所（金陵中学、汇文女中、明德女中、中华女中、道胜小学）规模较大的教会中小学皆采用集中式院落布局形式，另有新开办的 4 所中学校舍相对简陋，谈不上什么学校规划，多附设在教堂或大学校园内。例如 1913 年创办的青年会中学和 1925 年创立的震旦大学预科学校、1930 年创办的类思小学均以教堂为校舍。金陵女子大学附属中学附设在金女大校内，仅修建附中宿舍一座，其他教学、体育、宗教设施与大学合用，私立鼓楼医院高级护士学校附设在鼓楼医院内。

如果对该时期 13 所教会中小学校的规划形式做分析可以发现，民国时期教会中小学半数以上经过专业的校园规划，以北美“中心花园式”最多，合计 7 所，分别为明德女中、明德小学、汇文女中、汇文女中附属畲清小学、金陵中学、中华女中、道胜小学。这种布局方式系延续晚清已经成型的汇文书院和汇文女中的校园模式。其次为附设在教堂、大学、实习医院内的学校，合计 5 所，分别为青年会中学、震旦大学预科学校、类思小学、金女大附中、鼓楼医院高级护士学校。这几所学校均为新办，教会为达到快速扩张之目的，在资金有限的实际状况下，利用一切可利用之资源办学。仅育群中学建有单幢综合楼。1911—1937 年南京教会中小学的校园规划分析见表 4-7。

1911—1937 年南京教会中小学的校园规划分析　表 4-7

校园布局模式	学校数量（所）	所占比率
中心花园式——周边建筑围合中心绿地或操场布置	7	53.8%
单栋综合楼	1	7.7%
附设在教堂或医院内	5	38.5%
合计	13	100%

3. 初、中等教会学校的建筑功能与形态

（1）初、中等教会学校的功能设置

教会学校随着学校规模的扩大，校园功能渐趋完善，各校建筑呈现专业分化，有明显的建筑分类。综述如下：

1）随着校地规模的逐渐扩大，校园功能渐趋完善，规模较大的中学有明显的建筑类型之分，但建筑内部功能仍然混杂。

有明显建筑分类的学校由晚清时期的 2 所增至 5 所（金陵中学、汇文女中、明德女中、中华女中、道胜小学），建筑类型有教学楼、学生宿舍、礼拜堂、体育馆、体操场等，师生活动对应有专门性的房间或场所，除了体育馆和礼拜堂这种特殊使用功能的建筑物外，其他建筑内部功能仍然是一种经济型的混合式布置。

例如明德女子中学 1912 年先行建设教学楼（淑德堂），通过购买校地扩大规模后，陆续建有教师住宅爱明楼、小礼堂等。1925 年开设了幼稚园、小学、中学、高中部，学校规模再次扩大，添建健身房、幼稚园教室。1929 年后，为改善学生住宿环境，又新建一幢三层楼的学生宿舍（思明堂）。至此，学校规模基本成型，功能设置完善[1]。中华女子中学晚清仅有洋楼一座，民国时期新建教学主楼、大礼堂、家政楼、多处学生宿舍和教员住宅[2]。育群中学新建的综合楼涵盖教室、办公室、实验室、礼拜堂、学生宿舍等多

---

[1] 根据南京市幼儿高等师范（市女子中专）学校校史资料室提供的《明德女子中学》校史简介与校貌综合整理。

[2] 来源：中华女子中学（现南京大学附属中学）校史室提供的文字资料与本页校园总体布局表格中的 1929 年校园航拍图。

种功能性房间。

2）兴建综合教学楼，教室内部考虑到光线、视线、流线设计。

晚清时期仅汇文女中和汇文书院建有教学楼，民国时期各校教学楼陆续添建。例如明德女中率先建成教学楼淑德堂（1912年），道胜小学在1916年建成了南楼、北楼等两座教学楼，中华女中在20世纪20年代初建成了教学楼，育群女中在1926年建成了教学综合楼。

新建的教学楼是一种综合楼，内部功能混杂，含有教室、实验室、图书室、办公室、宿舍、礼拜堂等。建筑平面有矩形和L形。为了提高空间的利用率，大多数教学楼采用内廊式布局——中间走廊两边布置房间。例如道胜小学在北教学楼一层设礼拜堂、二层设教室，南教学楼阁楼作为宿舍，图书馆设在南、北楼小天井里的平房内[1]。

教室内部注意到了光线、视线、流线的设计要求。从育群中学建筑平面来看，教室考虑了流线设计和疏散的问题，设有前后两处门，教室平面多为规整的长方形，方便学生桌椅的摆放。在建筑的东、中、西部共设3部楼梯疏散（图4-45）。

3）学生宿舍楼的建造。

随着学校规模的扩大和学生数量的增加，有些学校开始改善学生的住宿环境，不再将学生寝室设在教学楼内，建设有单幢的学生宿舍楼。

如明德女中在20世纪20年代建有学生宿舍思明堂（图4-45），建筑平面呈侧王字形，共分三个单元，建筑地上三层，内部采用内廊式布局，中间走道，两侧为寝室。从1929年南京城航拍图中也可见到中华女子中学已经建有学生宿舍楼和多幢教师住宅楼。

4）宗教建筑的添建。

各教会学校均设有礼拜堂。如道胜小学的礼拜堂设在传教士住宅的一层内，育群中学在教学楼一层设有礼拜堂。规模较大的学校将礼拜堂单独建设，如明德女中建有独幢的礼拜堂，屋顶陡峭，开设老虎窗，入口有罗马柱和门廊（图4-45）。

这几所中小学校的礼拜堂平面均为简单的矩形，在室内前方设圣坛和读经台，中央排放整齐的圣职席位。空间尺度较小，没有中厅和侧廊之分，并非照搬西方教堂巴西利卡或拉丁十字的形制，只为解决基本的使用功能。

5）女子学校家政实习楼的建造。

教会女校为适应缝纫、插花等家政课程教学需要，有些学校另建家政楼，与教学楼分开设置，这是学科专业分化的结果。例如1930年中华女子中学在教学主楼的西侧新建一座西式三层高的家政楼一座，以用于本校家政课程的教学和实习（图4-46）。

6）建筑技术的发展促进了体育馆等大空间建筑的兴建。

图4-45　明德女子中学的学生宿舍楼、礼拜堂

图片来源：南京幼儿高等师范学校校史室

[1] 根据道胜小学（现南京市第十二中学）校史馆提供的校舍简介整理。

图 4-46　中华女子中学家政楼历史照片

该楼是校方 1930 年新建设的大楼，是为服务女子学校家政、插花等课程而建，与教学楼分开设置，此为学科发展、学科分化的结果

教会学校向来重视体育场馆的建设，晚清的教会学校只设有室外体操场。民国后随着建筑技术、建筑材料的发展，教会学校均建有体育馆等大跨度建筑。

例如金陵中学 1934 年建成的体育馆为钢木屋架，主跨一层，附跨二层，主跨高达 21m，南北长约 32m。汇文女中 1933 年建成体育馆，单层，钢木屋架，南北长约 30.5m，东西长约 15.5m。明德女中也建有钢筋混凝土结构的健身房，立面由七个半圆拱组成（图 4-47）。

7）幼稚园舍的建造。

1937 年前教会创办的 4 所幼稚园全部附设在小学校内，当时法令明确规定小学须附设幼稚园。1927 年后教会学校被要求向政府备案，因此必须遵守该法规。例如明德女子小学幼稚园和中华女子中学幼稚园建有独立的幼稚园舍，建筑平面为矩形，校外有幼儿活动场地，设有秋千架、沙坑（图 4-48、图 4-49）。

（2）初、中等教会学校的建筑形态

1911—1937 年南京教会中小学新建建筑既有西方古典和折中主义形式，也有中国传统宫殿形式，还有简洁的现代主义建筑形式，校内建筑形态基本保持统一。

从数量上讲，西式建筑居多，风格多样；新建的规模较大的学校采用中国传统宫殿形式；现代主义建

图 4-47　金陵中学体育馆、汇文女子中学体育馆、明德女子中学健身房

图 4-48　中华女子中学幼稚园

图 4-49　明德女子小学幼稚园

筑以个案的形式出现，分析如下（表 4-8）。

1911—1937 南京教会中小学的建筑形态分析　　表 4-8

建筑形态	学校数量（所）	所占比率
利用西式的基督教堂为校舍	3	23.1%
延续晚清西式校舍建筑形态	7	53.8%
中国传统宫殿式	2	15.4%
现代主义建筑形式	1	7.7%
合计	13	100%

本表来源：笔者根据以下史料自绘，1. 各校史馆藏历史照片和文字资料。2. 南京市地方志编纂委员会 . 南京教育志（上册）[M]. 北京：方志出版社，1998.

在晚清西式校舍基础上扩充添建的学校，仍然延续已建成的西式风格，建筑形态保持统一，添建的校舍以西方古典形式居多，设计手法多样。如明德女中学健身房、中华女中主教学楼的西方古典柱式、三角形的山花，拱形柱廊皆为西方古典建筑元素。西式校舍建筑共有 7 校，占总数的 53.8%，分别为明德女中、明德小学、汇文女中、汇文女中附属畲清小学、汇文书院、中华女中、鼓楼医院附设护士学校。

民国时期新办的 3 所规模较小的学校——青年会中学、震旦大学预科学校、类思小学都是利用基督教堂作为校舍。

民国时期新建的 2 所规模较大的学校——道胜小学、金女大附中均采用中西合璧的设计手法，与当时教会学校推行本土化相关。道胜小学目前遗存的 5 幢历史建筑仿中国传统宫殿形式，金陵女子大学附中校舍与大学部中国传统宫殿式建筑群保持一致（图 4-50）。

五、高等教会学校的建设

1. 高等教会学校的统计与简介

1937 年前南京共有 4 所教会大学——金陵大学、金陵女子大学、金陵神学院、金陵女子神学院，这四校均为美国基督教会创办。先介绍金陵神学院与金陵

图 4-50　益智小学主楼

女子神学院两校。

（1）金陵神学院

金陵神学院旧址位于鼓楼区汉中路140号，现南京医科大学校园内。

该校地产属于永租，而非购买，校址位于汉西门四根杆子街，该地东至天妃巷，南至侯家桥，西至四根杆子，北至陈姓屋，面积为五亩六分一厘三毫四丝[1]。从1929年南京城航拍图中可知学校建有8幢单体建筑，学校规划类似美国大学校园的“草陌式”布局模式，以开敞三合院的形式布局，单体建筑状况不详，目前尚存百年堂、传教士宿舍等两幢西式建筑（图4-51）。

（2）金陵女子神学院

金陵女子神学院旧址位于鼓楼区大锏银巷13号，目前为艺术金陵文化创意园。

该校为1911年8月联合董事会在南京创办的男女圣经学校中的女校[2]。1912年秋冬，金陵女子圣经学校正式开学，推选美国卫理公会女传教士沙德纳为首任校长，借用进德女校为院址。1921年10月迁入大锏银巷新建校舍。抗日战争期间，两所神学院均内迁，抗战后各自返回南京原校址。1950年，金陵女子神学院与金陵神学院合并，校名改为金陵神学院。1952年又与华东地区11所神学院及圣经学校联合组建金陵协和神学院，以大锏银巷原金陵女子神学院为校址[3]。

该校校地面积不足30亩，从1929年南京城航拍图中可见学校建有7幢单体建筑，学校规划类似美国大学校园的“草陌式”布局模式，以开敞三合院的形式布局，具体建筑状况不详，目前尚存3幢西式建筑，主楼圣道大楼和两幢学生宿舍（图4-51）。

2. 高等教会学校的选址与规划

（1）教会大学的选址

4所教会大学集中设置，均选址于南京基督教活

（a）

（b）

图4-51 “草陌式”校园规划布局

（a）金陵神学院1929年航拍图；（b）金陵女子神学院1929年航拍图

图片来源：笔者自绘，底图为1929年南京城航拍图

[1] 南京市档案馆，《金陵神学院申请补契案》，档案号：10030081320（00）0001。

[2] 严锡禹."金陵"创校——金陵神学院史之一[J]. 金陵神学志，2015，1（102）：10-25.

[3] 金陵协和神学院官网。

动中心——鼓楼一带，与教会中小学、教堂、教会医院就近设置，共同形成宗教文化圈。鼓楼位于城北较荒凉的地段，不仅地价相对便宜，且容易购买到集中的大片土地用于大学建设，又符合美国大学"学术村"的理念。

（2）教会大学的校园规划

20 世纪初建成的 3 所教会大学——金陵大学、金陵神学院、金陵女子神学院皆为美国大学校园开敞的三合院形式，1920 年代建造的金陵女子大学校园规划表现出中国传统建筑群体沿轴线布置院落空间的规划模式。这种状况反映了南京教会大学校园规划由移植到中西合璧的发展演变过程，反映了西方教会"本色化"运动渐趋深入的发展过程。如果进一步剖析则可以发现金陵大学校园规划为"草陌式"，但单体建筑采用中国传统式样，这种现象表明了所谓的"中西合璧"在时间上是单体建筑在前，校园规划在后。对于西方建筑师而言，往往是从单体建筑层面开始"中西合璧"更加容易。

该时期教会大学校园规划特征概述如下：

1）引进美国大学校园"草陌式"（mall）校园规划布局：南北向主轴线 + 三合院 + 中心大草坪。

美国总统托马斯·杰斐逊（Thomas Jefferson）创立的弗吉尼亚大学开创了影响全美的"草陌式"校园规模式——三面建筑围合中央绿地。"草陌式"（音译，来自"mall"一词，指校园的中心绿地）。其校园规划特征为校园中心为矩形绿地，绿地的两个长边和一个短边由建筑围合，另一边向城市开敞；布置于短边的建筑为校园的中心建筑，功能上通常为图书馆；沿两个长边布置对称的校园建筑，建筑面向绿地以强调其中央空间；中央草陌呈线恒生发展，两侧建筑可根据学校的发展不断增加，校园具有可持续发展的特点[1]。"草陌式"校园空间开敞，实现了校园与自然、城市空间上的交流，表达一种大学向社会开放的理念。

美国"草陌式"校园一时风靡全球，被美国传教士和建筑师带到了中国南京，而且用"合院"组织空间的布局方式找到了中西之间的互通点。虽然中国传统四合院落内向封闭、强调空间序列，而"草陌式"校园对外开敞、空间简明，但这种三合院的相似性却给了中国人认同感。所以前期建造的 3 所大学均采用了这种规划形式。

例如金陵大学北端大学部由北大楼、西大楼、东大楼以三合院的形式围合中心绿地布置，几栋学生宿舍楼仍然重复了"草陌式"的这种布局模式。金陵神学院与金陵女子神学院均具有"草陌式"校园规划的特征（图 4-51）。

2）仿照中国传统建筑群体规划模式，中轴对称，沿轴线多层次布置院落空间，形成起、承、转、合的空间序列。

20 世纪 20 年代建成的金陵女子大学建筑群采用了这种布局形式，这与设计师墨菲受到紫禁城布局的影响有关。金陵女子大学采用中国传统建筑群体的空间序列结合西方校园理性的功能分区，借鉴紫禁城在轴线上依次采用纵横空间对比、湖泊山丘呼应的构图手法，采取轴线对称和主次院落的群体布局，以三合院或四合院为基本单元，形成富有空间序列感的建筑群[2]。但是也灵活地做了改变，规划中不拘泥于中国传统建筑群体严谨的南北向主轴线，因地制宜以东西向为主轴线，并在主入口与四方院之间通过林荫道紧密相连，校园空间既有西方庭院的特性，又蕴涵中国古典园林的韵味。

3）规模较大的教会大学具有明确的功能分区。

首先按照教学层次分区；其次按照建筑使用功能划分为教学行政区、学生生活区、教员生活区、体育运动区等；最后教学区按照文、理、农、医等学科进行细分。

例如金陵大学有附属中学、预科部、大学部、医学部等，首先按照教学层次，各区域之间相对隔离。

---

[1] 冯刚，吕博 . 中西文化交融下的中国近代大学校园 [M]. 北京：清华大学出版社，2016：150.

[2] 王建国，阳建强 . 大学校园文化内涵的营造与提升：第七届海峡两岸大学的校园学术研讨会论文集 [M]. 南京：东南大学出版社，2009：137.

其次按照使用功能分区，如大学部：北大楼、东大楼、西大楼、图书馆、礼拜堂等主要教学与教辅建筑位于校园的中心位置，处于南北向主轴线的终端。平行于这条主轴线设置有学生生活区，几幢学生宿舍围合成学生生活区。教学区按文、理、农、医等学科进行分划，北大楼为文学院、东大楼为理学院、西大楼为农学院，东北大楼为医学院，并附属有鼓楼医院。

金陵女子大学的前区由100号社会体育大楼、200号科学馆、300号文学馆、图书馆、礼堂等主要教学、教辅建筑构成，后区400—700号学生宿舍、厨房、厕所、浴室等构成学生生活区。

3. 高等教会学校的建筑功能与形态

（1）教会大学的功能设置

教会大学资金充足，校舍多一次性建成，由西方教会直接从美国聘请具有丰富校园设计经验的建筑师进行设计，各校功能设置齐全，在近代学校建筑类型与功能的形成过程中起到了导航与示范性的作用。

1）功能设置齐全，教学、教辅、科研、生活、运动、宗教活动对应有固定的单体建筑物。建筑内部注重采光通风，建筑平面采用多种组合形式。

与中小学校建筑功能混合布置不同，大学规模宏大、建筑功能齐全，有单一明确使用功能的教学科研楼、图书馆、体育馆、学生宿舍、教师住宅、礼拜堂等，随着学科的划分和学科专门化程度的加深，出现了学院大楼和系馆建筑。另外，大学除了教学还有科学研究，因此科学馆、实验室、实习工厂、农林试验场、医科大学附属实习医院等得以大量兴建。大学师生人数较多，学生宿舍、教师住宅和后勤建筑规模也随之扩大。这些不同功能所对应的单体建筑组合成校园建筑群体，服务于师生，共同构成“校园”这个有机体。

根据金陵大学1935年校舍统计，学校在两千多亩的校地上建有教学楼、实习楼、行政办公楼、图书馆、科学馆、大礼堂、体育馆、运动场、各类球场、学生宿舍、教师住宅、实习工厂、附属医院病房楼、药房楼、附属中学、附属护士学校、附设农场[1]，教学、科研、办公、生活、运动、宗教等活动对应有功能单一明确的单体建筑物。金陵女子大学校建筑群由文学馆、科学馆、社会与体育大楼、大礼堂、图书馆、学生宿舍、浴室、保健所和疗养院等[2]建筑类型组成。金陵神学院与金陵女子神学院相对规模较小，建有教学主楼、礼拜堂、学生宿舍、传教士住宅、体操场等（图4-52）。

大学建筑类型多样，建筑空间组合形式也多样化，主要有三类：第一类是以大空间为主体的组合方式，如体育馆、礼堂、实习工厂等，在建筑物的中心布置大空间，周边设置辅助用的小房间。第二类是平面功能复杂的建筑采用多种空间组合形式。例如金陵女大100号楼在建筑平面的中心部位设置社交大厅、健身房等大空间，两侧办公室、更衣室等小房间采用内廊式布局，这种公共空间的营造显然是西方建筑设计的手法，如此划分产生出公共区域和私密区域之分，动静分区明确。第三类是走道式组合，大多数建筑属于此类。例如教学楼、办公楼、实验楼、宿舍楼等，为最大限度地利用空间，多采用走道式组合，其中以内廊式居多，中间走道，两侧设房间。例如金陵神学院教学楼和学生宿舍、金陵大学学生宿舍等（图4-52）。

2）学科专门化引发学院大楼和大学系馆建设。

学科的划分直接导致了学院大楼的产生，学科专门化程度的加深又导致了大学系馆的出现，系馆内部的空间再划分到各个具体的专业。

学科属性相同或相近的院系集中在同一个场所活动较为方便，这样就产生了一种服务于某一个学院教学、科研的综合性建筑——学院大楼，在功能上无所不有，自成一体。例如金陵大学下设文、理、农三个学院，其中文学院为北大楼，理学院为东大楼，农学院为西大楼。如理学院东大楼共有三层，建筑平面呈矩形，内廊式布局，设有15个房间，有实验室4间、普通教室6间、演讲厅1间、教师办公室2间、厕所2间[3]（图4-53）。

---

[1] 《南大百年实录》编辑组．南大百年实录（上卷）[M]．南京：南京大学出版社，2002：352-353.

[2] 冯世昌．南京师范大学志（上册）[M]．南京：南京师范大学出版社，2002：423-429.

[3] 金陵大学东大楼（理学院）建筑一层平面图。

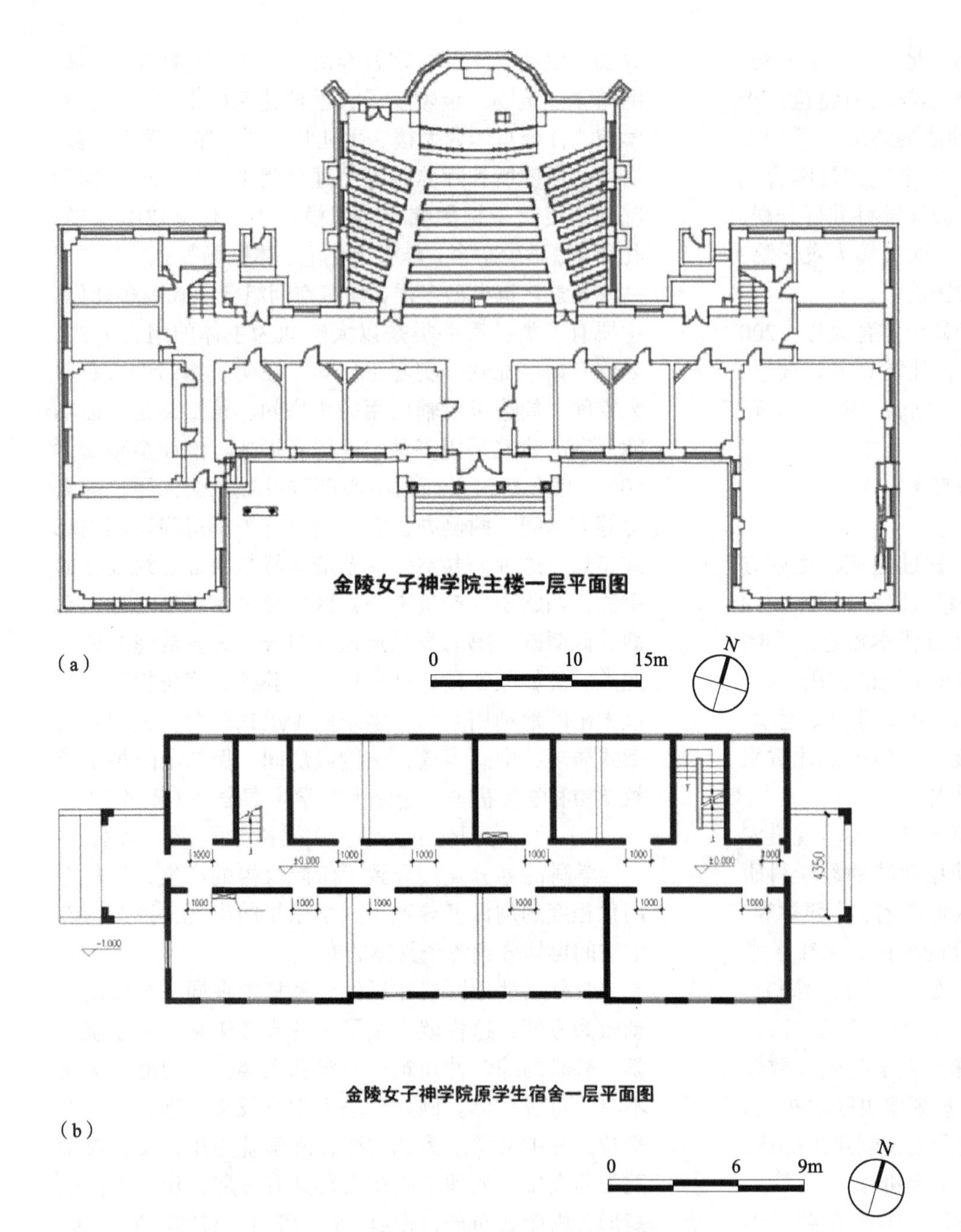

图 4-52 金陵女子神学院现存历史建筑测绘图
(a) 内部房间为走道式组合：金陵女子神学院主楼（圣道大楼）；(b) 内部房间为走道式组合：金陵女子神学院学生宿舍

图片来源：金陵艺术产业园基建处

随着学科专门化程度的加深，学院大楼又进一步分化出各个系馆，凡是拥有独立系馆的学科都是专业性较强的、注重实验和实习的学科。例如金陵大学农学院的蚕桑系，脱离农学院西大楼，添建桑蚕系馆建筑两座，农林科专修教室及实验室各一座[1]（图 4-54）。桑蚕系馆分为前楼和后楼，内部设有显微镜实验室、贮桑室、蚕室、贮茧库、煮茧室、滤水池、制丝机械陈列室、浴室、工房、附设原种场、普通种场等[2]。

3）科研场所的引入：科学馆、实验室、科学试验场的建设。

科学研究是大学除了教学以外的另一重要任务。有历史、社会、化学、农业经济、农艺、园艺等研究所之分，分别隶属于文、理、农等学院。尤其是理工农医等科需要配设相当数量的各类实验室、实习工厂、农林试验场等，医科大学需附设医院。

①科学馆、实验室

教会大学重视科学研究且资金雄厚，开设理、工、农、医科的学校都建有科学实验大楼——科学馆。例如金陵大学理学院东大楼被称作 Science Building（科学馆），西大楼农学院称之为 West Science Building，医学院东北大楼建医学实验室，金陵

[1] 金陵大学总务处编印．私立金陵大学要览 [M]. 南京：金陵大学，1947：4.

[2] 江苏省地方志编纂委员会编．江苏省志蚕桑丝绸志（蚕桑篇）[M]. 南京：江苏古籍出版社，2000.

女子大学200号楼为Science Building。这些科学馆内部含有各类实验室。

以金女大科学馆200号楼为例，建筑平面呈“上”形，高二层，内廊式布局。在一层平面内布置有生物实验室1间、标本存贮室1间、物理实验室1间、化学实验室2间、化学制剂室1间、光学实验室1间、实验教师室1间、办公室1间，并配置有教室和演讲大厅各1间。二层设置普通化学实验室1间，配套化学准备室、指导教师室、盥洗室；物理实验室1间，配套有仪器室和暗室；设有机化学实验室、工业化学实验室各1间，两者合用贮藏室；设实验示范教室、普通教室和小型图书室各1间[1]。

例如金女大的化学实验室按实验要求进行建筑设计。基础课教学用的实验室主要为台式，实验过程一般在实验台上进行，建筑空间及管网配置主要由实验台的布置及活动要求而定。根据供排水设施特点，分为湿式及干式两种，化学及生物实验室多为湿式，物理实验室为干式。实验室内部空间取决于实验活动过程的特点和特殊要求，根据实验要求进行布置（图4-55）。

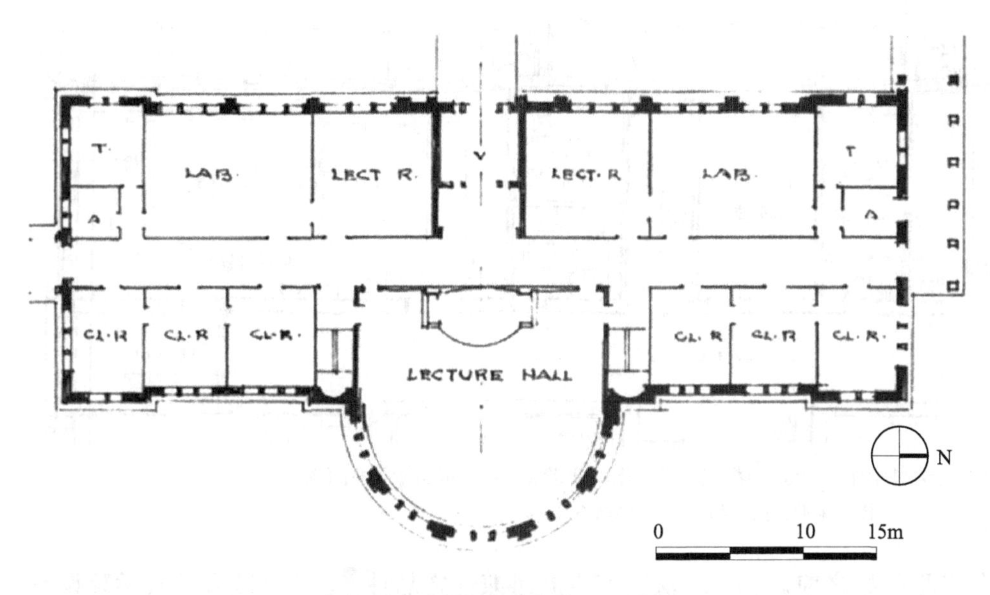

图4-53　学院大楼：金陵大学东大楼（理学院）一层平面图

图片来源：美国威斯康星州历史协会

图4-54　大学系馆：金陵大学桑蚕系馆前楼和后楼

图片来源：美国耶鲁大学图书馆

[1] 美国耶鲁大学图书馆藏：金陵女子大学科学馆原始图纸一、二层平面图标示。

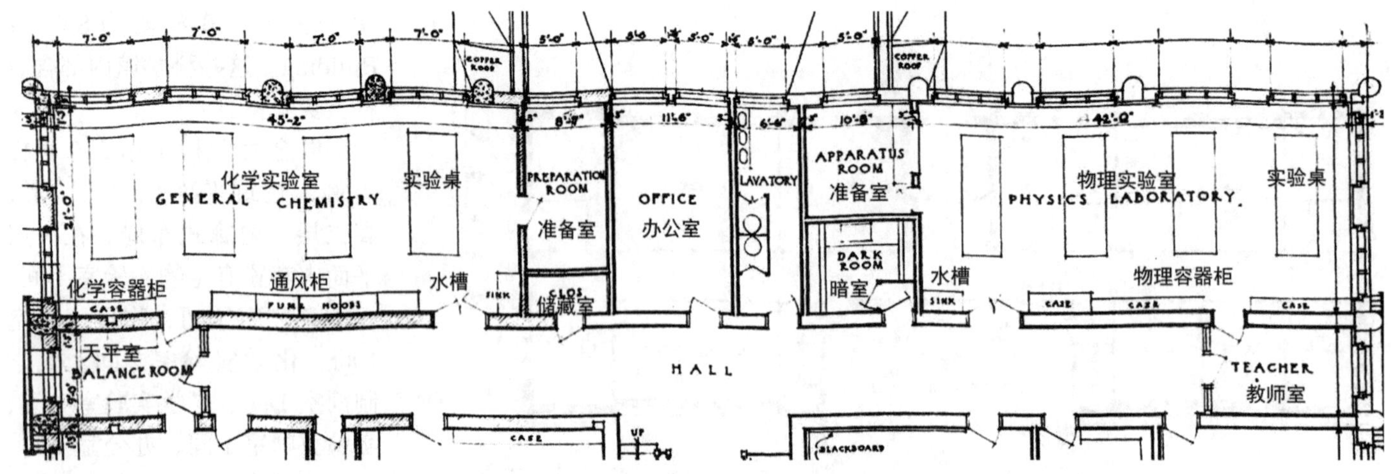

图 4-55　金陵女子大学科学馆（200 号楼）内部的化学实验室与物理实验室平面图

图片来源：南京师范大学档案馆

a. 教师办公室、实验准备室：在实验开始之前，由教师讲解和学生进行实验准备。

b. 实验桌：为实验室的主要设施，在室内中央设置四组实验桌，方便师生进行实验工作。

c. 水槽：化学实验过程需要用水，在南侧墙角设有一处水槽。

d. 通风柜：因化学实验会产生有毒或刺激性气体，在南侧墙面设有一排通风柜。

e. 化学药品贮藏室、化学容器贮藏柜。

f. 天平室：实验用的化学药品需要通过天平量取，与化学容器柜就近设置。

物理实验室不会产生有害气体，不设通风柜，内部设施相对简单：有指导教师室、实验准备室、暗室、物理容器柜、水槽、实验桌等。

②农林试验场

农林科除了配备实验室外，还应配设农林试验场进行科学研究。

如金陵大学农学院研究工作分为三种：调查研究农业经济，以了解现实而加以改进；采集研究昆虫与植物标本，目的在于确定农林生物分布与品种鉴定；试验研究农作物品种之改进，目的在于应用育种方法，产生质量兼优之品种[1]。故金陵大学农学院设农场 126.6 公顷余（城内 13.3 公顷，城外 113.3 公顷余）[2]，林场 133.3 公顷有余，另有乌江实验区是农学院推广工作示范区，有农会、合作社、示范繁殖场[3]；在太平门外和学校附近的汉口路和鼓楼设有园艺试验场，在阴阳营设有乳牛场，在金银街设置蚕桑试验场，在小粉桥胡家菜园设有农工系实验工厂等[4]。为方便理论与实践相结合，农场内配有教学用房，设农业专修科、办公室及图书馆、教室、住宅、饭堂、实验室、花舍、种子所、种子储藏室、浴室、蚕桑系水库、劳作室、毛织试验场二所、整染室、校外农场房屋[5]。

4）结构技术的发展促进了体育馆、图书馆等大跨度建筑的建造。

钢筋混凝土的应用和结构技术的进步促进了大跨度建筑的兴建。金陵女子大学 1933 年建成了图书馆

[1]《南大百年实录》编辑组 . 南大百年实录（上卷）[M]. 南京：南京大学出版社，2002：309.

[2] 南京大学高教研究所校史编写组 . 金陵大学史料集 [M]. 南京：南京大学出版社，1989：191.

[3]《南大百年实录》编辑组 . 南大百年实录（上卷）[M]. 南京：南京大学出版社，2002：357-362.

[4]《南大百年实录》编辑组 . 南大百年实录（上卷）[M]. 南京：南京大学出版社，2002：350-351.

[5]《南大百年实录》编辑组 . 南大百年实录（上卷）[M]. 南京：南京大学出版社，2002：357-358.

和礼堂，金陵大学建有体育馆 2 座、图书馆 1 座[1]，这些大跨度建筑均为钢筋混凝土结构。1933 年建成的金女大小礼堂柱间最大跨度达 8.90m[2]。1936 年建成的金大图书馆为创造出较大的阅览空间，最大的阅览室的柱间跨度达 14m 左右，为方便使用其室内中部不设柱子，如图 4-56 所示。

5）宗教建筑礼拜堂的兴建。

教会大学一般将礼堂与教堂同设，既是宗教礼拜之所，又是学生活动聚会之处。金陵大学设有大礼拜堂 1 座，小礼拜堂 1 座。金陵女子大学建有礼堂 1 座。

以金陵大学大礼堂为例，建筑平面与教会中小学礼拜堂的简单矩形平面不同，中间有中厅，两侧有侧廊，中厅高侧面开有采光窗，侧廊之间有列柱界定空间。为了与中西合璧建筑群的整体风格协调，教堂平面和结构逻辑关系虽然完全移植西方[3]，但建筑外形却是中国传统形式的，仿古代庙宇形式，屋顶主体为歇山顶，侧面为硬山顶，筒瓦屋面。

6）师生数量的增加引发学生宿舍和教师住宅成规模的建设。教会大学建有大规模的学生宿舍楼，形成学生宿舍区。

如金陵大学共有学生宿舍 6 座，甲乙楼、丙丁楼、戊己庚楼、辛壬楼围合中心绿地呈开敞的三合院形式，单体建筑为中国传统形式。金陵女子大学 4 幢学生宿舍楼以院落的形式围合，院落中间设有一处人工湖，假山驳岸、花木扶疏，极具古典园林的意境，单体建筑为中国传统宫殿形式。

教会学校要求教师住校，配套建设有教师住宅。如金陵大学有单身教员宿舍 2 座，教职员住宅 56 座，分布在金陵大学鼓楼校区附近的天津路、汉口路、金银街、平仓巷一带[4]，与学校距离较近。

图 4-56　结构技术的进步营造出大跨度的建筑空间：金陵女子大学礼堂内部、金陵大学图书馆内部

图片来源：南京工学院建筑研究所 . 杨廷宝建筑设计作品集 [M]. 北京：中国建筑工业出版社，1983：101

（2）教会大学的建筑形态

该时期南京教会大学的建筑形态以中国传统宫殿形式为主，规模较大的金陵大学与金陵女子大学皆采用了中国传统宫殿形式，但两所神学院——金陵神学院和金陵女子神学院仍采用西式建筑形态点明学校的性质，建筑形态与办学思想高度统一。如图 4-57 ～图 4-60 所示。

[1] 《南大百年实录》编辑组 . 南大百年实录（上卷）[M]. 南京：南京大学出版社，2002：352.

[2] 数据来源于东南大学建筑设计院提供的测绘图纸。

[3] 冷天得失之间——南京近代教会建筑研究［D］. 南京：南京大学，2009：92-93.

[4] 《南大百年实录》编辑组 . 南大百年实录（上卷）[M]. 南京：南京大学出版社，2002：352-356.

例如金陵女子神学院教学主楼为西方折衷主义形式，立面构图讲究对称、比例严谨，主入口处连续的拱形柱廊和罗马柱皆为西方古典建筑元素，建筑物背面的礼拜堂具有哥特式建筑的特征。两幢学生宿舍建筑采用了西方古典建筑的元素。金陵神学院的两幢建筑也采用了西方折衷主义形式，右侧建筑百年堂主入口门廊设有西方古典柱式和山花，建筑立面设有壁柱、拱券等西式装饰细节，使得整个建筑更加精致。

20 世纪 10 年代建成的金陵大学建筑群与 20 世纪 20 年代建筑成的金陵女子大学完美地诠释了中国传统宫殿式建筑在南京教会学校的演变过程。两者最明显的区别在于屋顶的处理以及檐下的处理。先期建成的金陵大学建筑为中国传统元素的简单糅合，将中式的大屋顶直接扣在西式的墙身上，两者之间缺少过渡（图 4-61）；后期建成的金陵女子大学建筑有意识地运用中国传统设计元素进行形态上的合理过渡，注意到

图 4-59 金陵女子神学院学生宿舍旧影
图片来源：美国耶鲁大学图书馆

图 4-60 金陵神学院建筑旧影
图片来源：美国耶鲁大学图书馆

图 4-57 金陵女子神学院主楼正面旧影

图 4-58 金陵女子神学院主楼背面旧影

图 4-61 金陵大学北大楼现状照片
图片来源：笔者自摄

斗栱的过渡作用，领会到中国传统建筑中技术与艺术结合的美，虽然出现了斗栱与柱头错位的现象，但仍不失为一种进步（图 4-62）。

六、教会学校的建筑技术

1. 建筑结构

民国时期的教会学校建筑形式以中国传统宫殿式为主，在结构上也开始利用混凝土的可塑性创造出这种建筑形式。因此，教会学校建筑的结构形式由早期的砖木结构体系发展至钢筋混凝土结构体系。例如最早建立的金陵大学礼拜堂（1918 年）、北大楼为砖木结构，稍晚建成的东、西大楼（1925 年）为钢筋混凝土结构，1921 年之后落成的金陵女子大学建筑群全为钢筋混凝土结构[1]。

钢筋混凝土结构体系下的中国传统大屋顶建筑的屋顶以下部分基本遵循钢筋混凝土结构建筑的建构原则，利用混凝土模仿中国传统建筑的屋顶、柱和各装饰物。大屋顶采用西式三角屋架，根据屋架材料可分为木屋架体系、钢筋混凝土屋架体系[2]。

（1）木屋架体系

建筑主体采用钢筋混凝土结构，屋顶由木质三角屋架进行承重，屋面形态及构造趋同于中国传统屋面式样。木屋架形式以豪威式为主，为了呈现中国传统建筑“反宇向阳”的屋面曲线，在屋架与屋面之间，通常会采用提高特定檩条（脊檩、檐檩）的高度，或者在屋架与檩条间垫起高度不一的撑脚或短柱，将檩条上皮连线由原有的直线调整为凹折线或凹曲线[3]。木屋架体系的实例较多，早期教会学校多属此类，如金陵女子大学 1923 年建成的一期工程 100 ～ 700 号楼，采用木制屋架，在每榀屋架下面做一个混凝土墩子搁置木屋架[4]（图 4-63、图 4-64）。

图 4-62　金陵女子大学 200 号楼现状照片

图片来源：笔者自摄

图 4-63　金陵女子大学施工现场照片

图片来源：南京师范大学档案馆

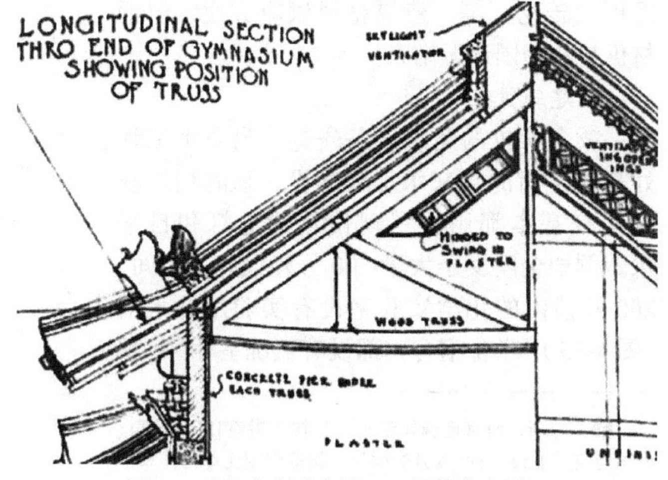

图 4-64　金陵女子大学 100 号楼节点详图

图片来源：南京师范大学档案馆

[1] 刘先觉 . 中国近现代建筑艺术 [M]. 武汉：湖北教育出版社，2004：66.

[2] 周琦，南京近现代建筑修缮技术指南 [M]. 北京：中国建筑工业出版社，2018. 详见“钢筋混凝土结构体系下的中国传统大屋顶体系”。

[3] 同[2]。

[4] 美国耶鲁大学图书馆藏 金陵女子大学 100 ～ 700 号楼剖面图、节点详图。

（2）钢筋混凝土屋架体系

建筑主体采用钢筋混凝土结构，屋顶为钢筋混凝土屋架进行承重，屋面形态及构造趋同于中国传统屋面式样。屋架形式主要有豪威式、芬克式、混合式，也有用钢筋混凝土梁、柱模仿中国传统木构抬梁式结构的做法。屋面曲线处理方式与木屋架体系雷同，但如果屋架跨度较大，则会直接将屋架上弦杆的形状由直线变为内凹折线或曲线[1]。出现时间晚于木屋架体系，在教育建筑中的数量较少。例如金陵女子大学礼堂（现随园音乐厅）建于 1933 年，建筑主体、歇山式的大屋顶均采用钢筋混凝土结构，混凝土柱、梁共同承重。屋面构造由下而上依次为钢筋混凝土椽条（155mm × 90mm）、现浇屋面板、油毛毡、灰浆和筒板瓦[2]（图 4-65、图 4-66）。

图 4-65　金陵女子大学礼堂混凝土屋面浇筑完工摄影（1933 年摄）
图片来源：南京师范大学档案馆

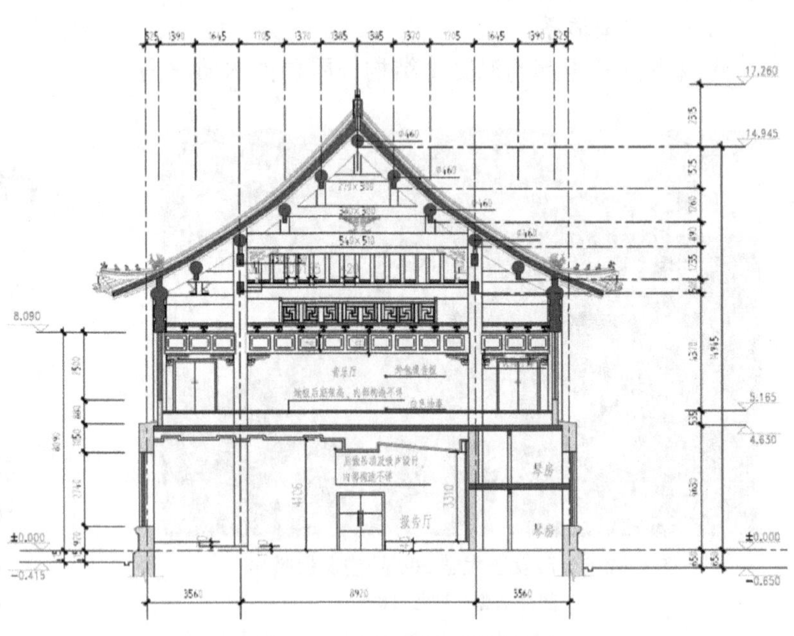

图 4-66　小礼堂剖面测绘图
图片来源：周琦教授工作室

2. 建筑材料

1912 年，钢材和水泥等主要材料皆从外地运来，早期建造的金陵大学“除屋顶的琉璃瓦和基本土木外，都从国外进口”。金陵女子大学建造时间相对较晚，此时南京已有水泥厂、砖瓦厂等，建筑材料供应方便，但钢材仍是从美国运至南京。

3. 建筑设备

教会学校的建筑设备先进，自来水工程处负责全市的自来水工程建设，该时期的教会学校基本都用上了现代化的电灯和自来水。例如金陵女子大学 100 号楼设有卫生间，200 号楼内的化学实验室设有实验用的水槽（图 4-55），学生宿舍内部设有盥洗室等[3]。教

[1] 周琦，南京近现代建筑修缮技术指南 [M]. 北京：中国建筑工业出版社，2018. 详见“钢筋混凝土结构体系下的中国传统大屋顶体系”。

[2] 东南大学建筑设计研究院编制的《全国重点文物保护单位金陵女子大学旧址 10 号楼修缮加固工程勘察报告》。

[3] 详见金陵女子大学 100 ～ 700 号楼的原始建筑平面图，图纸来源：南京师范大学档案馆。

会学校一般在建筑内部设有壁炉，从历史照片上可以看到有烟囱伸出屋面（图 4-57、图 4-60）。

七、典例案例分析：金陵大学——开启中西合璧之先河

金陵大学是西方基督教会在南京最早创办的大学，迄今已有百余年校史。学校占地面积2340亩，规模宏伟，建筑功能齐全，主要建筑部分为基地北端的大学部，系一次性建成，目前遗存有北大楼、东大楼、西大楼、礼拜堂、图书馆、学生宿舍、东北大楼、陶园南楼等十余栋建筑，现为南京大学鼓楼校区。

金陵大学建筑形态模仿中国北方官式建筑，歇山式大屋顶，上覆灰色筒瓦，外墙用青砖砌筑，建筑进深大、窗户小，显得封闭稳重，建筑细部有砖雕等，具有浓厚的中国传统装饰风格，是南京地区最早开始中西合璧的大型建筑群。

1. 金陵大学的历史沿革

（1）缘起

南京的西方教会最初创办中小学，至 1890 年，在华西方教会重心转向发展高等教育，以培养“未来领袖和指挥者”为教育目标，并试图率先垄断教育权，1905 年清政府废除科举考试制度为教会学校的发展带来了发展机遇，在如此形势下，作为西方教会华东地区的重要“据点”——南京，创办一所大学堂的契机初现。

（2）前期筹备

西方教会采取合并教会学校的方法组建大学堂。

1907 年，美国基督教会在南京创办的基督[1]、益智[2]两书院合并成宏育书院，1910 年，另一所美国基督教会创办的汇文书院并入宏育书院，三校合并组建成金陵大学堂。

金陵大学堂成立后，校长包文（A.J.Bowen）携带金陵大学发展方案回国向教会托事部[3]募集建筑经费，并积极谋划在鼓楼西坡购地用作永久校址、新建校舍。几经周折后，终于在美国获巨额资金赞助。

1910 年，金陵大学在鼓楼西南坡购得两千余亩土地作为新校地，校方随后聘请美国纽约 Architect & Surveyor 设计公司[4]进行基地现场测绘调研，筹划开始新校园的设计与建造。

（3）校史

1910 年，基督、益智、汇文三书院合并组建为金陵大学堂，首任校长为包文（A.J.Bowen）。成立初期，大学部设于干河沿汇文书院校址。为了区别于汇文书院的英文名，金陵大学英文名定为 The University of Nanking[5]，学校于 1911 年在美国纽约教育局立案，1915 年金陵大学堂改名为金陵大学校[6]。

从 1910 年建校至 1927 年，金陵大学发展迅速，设有文理[7]、农林[8]两科，共有 18 个系（科）和 3 个专修科，并附设鼓楼医院、金陵大学附属中学、小学。1927 年，政府收回教育权，包文辞职，陈裕光[9]推选为金陵大学首任华人校长，1928 年 5 月金陵大学向国民政府立案。

1937 年学校师生西迁成都。期间金陵大学校园由学校组成的留守委员会负责看守。后被汪伪政府占领，留守人员撤离学校。抗战胜利后，内迁的师生回南京原址复校。中华人民共和国成立后，新中国接管了金陵大学，1951 年与金陵女子大学合并成公立金陵大学，1952 年公立金陵大学并入南京大学，现名为南京大

---

[1] 基督书院由美国基督教会于 1891 年在南京鼓楼创办。

[2] 益智书院由美国基督教会北长老会于 1894 年在户部街创办。

[3] 1910 年合并三书院建立金陵大学，其目的在于建成一所完备高等学府。由美国基督教美以美会、基督会、北长老会联合创办。合并后在美国纽约联合组成托事部，同时在南京成立董事会（相当于托事部办事机构）。引自：张宪文 . 金陵大学史 [M]. 南京：南京大学出版社，2002：17.

[4] 设计公司的名称、地点、设计日期均来源于原始图纸的图签标注。

[5] 张宪文 . 金陵大学史 [M]. 南京：南京大学出版社，2002：11.

[6] 张宪文 . 金陵大学史 [M]. 南京：南京大学出版社，2002.

[7] 文理科含有：国文、英文、历史、政治、经济、社会学、哲学、教育、宗教、数学、物理、化学、工业化学等系（科）以及国文专修科、医学先修科。

[8] 农林科含有：农艺、林学、生物、农业经济、园艺、乡村教育（后改称农业教育）等系以及农业专修科和农业推广部。

[9] 陈裕光（1893—1989 年）号景唐，祖籍浙江宁波，自幼随家迁居南京，南京近代著名营造厂——陈明记营造厂厂主陈烈明长子。1905 年，陈裕光入南京汇文书院附中——成美馆求学，1911 年中学毕业，考入南京金陵大学化学系，于 1915 年毕业，因成绩优异 1916 年由金陵大学选送到美国哥伦比亚大学深造，攻读有机化学，1922 年获博士学位，著名化学家、教育家，金陵大学首任华人校长。

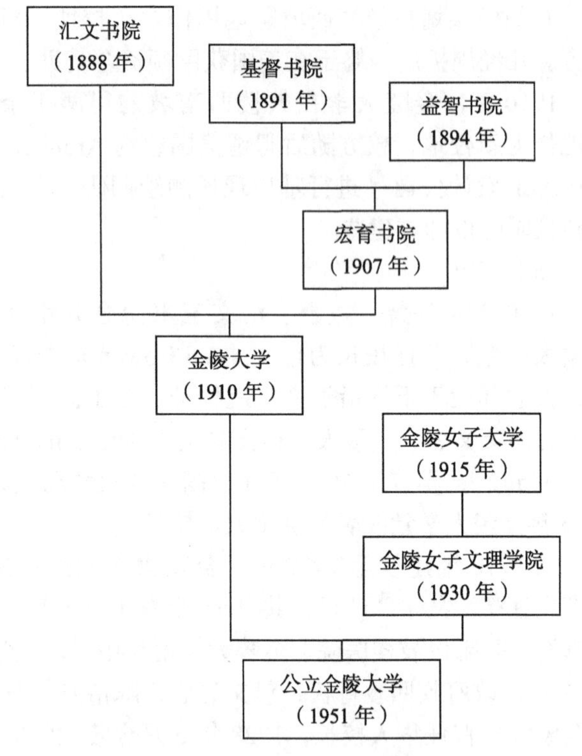

图 4-67　金陵大学校史沿革图

图片来源：王德滋 . 南京大学百年史 [M]. 南京：南京大学出版社，2002：565-663.

学[1]。校史沿革如图 4-67 所示。

2. 金陵大学的选址

（1）选址依据

金陵大学由美国基督会创办，学校选址符合当时美国大学的选址观。

首先，学校选址适宜于基督教会的活动中心——鼓楼一带，邻近基督教堂、基督医院。

其次，符合美国大学“学术村”（Academical Village）的理念。“学术村”模式起源于 1804 年托马斯·杰弗逊（Thomas Jefferson）筹建的弗吉尼亚大学[2]。将大学建于僻静的城市郊区，景色优美，能陶冶情操。对于在华基督教会而言，选址城郊不仅可方便购得集中的校地，地价相对便宜，又能避免闹市区的干扰以建立一块充满基督教氛围的小天地，可谓一举多得。

再次，交通便利，方便师生出行。鼓楼临近大关马路，交通可谓十分便捷。

综上分析，选址于鼓楼十分合理。

（2）购买校地

金陵大学鼓楼新校址原名“西山”，是南京古时战场就地埋葬死者的义冢地，后来成为当地居民的坟地。对于不迷信“风水之说”的西方教会而言，用坟地作为校地并不在意。教会用极低廉的价格买下后铲平坟墓，为此金大与居民曾不断打官司，最终还是教会打赢了官司[3]。

1911 年金陵大学又以 4 万美元购置了与金大校园相毗邻的陶园旧宅一座，将设于城南的户部街小学移至此处。1913 年设立医科[4]后，以 2.7 万美元购得鼓楼附近的基督医院[5]，正式更名为金陵大学鼓楼医院，作为医科学生的实习医院。1914 年金大农科获政府批准，拨给紫金山官荒土地 4000 亩，作为垦殖造林之用。

（3）校地与城市的关系

金陵大学校地位于鼓楼高岗西南侧，处在紫金山——北极阁——鼓楼这条极富特色的城市空间走廊上，风景优美，校地宽广，占地面积达 2340 亩。校园充分利用周边景色作为校园内的借景，将自然环境纳入其中，达到校园与环境的有机融合。在设计时因地制宜，顺应原有地形沿南北向由低至高展开中心轴线，创造出层次丰富和步移景异的空间效果。

校地北倚鼓楼岗，南接广州路，东临天津路，附属鼓楼医院延伸至中山路，随着校地规模不断扩大，学校不断整合周边用地，校区扩张合并街块，周边街块逐渐成为校区用地，街块间的城市道路也成为学校

---

[1] 引自南京大学官网。

[2] 姜辉，孙磊磊，万正旸，孙曦 . 大学校园群体 [M]. 南京：南京大学出版社，2006：95.

[3] 王德滋 . 南京大学百年史 [M]. 南京：南京大学出版社，2002：575.

[4] 金陵大学医科的前身是 1911 年由 7 个教会在南京创办的中国东方医科大学。创始人是史尔德（Dr.R.Shields）。

[5] 南京大学高教研究所 . 南京大学大事记 [M]. 南京：南京大学出版社，1989：191-196.

道路，学校建设使城市肌理发生了转变。

3. 金陵大学的设计及营造过程

校方聘请美国建筑师进行校园设计。金大校长包文（A.J.Bowen）和汇文书院创办人福开森（J.C. Ferguson）明确要求“建筑式样必须以中国传统为主[1]”。最终全部校舍工程由美国芝加哥帕金斯事务所设计，但其设计过程一波三折。

（1）设计过程“六易其稿”

笔者通过整理美国威斯康星州历史协会的金陵大学原始设计图纸和文字资料得出：金大设计过程前后历时四年之久，六易其稿，可见其校园建设历程之艰辛。

1）设计前期：测量师测绘基地，1911 年完成测绘调研图。

金大购得新校址后，校方便从美国请来测量师进行现场调研测绘，美国纽约 Architect & Surveyor 设计公司在 1911 年 9 月 10 日[2]绘制了场地测绘图。在本次测绘中，测量师对基地进行了详细勘察，基地总面积、各地块面积、道路、河塘、房屋均有明确标注，已经建成的汇文书院旧址（今金陵中学）建筑物及场地也有测绘与勘察，标明了建筑物的占地尺寸和基地现状（图 4-68）。

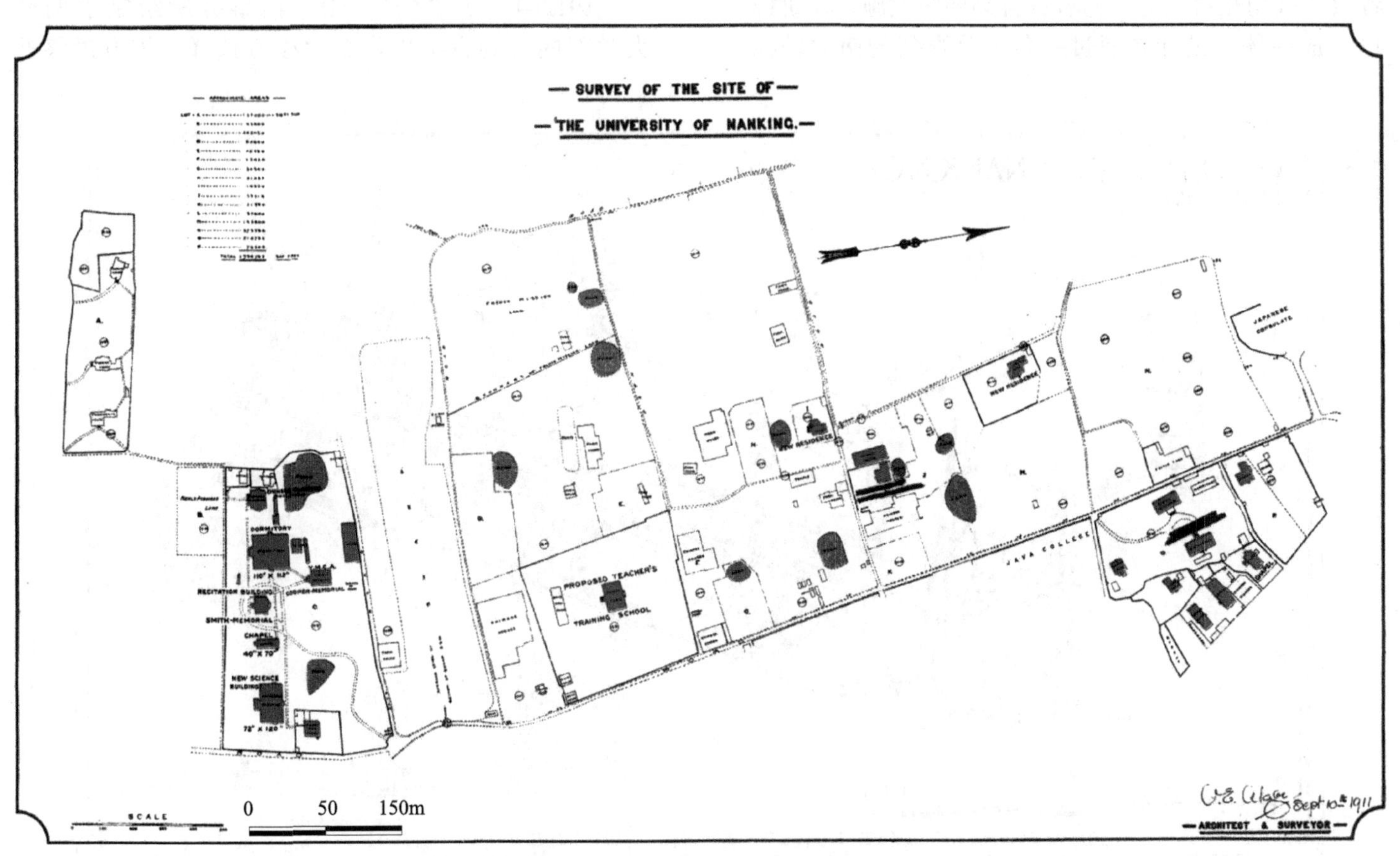

图 4-68 美国纽约 Architect & Surveyor 设计公司绘制的场地调研图（1911 年 9 月 10 日）

图片来源：美国威斯康星州历史协会

❶ 引自南京大学校报第 754 期。

❷ 设计公司的名称、地点、设计日期均来源于原始图纸的图签标注。

2）第一次总体规划：1912 年美国纽约建筑师克尔考里的规划方案。

1912 年 2 月，纽约建筑师 Cady X.Gregory 完成了第一次总体规划方案，这是迄今为止找到的金陵大学最早的规划方案（图 4-69）。该方案的特点是采用了功能分区的设计思路，各部分独立性强，但整体空间效果稍显不足。校园基地为一块南北向的长方形用地，面积约为 2340 亩，设计者巧妙利用现有道路、河流将基地划分为 A（住宅区）、B（预科部即中学部）、C（师范专修科）、D（运动场）、E（花园）、F（医科）、G（大学部）、H（住宅区）、I 和 J（未来学校用地），各教学区均相对独立，拥有各自必要的设施，建筑群也自成一体。设计者通过一条十分强烈的南北轴线“统领”整个基地，始于湖泊止于大学部尽端的钟楼（图 4-69）。

3）分期规划：先期完成大学部规划方案，1912 年 5 月 27 日美国帕金斯事务所（Perkins，Fellows & Hamilton Architects，Chicago，USA）绘制的两套大学部规划方案。

金陵大学最终选择了具有丰富校园设计经验的美国帕金斯事务所完成校园规划和单体建筑设计。校董事会考虑到资金因素，拟先建设大学部和学生宿舍[1]，帕金斯事务所遂调整策略，采取分期建设的方法，先设计大学部分，再进行整体设计。

1912 年 5 月 27 日，帕金斯事务所绘制了两套大学部的规划方案以供金大校方选择。校方最终选

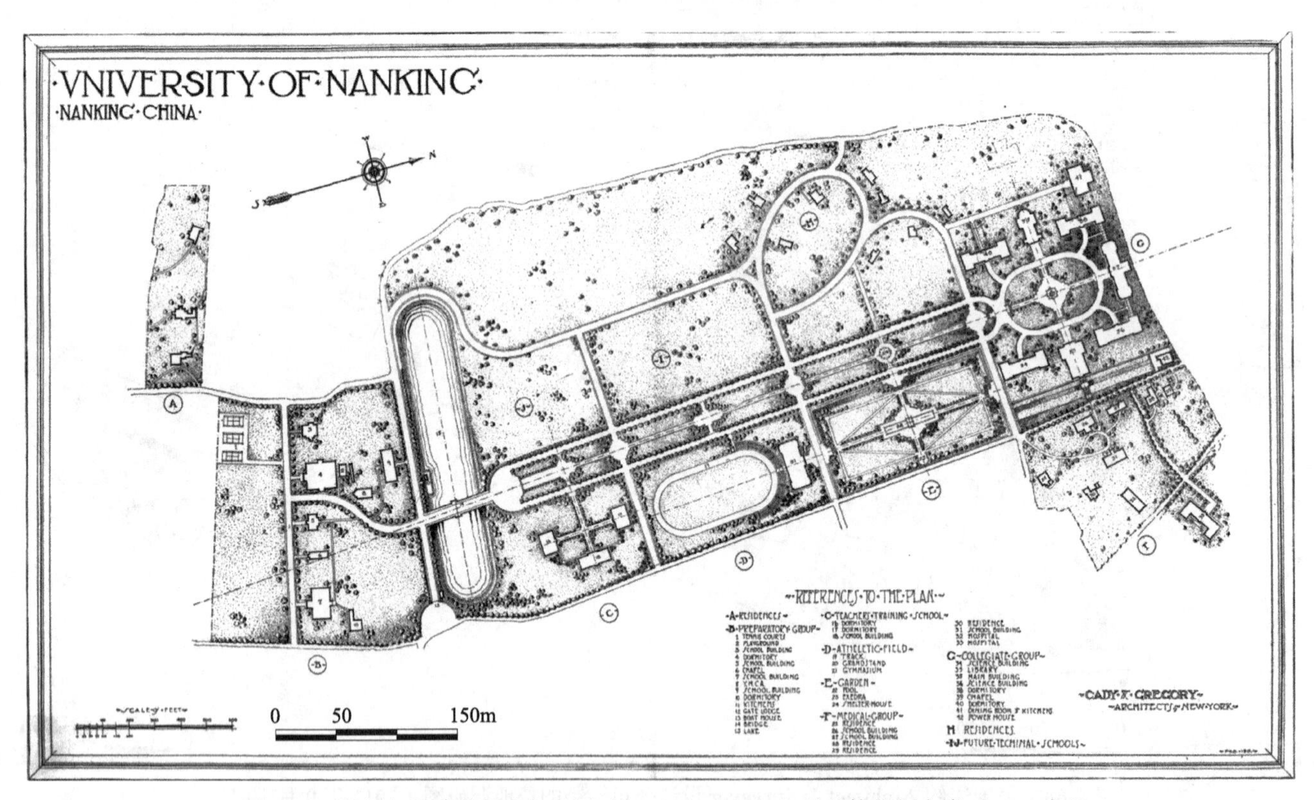

图 4-69　美国纽约建筑师克尔考里（Cady.X.Gregory）的总体规划方案（1912 年）
图片来源：美国威斯康星州历史协会

[1] 根据美国威斯康星州历史协会提供的文字资料中募集经费往来文书得知。

择了大学部规划方案二，设计者绘制了相应的鸟瞰图，并进行深化设计，完成了部分单体建筑的施工图绘制，但此方案仍只是过程图，并非最终的施工图[1]（图 4-70 ～图 4-72）。

4）逐步深入：1914 年美国帕金斯事务所完成基地北端大学部地形测绘、医学部地形测绘。

北端大学部和医学部是按照规划实际建成的两个分区。

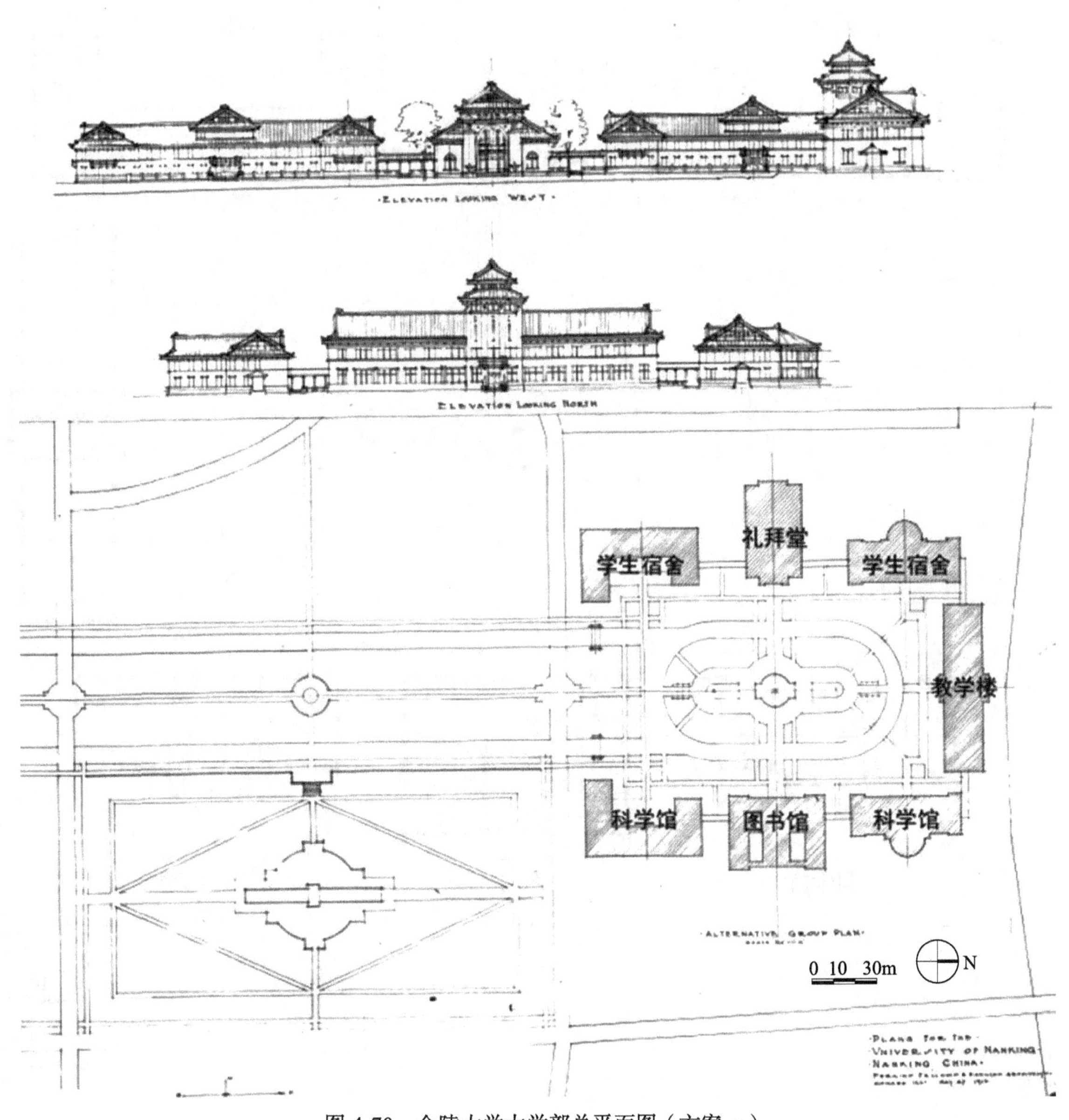

图 4-70　金陵大学大学部总平面图（方案一）

图片来源：美国威斯康星州历史协会

[1] 笔者通过对比美国威斯康星州历史协会提供的原始设计图纸和实际建成的建筑物得知。

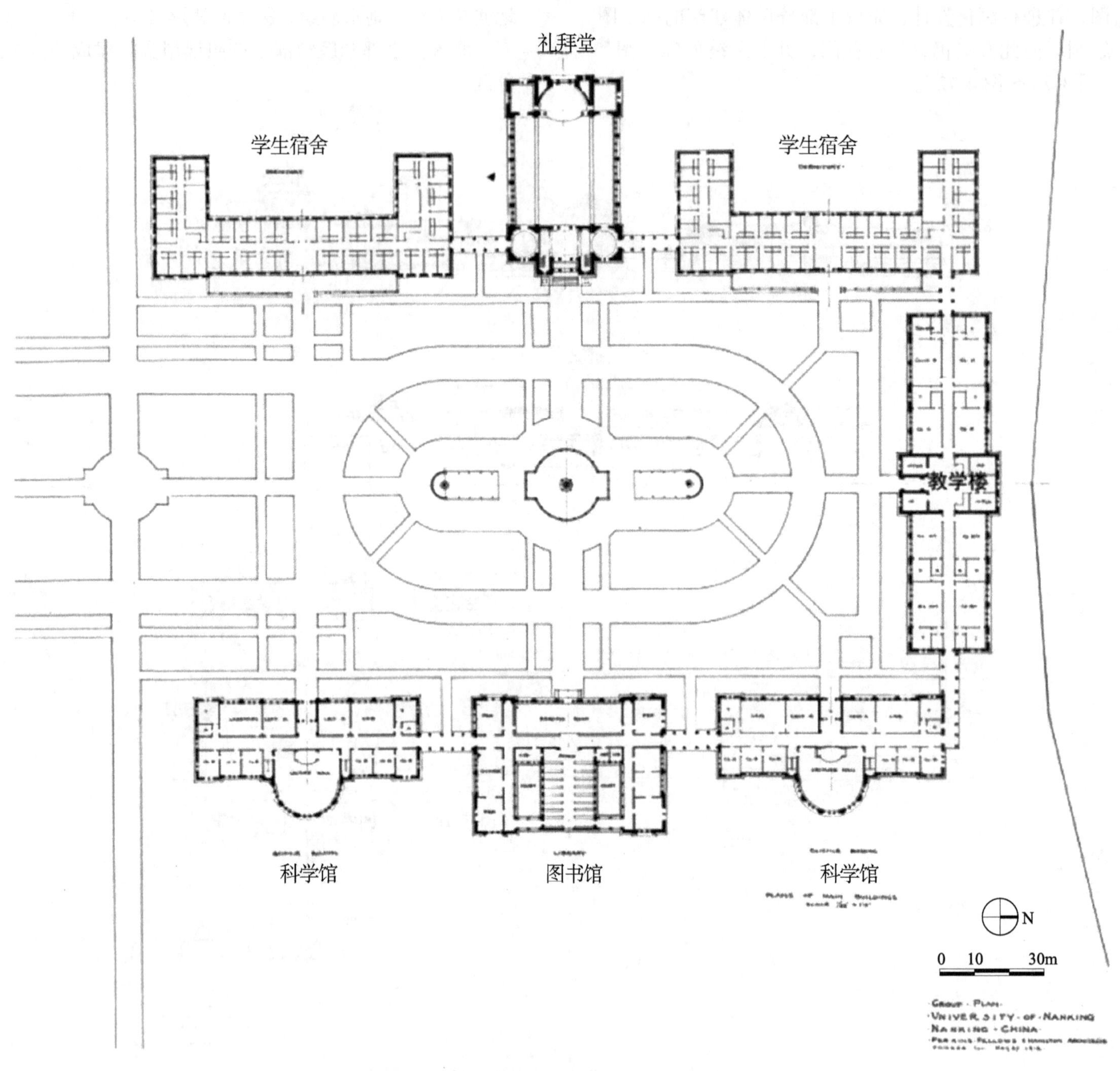

图 4-71　金陵大学大学部总平面图（方案二）

图片来源：美国威斯康星州历史协会

图 4-72　金陵大学大学部透视图（方案二）
图片来源：美国威斯康星州历史协会

帕金斯事务所在 1914 年 3 月 14 日绘制了校园北端地形图，包含大学部、语言学院、未来医学院之地形实况。1914 年 3 月 30 日完成未来了医学院规划方案，包含门房、医院、药房、教堂的设置，厨房、宿舍、住宅等后勤设施的配设，规划设计分区明确，功能齐全，主要建筑南北向布置（图 4-73、图 4-74）。

5）第二次总体规划：1914 年 4 月 1 日帕金斯事务所完成校园总体规划方案。

这次整体规划改变了不同层次教学单位各自相对独立的做法，采用一条十分强烈的南北向轴线统领校园空间，对建筑朝向等单体建筑关注减弱，着力于追求群体效果与校园空间的恢宏气势。新的校园规划在原规划大学部的基础上，将“草陌式”规划结构模式延伸至整个校园，绿地与水体使南北向的中心轴线得到强化，两侧各教学区的建筑面向中心绿轴，通过公共开敞的空间构成校园的整体空间形态。

对比帕金斯事务所设计的总体规划方案和克尔考里的规划方案，结合当今的金陵大学旧址现状，可以发现帕金斯事务所设计的总体规划方案与现状更加吻合，基地北端的大学部基本按照帕金斯事务所的方案进行建造（图 4-75）。

6）确定方案：1914 年帕金斯事务所定稿大学部的规划方案，并开始单体建筑的施工图绘制。

帕金斯事务所设计了两套大学部规划方案，设计时间均为 1914 年 12 月 30 日[1]，这两套方案大同小异，仅基地右侧学生宿舍区的布置稍有不同（图 4-76、图 4-79）。结合大学部当今遗存建筑来看，本轮方案为最终实施方案。根据单体建筑的设计时间可知（同为 1914 年 12 月 30 日），在确定大学部规划的同时，设计师已经开始了单体建筑施工图的绘制[2]。

---

[1] 原始图纸图签上落款的设计时间均为 1914 年 12 月 30 日。这两张图纸分别藏于美国威斯康星州历史协会、美国耶鲁大学图书馆。

[2] 笔者查到：藏于美国耶鲁大学图书馆中金陵大学大学部的总平面图也是这张图纸。

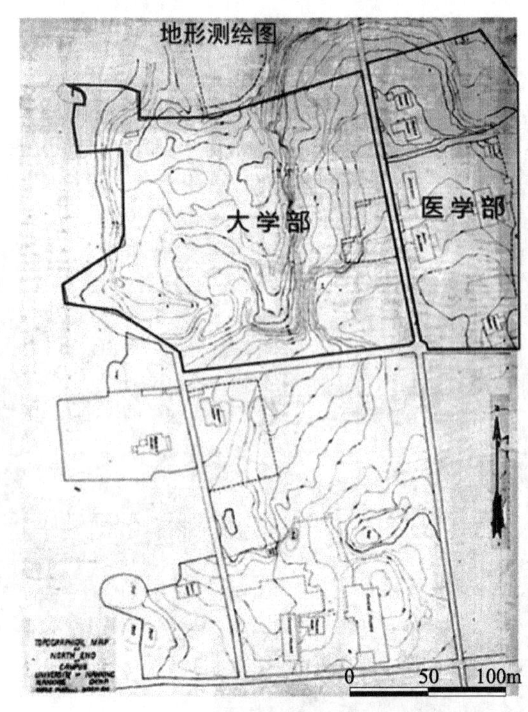

图 4-73　金陵大学校园北端地形测绘图
图片来源：美国威斯康星州历史协会

下文主要针对帕金斯事务所的两套实施方案——总体规划图（图 4-75）、大学部规划图（图 4-76）进行解析。

（2）建造过程

金陵大学计划先期建设基地北端的大学部，而实际按原设计建成的也主要是大学部。

北端大学部建筑群由南京陈明记营造厂施工，校方派驻司马（Alexander G.Small，美方代表）和齐兆昌（中方代表）进行现场施工指导与监督。

新校舍从 1911 年开始设计，1914 年设计定稿，1917 年先期建成东大楼，而后陆续建成礼拜堂（1918 年）、北大楼（1919 年）、小礼堂（1923 年）、西大楼（1925 年）、学生宿舍等，大学部校舍基本按图样一次性建成[1]。建筑材料除屋顶琉璃瓦和基本土木外，大多从国外进口[2]。

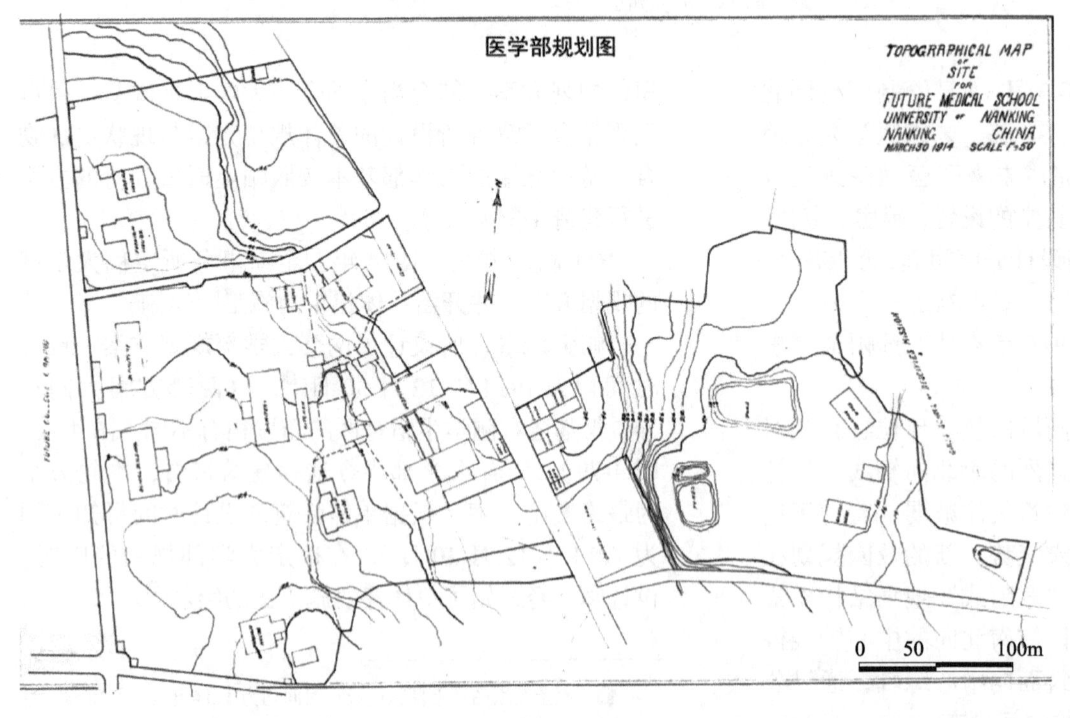

图 4-74　金陵大学校园东端医学部地形测绘图
图片来源：美国威斯康星州历史协会

❶ 南京大学高教研究所 . 南京大学大事记 [M]. 南京：南京大学出版社，1989：198.

❷ 陈裕光回忆金陵大学创办经过，引自：《南大百年实录》编辑组 . 南大百年实录（中卷）[M]. 南京：南京大学出版社 2002：7.

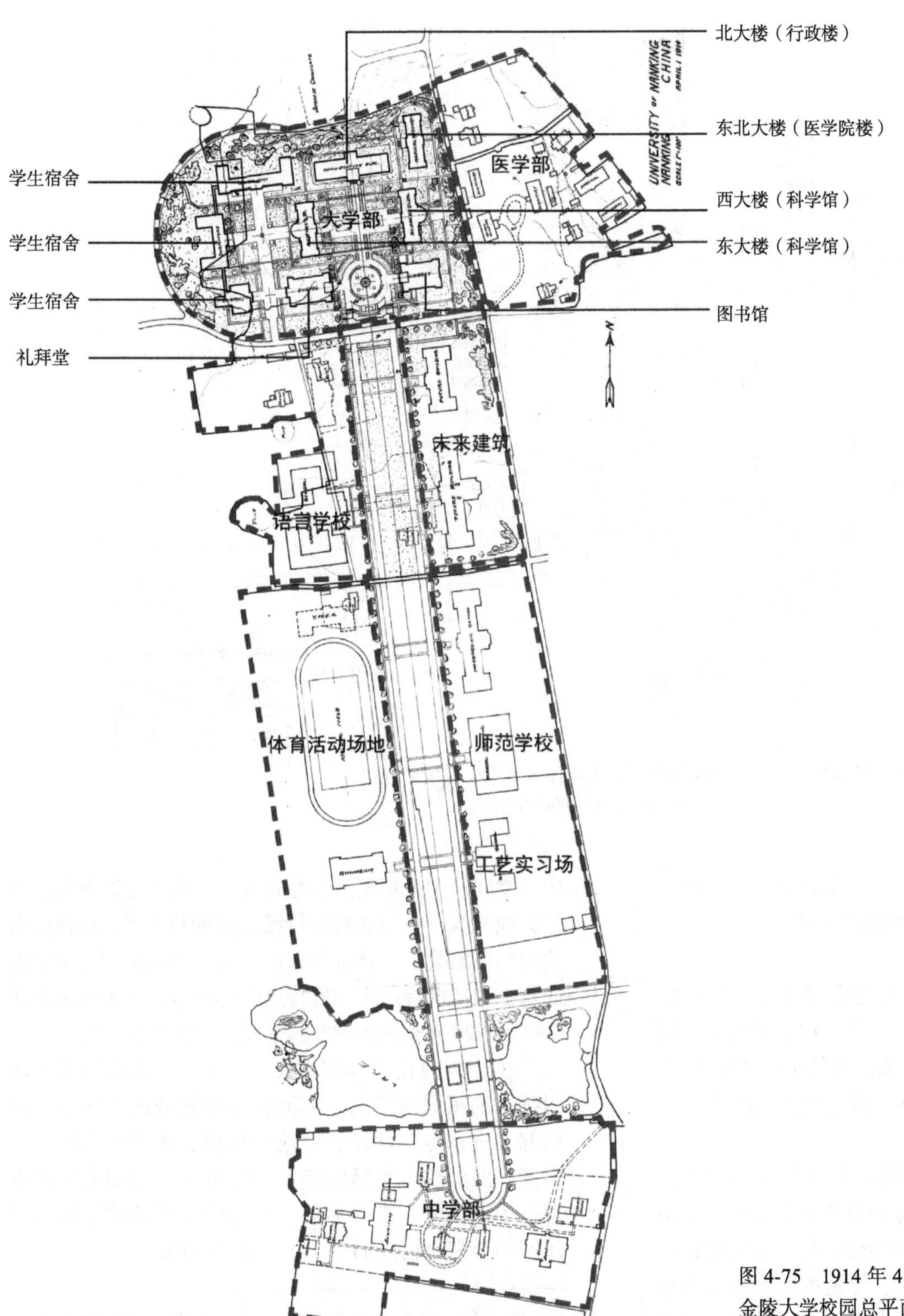

图 4-75　1914 年 4 月 1 日美国帕金斯事务所绘制的金陵大学校园总平面图

图片来源：笔者自绘，底图来源：美国威斯康星州历史协会

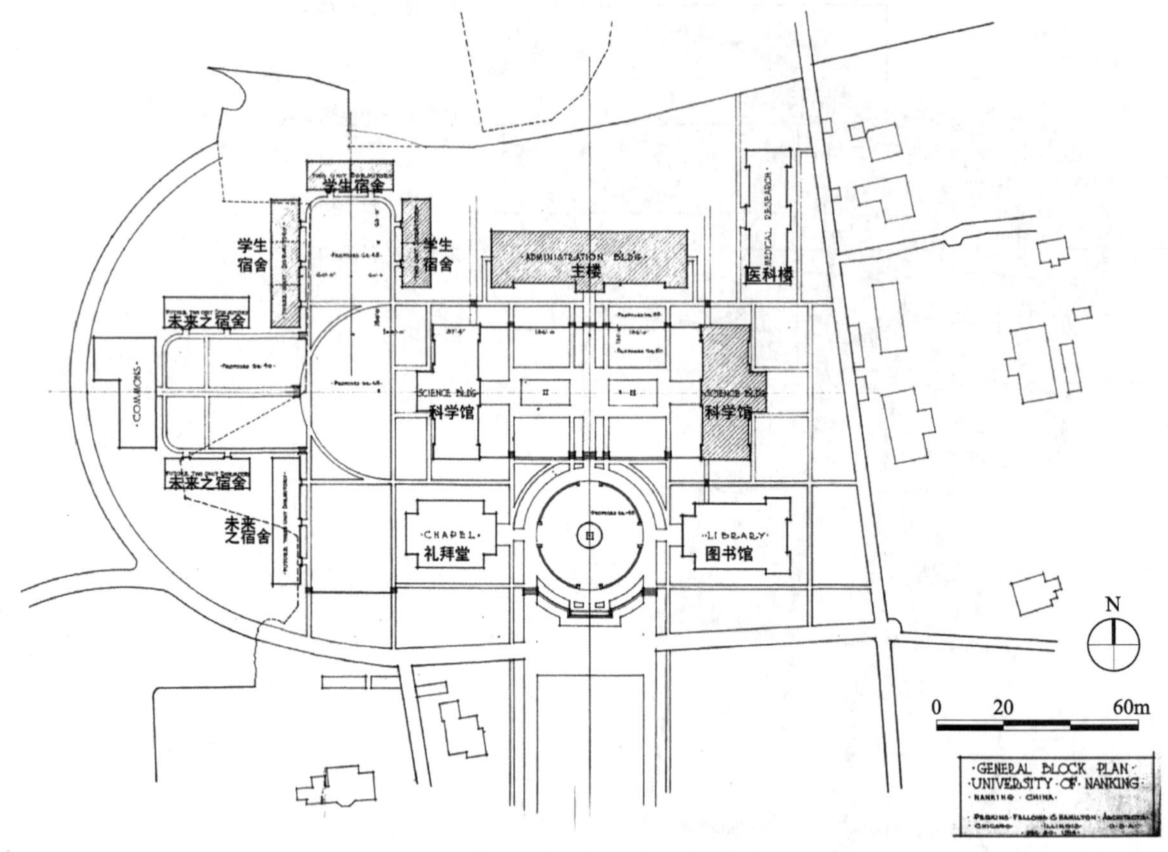

图 4-76　1914 年美国帕金斯事务所绘制的大学部定稿方案一

图片来源：美国威斯康星州历史协会

1933 年建成陶园南楼，1935 年建成东北大楼，1936 年获国民政府资助建成图书馆一座。

（3）现状

至 2018 年，该校目前尚存北大楼、东大楼、西大楼、大小礼堂、东北大楼、图书馆、学生宿舍甲乙楼、丙丁楼、戊己庚楼、辛壬楼、陶园南楼等历史建筑 12 座（图 4-78），建筑外观保存完好，基本无太大改变。

4. 金陵大学的校园规划

金陵大学建筑群具有美国弗吉尼亚大学“草陌式”校园规划的特征：校园中心为开敞的矩形绿地，绿地的两个长边和一个短边由建筑围合，另一边开敞；在绿地短边布置学校主楼北大楼，绿地的两个长边对称布置东大楼和西大楼，东、西大楼面向绿地以强调其中央空间；中央草陌呈线性式发展，陆续建造有大礼堂等其他建筑，校园具有可持续发展的特点[1]。这种以南北向的主轴线 + 三合院的布局方式，兼具美国大学学院式与中国传统院落布局的特点，可谓达成了中西之间的平衡。1929 年金陵大学校园平面图如图 4-77 所示。

在总体的校园规划中（图 4-75），学校功能分区明确，利用原有道路、河流将基地划分成中学部、预科部、进修专门学校、师范专修科、体育运动区、大学部、医学院、生活区等若干个分区。北端大学部也划分为北大楼、东西大楼、礼拜堂构成的教学区和以几幢学生宿舍构成的生活区（图 4-79）。

[1] 冯刚，吕博．中西文化交融下的中国近代大学校园 [M]. 北京：清华大学出版社，2016：150.

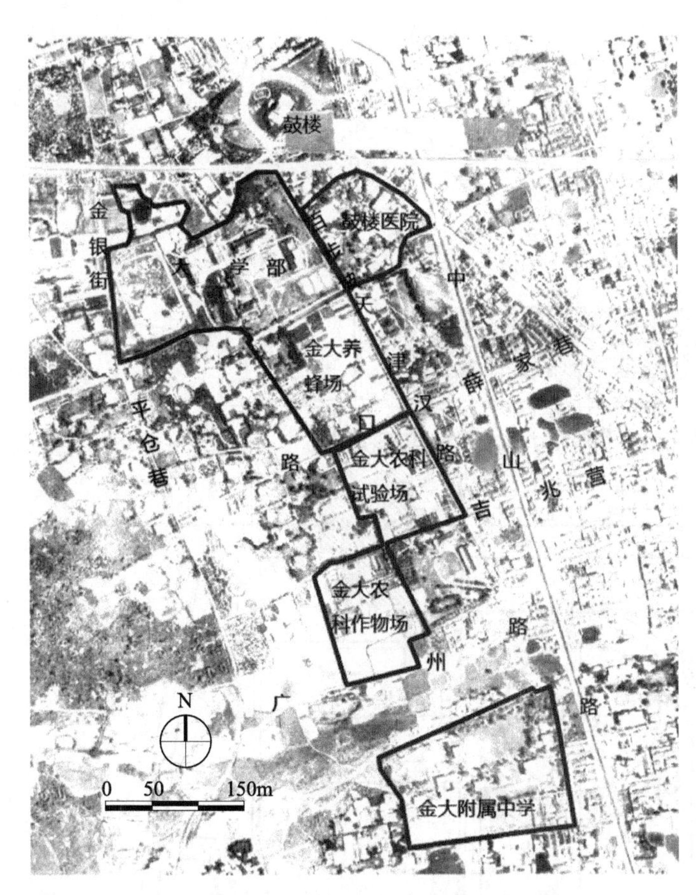

图 4-77　1929 年金陵大学校园总平面图

图片来源：笔者根据 1937 年南京地图绘制校地边界，底图为 1929 年南京城航拍图

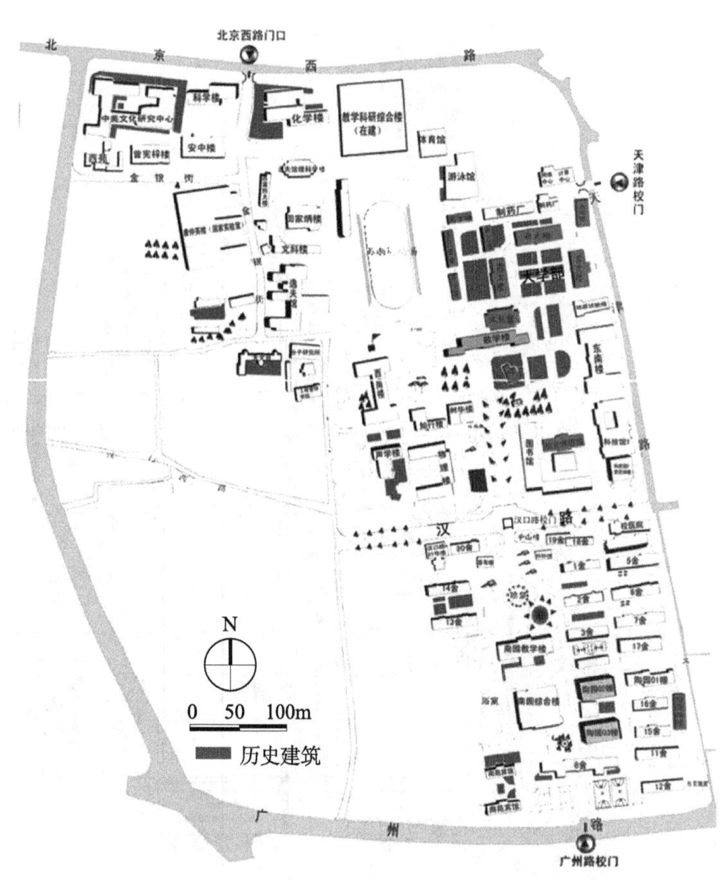

图 4-78　2018 年金陵大学旧址历史建筑遗存图

图片来源：南京大学档案馆

校园总体规划空间结构清晰，运用轴线与院落组织校园建筑群，以北大楼为“端景”，根据基地地势南低北高的特点，顺应原有地形沿南向北、由低至高、因地制宜布置各组建筑，利用一条十分强烈的南北轴线统领整块基地，从中学部起始，跨过湖桥，经数条狭长绿化带强调纵深感，过渡到开阔的方形草坪，最后以钟塔式建筑北大楼为制高点。大学部是校园的核心，设计者特意将其安排在主轴线的最北端以达到整体设计的“高潮”。整体规划构图视觉对比强烈，空间构成因地制宜，充分利用地形塑造出丰富的空间层次；方正的草坪绿地，几何图案的广场花园，道路中央景观带，体现了西方景观的特点（图 4-79）。

北端大学部由主次两条轴线构成：一条是以北大楼、东大楼、西大楼、大礼堂、图书馆等教学建筑组成的南北向的主轴线，另一条是以甲乙楼、丙丁楼、戊己庚楼、辛壬楼等学生宿舍组成的次轴线，教学建筑沿主轴线布置，宿舍等生活用房沿次轴线布置，均以三合院为主体，主次轴线平行，院落并置。主要教学区域以“中轴对称，居中为尊”组织空间，南北向布置标志性的主体建筑，东西两侧对称布置教学楼，围合而成的三合院给师生提供一个相互交流的露天场所，促进师生感情，保持教会大学旺盛的生命力和影响力，体现出自由开放的新型大学精神。

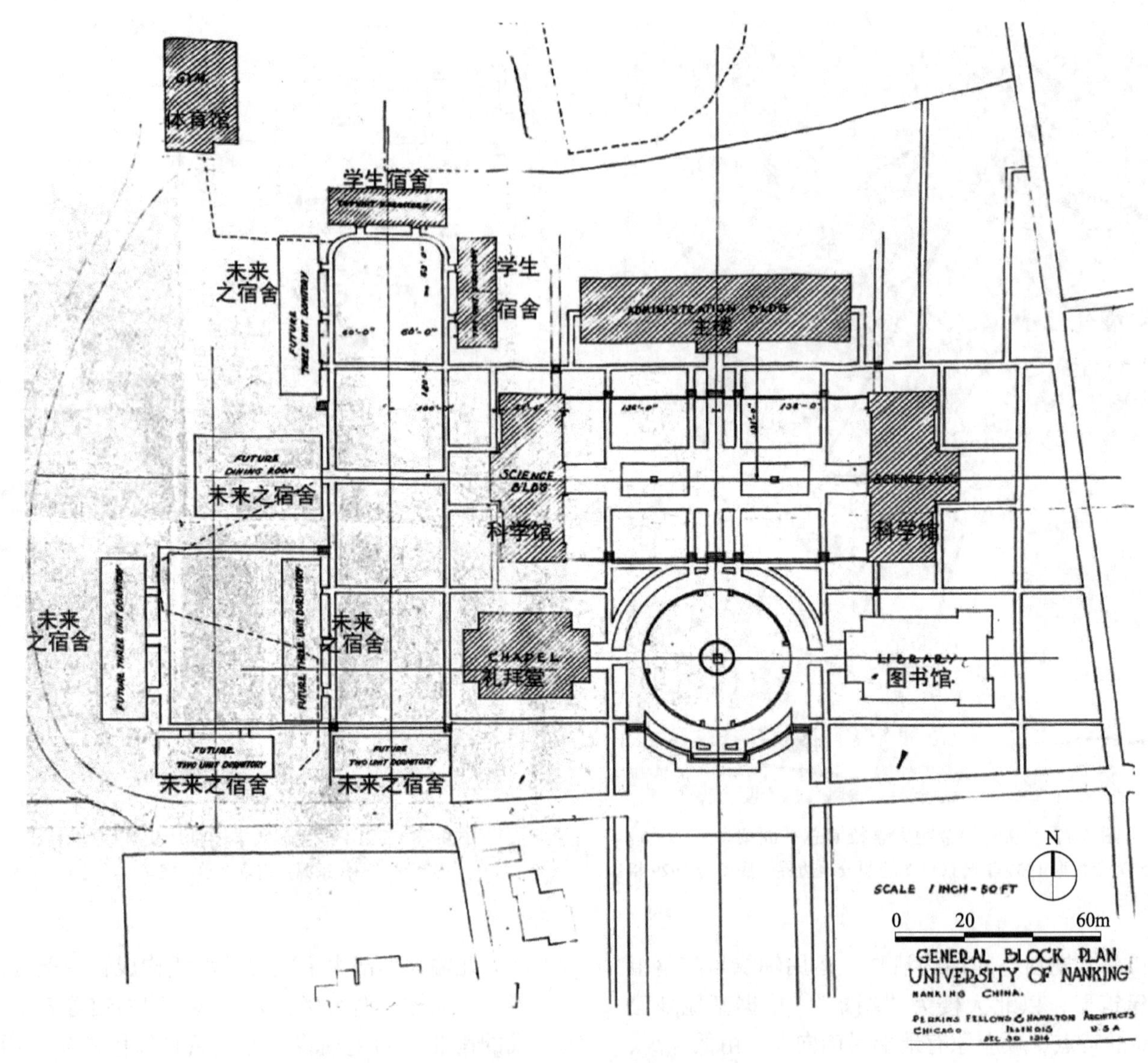

图 4-79　1914 年帕金斯事务所绘制的大学部定稿方案二

图片来源：美国威斯康星州历史协会

5. 金陵大学的单体建筑（表 4-9）

金陵大学的单体建筑 表 4-9

序号	单体建筑名称			设计者	设计时间	竣工日期	备注
	原英文名	原中文名	现中文名				
1	Swasey Hall（Science Building）	理学院	东大楼	帕金斯事务所	1914.1	1917	建成时间来源于《Hallowed Halls》，该楼 50 年代失火，现存建筑为 1958 年重建
2	Sage chapel	礼拜堂	大礼堂	帕金斯事务所	1917.03	1918	建成时间来源于《南京民国建筑》
3	Severance Memorial hall（Administration Building）	文学院	北大楼	帕金斯事务所	1917.03	1919	建成时间来源于墙角勒石
4	Twinem Memorial `Chapel	小礼拜堂	小礼堂	齐兆昌与帕金斯事务所共同设计	—	1923	建成时间来源于《南京民国建筑》
5	Bailie Hall（West Science Building）	农学院	西大楼	帕金斯事务所	1924.05	1925	建成时间来源于墙角勒石
6	Mccormic Dormitories	学生宿舍	甲乙、丙丁、戊己庚、辛壬楼	甲乙、丙丁楼为帕金斯事务所设计，戊己庚、辛壬楼未知	1914.12	—	由摄于 1925 年照片得知甲乙、丙丁楼落成于 1925 年之前
7	—	东北大楼	医学院	—	—	1935	建成时间来源于《南京民国建筑》
8	Library	图书馆	校史档案馆	杨廷宝	—	1936	建成时间来源于《南京民国建筑》

本表来源：笔者自绘；表中信息除特别引注外，其余均源自原始图纸图签。

（1）北大楼（文学院）

北大楼又名 Severance Memorial hall（Administration Building），是学校主楼，当年文学院所在地，又作为行政楼用，位于校园中轴线的最北端，居中布置，宏伟古雅，高度与鼓楼齐，是当时南京最高建筑之一（图 4-80）。

北大楼坐北朝南，平面为矩形，建筑物占地面积 1107.59m^2，建筑面积 3473m^2 [1]，东西向开间为 60m，南北向进深为 18m [2]，建筑物地下一层，主楼地上二层，塔楼高五层，建筑物内部为内廊式布局，南面居中为主入口及门厅，除门厅处设 4 间办公室外，其他均为教室，并设有厕所。塔楼部分为办公室 [3]。门厅北侧设楼梯联系垂直交通，建筑物东西两端各设一处出入口。

主楼为中式歇山顶，筒瓦屋面，在主楼南立面中部突起高五层的塔楼，形成左右对称之中心，塔楼顶部冠以十字形脊顶，饰有脊兽，檐口用斗栱作装饰。建筑进深大、窗户小，显得封闭稳重，外墙全部用明代城墙砖砌筑，清水砖墙勾缝。

北大楼作为居中布置的主楼，在整体建筑群中起中心控制的作用，类似西方建筑的钟楼，也许是受到汇文书院钟楼的影响，其建筑形态虽然极力模仿中国传统建筑形式，但只是徒有其表，横向伸展的主楼与

[1] 建筑面积来源于：卢海鸣，杨新华 . 南京民国建筑 [M]. 南京：南京大学出版社，2001：159.

[2] 平面尺寸及占地面积来源于 2007 年南京主城地形图各单体建筑测绘。

[3] 威斯康星州历史协会收藏，《金陵大学主要建筑平面图》，档案号：6515.44.8。

图 4-80　北大楼历史照片
图片来源：南京大学档案馆

高耸的塔楼组合仍然是西方建筑多体量组合的方式，竖直方向的钟楼背面直接落在横向伸展的歇山屋顶的正脊上，反映出设计者在处理中式大屋顶纵向体量与横向体量交接关系时的力不从心。

建筑结构为砖木混合结构，木制楼板，木屋架[1]。

（2）东大楼（理学院）

东大楼原名科学馆，英文名为 Swasey Hall（Science Building），位于北大楼的东南侧，1917年落成，20 世纪 50 年代失火后由南京工学院重新设计，仿原样建造。

东大楼坐东朝西，平面呈侧 T 字形，地上三层，地下一层，建筑物南北向开间为 49m，中部进深为 24m，两侧进深为 17m[2]，建筑面积 3905m^2[3]，建筑内部为内廊式布局，中间为走道，两侧设置有教室、实验室、演讲厅等[4]。

建筑外形仿中国传统北方官式建筑，歇山式大屋顶，上覆烟灰色筒瓦。屋顶脊中加脊，即屋顶处的屋脊沿外侧坡度升起，形成中部高耸的外部造型。利用歇山屋顶的侧面开小窗采光通风。建筑立面为横向三段式体量构图，主入口有中式风格的门套。外墙全部用明代城墙砖砌筑，20 世纪 50 年代因火灾烧毁上部

❶　刘先觉 . 中国近现代建筑艺术 [M]. 武汉：湖北教育出版社，2004：89.

❷　平面尺寸及占地面积来源于 2007 年南京主城地形图各单体建筑测绘。

❸　建筑面积来源于：卢海鸣，杨新华 . 南京民国建筑 [M]. 南京：南京大学出版社，2001：159.

❹　档案号：6515.44.8 金陵大学北大楼平面图，威斯康星州历史协会收藏的金陵大学原始设计图。

结构后，1958年采用青砖重建[1]。建筑为砖木混合结构[2]（图4-81）。

（3）西大楼（农学院）

西大楼英文名为Bailie Hall(West Science Building)，位于北大楼的西南侧，与东大楼沿中轴线对称布置，为纪念农科创办人曾命名为“裴义理楼”，是当年农学院[3]大楼。

西大楼坐西朝东，平面呈矩形，地上三层，地下一层，建筑物南北向开间为49m，中部进深为20m，两侧进深为18m[4]，建筑面积3604m²[5]。平面为内廊式布局，内部设有教室、实验室、图书室等[6]。

建筑形态与东大楼相似，外墙底部使用明代城墙砖砌筑，上部用烟色黏土，勒脚和门窗过梁采用斩毛青石[7]。建筑为砖木混合结构[8]（图4-82）。

图4-81　东大楼历史照片

图片来源：南京大学档案馆

图4-82　西大楼历史照片

图片来源：南京大学档案馆

（4）大礼堂

大礼堂原名礼拜堂，位于西大楼的南面，因东大楼原始建筑被毁，现

---

❶ 冷天.得失之间——南京近代教会建筑研究［D］.南京：南京大学，2009：63.

❷ 冷天.得失之间——南京近代教会建筑研究［D］.南京：南京大学院，2009：63.

❸ 金陵大学农学院创办，肇始于美国学者裴义理（Joseph Bailie）的义农会。在中国华东地区承办以工代赈的金大教授裴义理目睹中国农民生计窘迫，深感培养农业技术人才的重要性，建议校托事部开办农科并获批准。金大1914年开办农科，第二年增设林科，1916年两科合并为农林科，农林科共有7个本科系，1个专修科，其中蚕桑系为农林科下设的一个系。引自：张宪文.金陵大学史[M].南京：南京大学出版社，2002：291-399.

❹ 平面尺寸及占地面积来源于2007年南京主城地形图各单体建筑测绘。

❺ 建筑面积来源于：卢海鸣，杨新华.南京民国建筑[M].南京：南京大学出版社，2001：160.

❻ 档案号：6515.44.8金陵大学东大楼平面图，威斯康星州历史协会收藏的金陵大学原始设计图。

❼ 卢海鸣，杨新华.南京民国建筑[M].南京：南京大学出版社，2001：160.

❽ 冷天.得失之间——南京近代教会建筑研究［D］.南京：南京大学，2009：65.

为校内尚存的最早建筑物，1952 年及 1981 年在大门入口处和舞台背后加建门厅，风格与原建筑完全不同，2002 年拆除加建部分，恢复原貌。

大礼堂坐西朝东，为单层大空间建筑，局部二层，南北向开间为 25m，东西向进深为 36m [1]。与中国传统建筑主入口放在建筑物的长边不同的是：大礼堂主入口放在矩形平面的短边，体现了西方的建筑思想。平面采用西方教堂的巴西利卡型制，建筑造型仿中国古代庙宇形式，屋顶主体为歇山顶，侧面为硬山顶，筒瓦屋面，砖木结构，外墙全部用明代城墙砖砌筑。城墙砖上的铭文至今依稀可辨，山墙和檐口有精美的砖雕图案，建筑为砖木混合结构 [2]。如图 4-83、图 4-84 所示。

图 4-83　礼拜堂历史照片

图片来源：南京大学档案馆

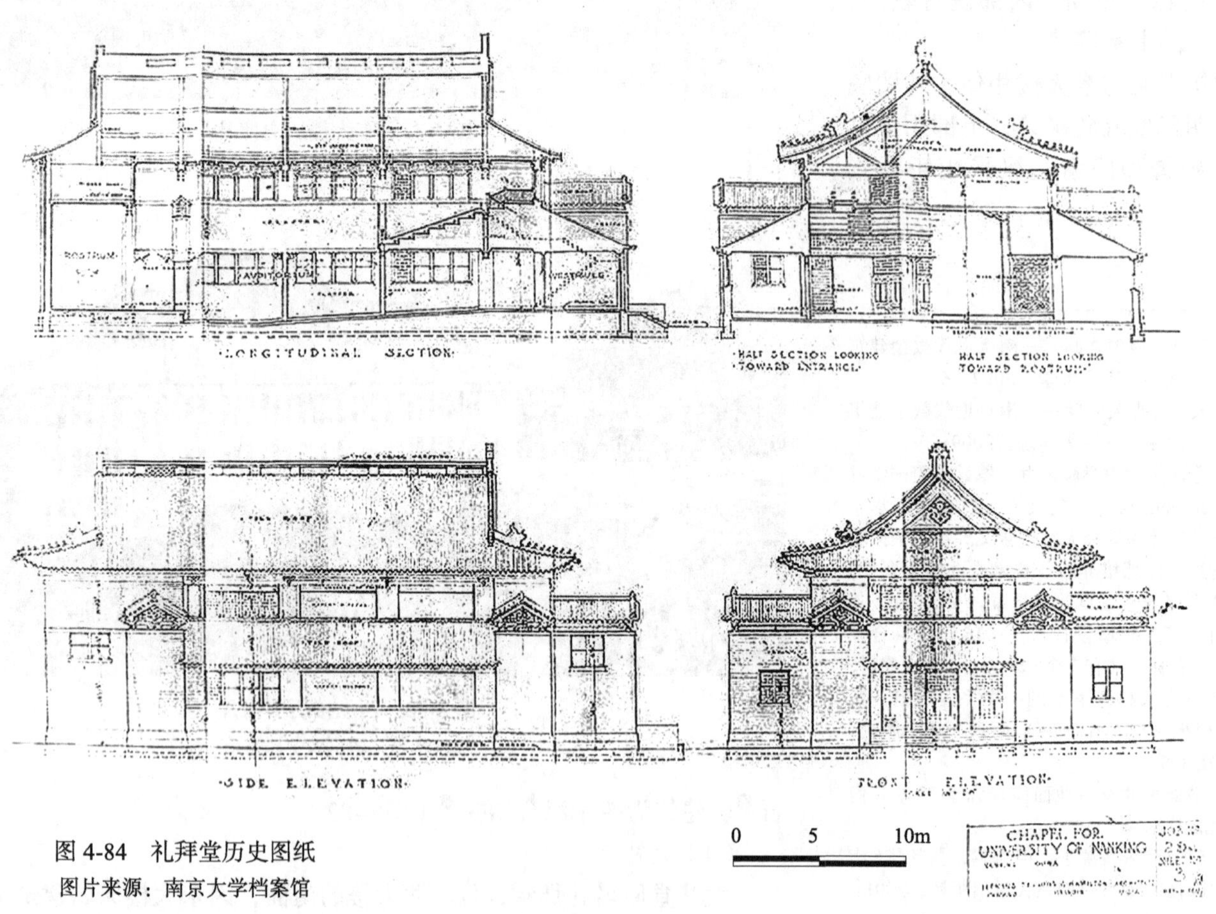

图 4-84　礼拜堂历史图纸

图片来源：南京大学档案馆

[1] 平面尺寸及占地面积来源于 2007 年南京主城地形图各单体建筑测绘。

[2] 冷天 . 得失之间——南京近代教会建筑研究［D］. 南京：南京大学，2009：64.

（5）小礼堂

小礼堂建于1923年，位于大礼堂南侧，由齐兆昌和美国帕金斯事务所联合设计。建筑为单层，平面近似方形，南北向开间为7m，东西向进深为13m[1]，建筑面积91m^2。外部造型仿南方小庙形式，歇山式屋顶，烟灰色筒瓦屋面。拱形门的砖砌门套凸出墙面以达到装饰效果，建筑物檐口有精美的砖雕，底部设通风孔，门楣和窗框饰有石刻西式图案，门前有一对抱鼓石，踏道间设丹陛石，上面雕刻纹饰。小礼堂精巧灵秀，细部做法精美，具有中国南方传统建筑的特征。建筑为单层砖木混合式结构[2]（图4-85）。

（6）生活用房（学生宿舍）

学生宿舍位于西大楼的西北侧，有甲乙楼、丙丁楼、戊己庚楼、辛壬楼共四座建筑，围合成三合院形式。根据原始图纸和文字资料得知：学生宿舍和北大楼是校方最早规划设计的项目，但不知何种原因，学生宿舍于1925年才落成[3]（图4-86）。

图4-85　小礼堂历史照片
图片来源：南京大学档案馆

图4-86　学生宿舍历史照片
图片来源：南京大学档案馆

---

❶ 平面尺寸及占地面积来源于2007年南京主城地形图各单体建筑测绘。

❷ 冷天.得失之间——南京近代教会建筑研究［D］:南京：南京大学，2009：65.

❸ 以上信息均来源于美国威斯康星州历史研究协会的原始图纸和董事会1909—1920年期间的文字资料。

学生宿舍地上二层，地下一层，平面呈矩形，内廊式布局，甲乙楼、丙丁楼建筑面积均为755m²，戊己庚楼、辛壬楼建筑面积1685m²[1]。卷棚式屋顶，上有壁炉伸出屋面，烟灰色筒瓦屋面，入口有中式风格的门套，砖木结构，外墙用青砖砌筑[2]（图4-87、图4-88）。

（7）图书馆

在美国帕金斯事务所绘制的大学部总平面中（图4-79），图书馆与大礼堂遥相呼应，沿校园主轴线的两侧对称布置，不知何因，图书馆并未按照规划建造，现存图书馆为基泰工程司杨廷宝先生设计，于1936年落成。

图书馆位于校园中轴线最南端，北大楼的正南方，原为金陵大学图书馆，现在是南京大学校史博物馆（图4-89）。

图书馆坐南朝北，平面呈“丄”形，建筑面积2626m²[3]，钢筋混凝土结构，最大的阅览室跨度达16m[4]。场地为一块东低西高的坡地，高差约3m，建

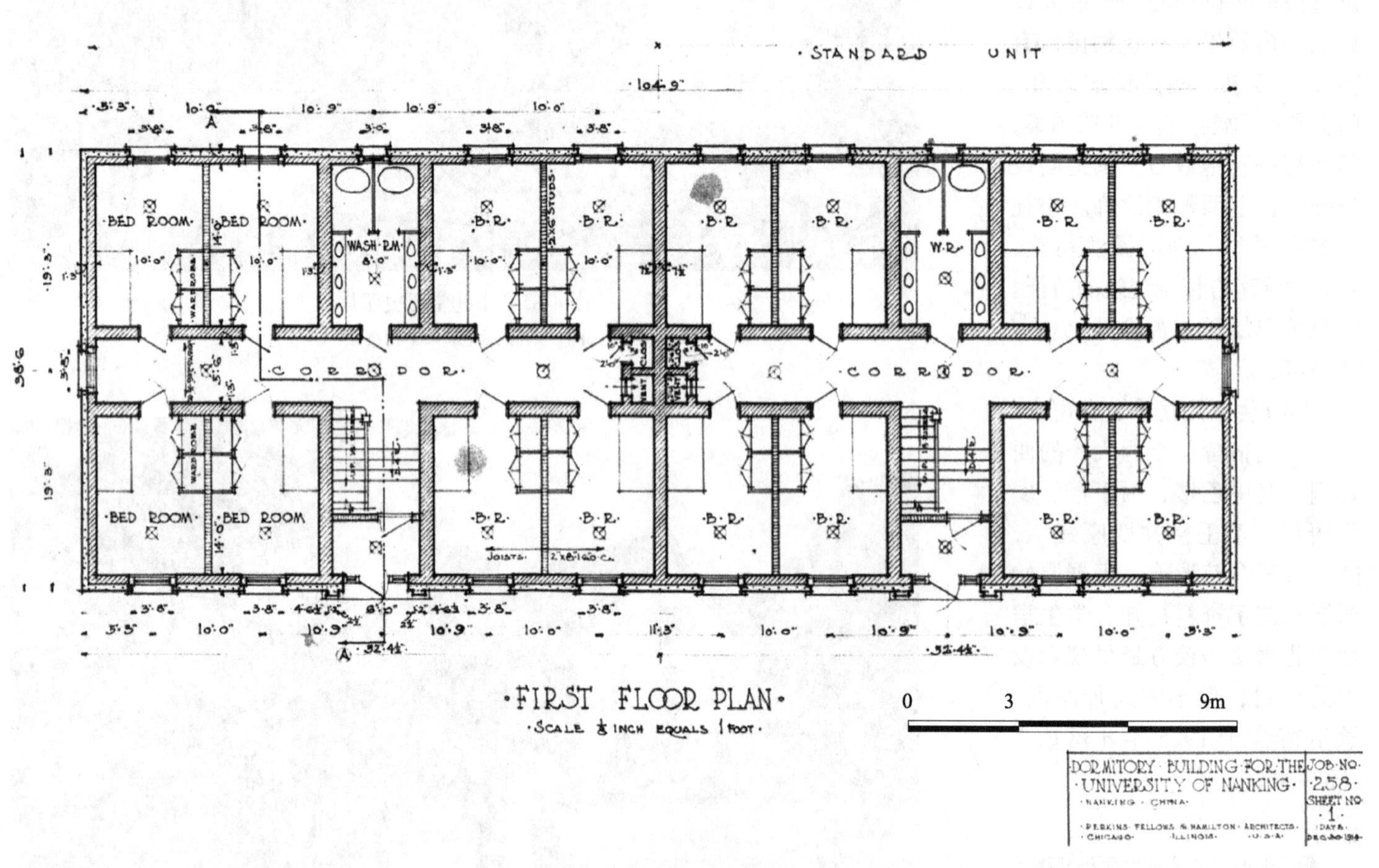

图4-87　金陵大学学生宿舍平面图（1914年绘制）

图片来源：美国威斯康星州历史协会

[1] 建筑面积来源于：卢海鸣，杨新华.南京民国建筑[M].南京：南京大学出版社，2001：161.

[2] 冷天.得失之间——南京近代教会建筑研究［D］.南京：南京大学，2009：66.

[3] 建筑面积来源于：卢海鸣，杨新华.南京民国建筑[M].南京：南京大学出版社，2001：161.

[4] 平面尺寸来源于2007年南京主城地形图各单体建筑测绘。

筑师巧妙利用地形将建筑物东部设计为三层，西部设计为二层，主入口居中布置，两侧为图书采编室、办公室和部分小阅览室，二层为阅览室和借书处。书库向南伸出，局部五层，设楼梯相通，借书处用升降机械传递图书。建筑为歇山式屋顶，烟灰色筒瓦屋面，外墙用青砖砌筑，入口有中式门套，图书馆与早期建造的北大楼、东大楼、西大楼风格一致（图 4-89、图 4-90）。

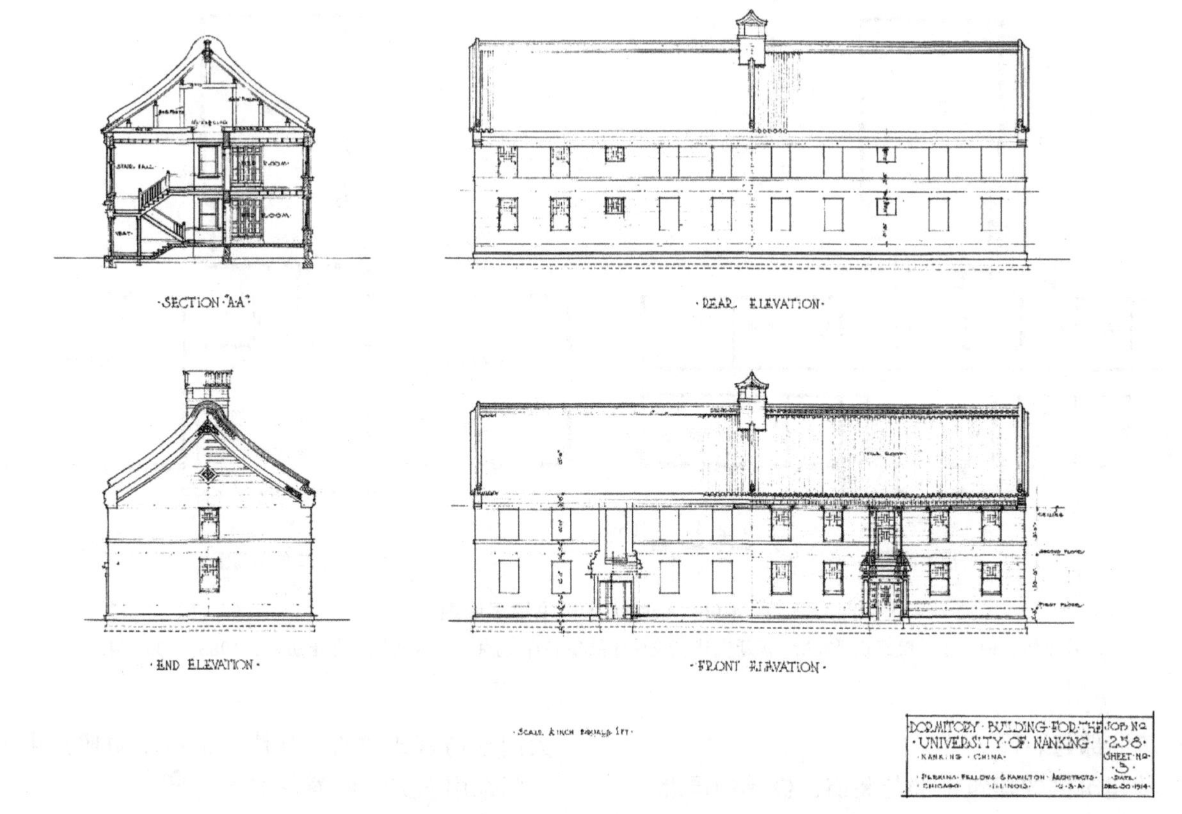

图 4-88　金陵大学学生宿舍立面图、剖面图（1914 年绘制）

图片来源：美国威斯康星州历史协会

图 4-89　金陵大学图书馆历史照片

图片来源：南京大学档案馆

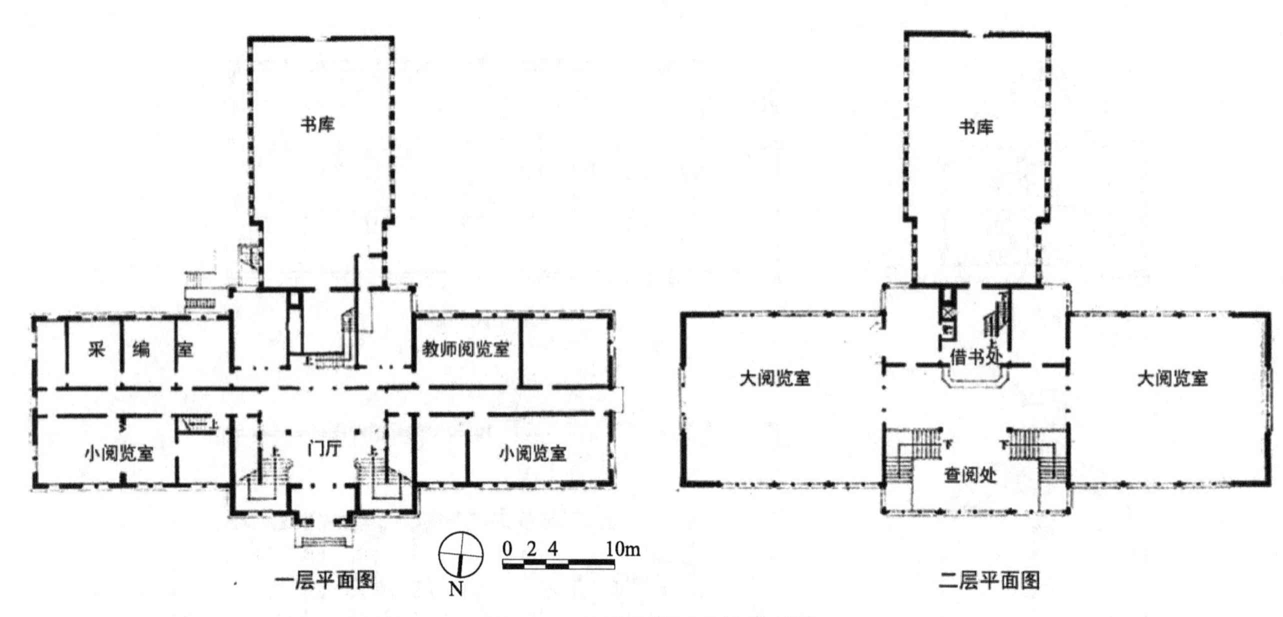

图 4-90　金陵大学图书馆平面图

图片来源：南京工学院建筑研究所 . 杨廷宝建筑设计作品集 [M]. 北京：中国建筑工业出版社，1983：100-101.

（8）建筑细部与装饰

金陵大学建筑群的建筑细部与装饰也极具中国北方官式建筑特色（图 4-91）。

屋顶：主要建筑采用歇山顶，庑殿顶次之，卷棚顶用于后勤生活建筑。连北大楼和学生宿舍伸出屋顶的壁炉、通风口上部也采用小型歇山顶装饰以保持形态的统一性。屋顶上都有鸱吻，张开大嘴咬住屋脊两端，形象十分生动。山墙侧面有博风板，上有梅花图案的金属钉装饰，悬鱼采用中国传统玉如意图案。檐口瓦当雕刻蛟龙图案，滴水雕刻花卉植物或蝙蝠纹样[1]，细致精美。

墙身：在建筑入口或墙面上均有精美的图案雕饰，尤以大礼堂墙面雕刻精美生动，檐口下部环绕墙身处有一圈花卉、蝙蝠、如意纹、回纹、万字纹混合的砖雕，由于墙身采用明代城墙砖砌筑，砖上尚留铭文字样。

东大楼、西大楼、陶园南楼、陶园北楼等入口处都用混凝土做成门套，门上檐口两端也做鸱吻装饰，大门亦仿官式建筑，从陶园北楼历史照片中可见，其大门采用三交六椀菱花木格门[2]。

台基及其他细部：金大建筑群多用台阶连接室内外。最值得一提的是，为适应南京多雨和夏热冬冷的气候，建筑物地下室或底部设有窗户或通风孔，为防止虫鼠和脏物进入室内，通风孔做成透气箅子，外部还有精美装饰。建筑物还巧妙利用地形高差在四周设置明沟排水。

6. 率先开始中西合璧的历史意义

金陵大学是南京最早开始中西合璧的教会学校，开创了西方建筑与中国北方官式建筑相融合之先河，在近代建筑发展进程中具有开创性的历史地位，这种尝试对于后面教会大学采取中西合璧形式具有一定的指导意义，并逐渐演进成为中国传统建筑复兴的基本趋向，在某种程度上也促进了中国本土建筑师对中国传统建筑复兴的探索。

[1] 在中国古建筑中，滴水刻有文字的称为“文滴”，刻有图画的称为“画滴”。

[2] 清代宫殿建筑门窗槅心花纹装饰之一，正交法各夹角均为 60°，斜交法中线偏 30° 相交，可以组成圆形、菱形、三角形等多种图案。

图 4-91　金陵大学建筑细部与装饰

（a）屋顶鸱吻；（b）山墙博风板和悬鱼；（c）檐口瓦当和滴水；（d）大礼堂檐口砖雕；（e）大礼堂墙面城墙砖上的铭文；（f）陶园北楼入口；（g）小礼堂底部的通风孔；（h）图书馆地下室的窗户和地面明沟；（i）学生宿舍底部的透气箅子

图片来源：除陶园北楼的历史照片来自美国耶鲁大学图书馆外，其余均为笔者拍摄的现状照片

八、典例案例分析：金陵女子大学——中国古典建筑复兴之作

金陵女子大学是我国第一所女子大学，与金陵大学同属西方基督教会在华兴办的十六所教会大学之一，迄今已有百余年校史。校址位于现南京市宁海路122号，校园占地面积260亩，主要建筑物有100～700号楼、大礼堂、图书馆等9座中国传统宫殿式建筑，现为南京师范大学随园校区。

金陵女子大学建筑群为美国著名建筑师亨利·墨菲（Henry Killam Murphy）设计，是墨菲中国传统建筑复兴的代表作品。墨菲对于中国传统建筑复兴的探索为推动“中国固有之形式”起到积极的引导示范作用。

1. 金陵女子大学的历史沿革

（1）缘起

近代以来，解放妇女、兴办女学被提到救亡图存、振兴中华的高度来看待。在此社会背景下，南京逐渐出现了一些女子中学，但没有一所女子高等学校，女中毕业生无升学之场所，女中师资缺乏。而兴办女学和创办医学是近代西方教会维持办学优势的两大法宝，实力遥遥领先于本土学校。但是，随着国内大学的迅速崛起，西式教育逐渐成为主流之后，教会大学原有的地位和社会影响力逐渐削弱。为此，西方教会敏锐地意识到应投入更多的精力开创女学、医学等专门教育，以继续维持其领先的办学地位[1]。

1911 年冬至 1912 年初，在江苏、浙江、上海一带传教的美国基督教八个教会——南、北长老会，南、北卫理公会，南、北浸礼会，基督会，圣公会的教会女中校长在上海聚集一堂，商讨如何解决女中师资及女中毕业生升学场所的问题，会议讨论制定在长江流域开办一所女子大学的计划，金女大筹建契机由此出现[2]。

（2）前期筹备

1913 年夏，由美国北长老会，北浸礼会，基督会，南、北卫理公会各选 3 人，组成校董会，每个教会提供一万美元用于建筑校舍，购置设置，提供六百美元用于日常开支。同年 11 月 13 日，校董会公推北长老会代表德本康夫人（Mrs.LaurenceThurston）为扬子江流域妇女联合大学校长。1914 年 11 月教会董事会正式通过校名定为“金陵女子大学”（Ginling College），校址选在南京[3]。

1915 年 9 月，金陵女子大学先行租用南京城东绣花巷李鸿章小儿子宅院为临时校址开学，并积极谋划校地筹建校舍。1919 年夏，德本康夫人回美国筹集建校基金，共获得各教会 60 万美元经费，遂于 1921 年在陶谷（宁海路南端西侧）一带购得校地，筹建新校区，聘请美国著名建筑师墨菲设计。

（3）校史

1913 年筹办时校名为扬子江流域妇女联合大学，1914 年定名为金陵女子大学（金女大）。1915 年 9 月 17 日正式开学，初设文、理两科，仅有学生 11 名，教职工 6 人，后来办学规模逐渐扩大。至 1924 年已增至 9 个系科，并添设附属实验中学作为毕业生实习教学场所。之后国民政府收回教育权，德本康夫人于 1928 年辞去校长职务，校董会推选金女大首届毕业生、留美博士吴贻芳为校长。1930 年，金女大向国民政府立案，改名为金陵女子文理学院。

1937 年金女大师生内迁，初时分散在上海、武汉、成都三地办学，1938 年 1 月集中迁至四川成都华西坝继续办学。抗战后迁回原址复校，中华人民共和国成立后金陵女子大学与金陵大学合并组建成公立金陵大学，1952 年金陵女子文理学院校址改为南京师范学院，1984 年定名为南京师范大学至今[4]（图 4-92）。

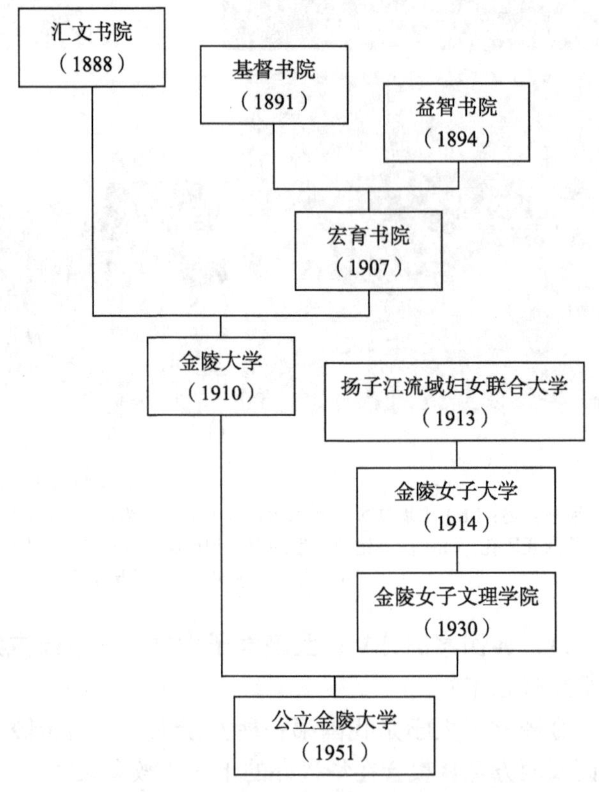

图 4-92　金陵女子大学校史沿革图

图片来源：金陵大学官网

❶ [美] 杰西・格・卢茨 . 中国教会大学史 [M]. 杭州：浙江教育出版社，1987：122.

❷ 南京师范大学档案馆，“百年校史”介绍。

❸ 同上。

❹ 南京师范大学档案馆“百年校史”介绍。

2. 金陵女子大学的选址

（1）选址依据

1916年春，校董事会为金陵女子大学选择了永久校址，位于南京鼓楼西南方的随园陶谷一带[1]。仔细分析金女大选址，与同为美国基督教会创办的金陵大学类似，符合当时美国大学的选址观。

首先，学校选址邻近已经建成的教会学校，以便共同形成宗教文化圈。金女大邻近东侧已经建成的金陵大学，与金大蚕场接壤，与金陵神学院、金陵女子神学院也相距不远。

其次，符合美国大学“学术村”（Academical Village）的理念，选址于风景优美的郊区，适宜读书治学。金女大校地背倚清凉山，风景优美，且郊区地价相对低廉。

再次，交通相对便利，方便师生出行。随园一带与鼓楼相距甚近，交通相对便捷。

综上分析，金女大选址于随园陶谷是很合理的。

（2）购买校地

学校在购地问题上耗费了巨大精力。

南京城因太平天国运动，许多良田耕地被荒废弃用，有些甚至转卖成坟地，以至需要花费很多时间迁移购得土地上的坟墓，并为此支付了许多费用[2]。长期以来，国人于对西方教会在中国领土上办学心存不满，认为将土地租售给外国教会与中国传统理念相悖。时任金陵神学院院长的司徒雷登博士（Dr. John Leighton Stuart）为金女大的土地购置做出了很大的努力，他为金女大办妥了二十七英亩土地（这部分土地分属于十个不同的所有者）的签字、盖章以及同业主交换契约文书的手续，整个交易价值约1.3万美元。场地中包含十一个池塘、六十多个拐角地和一千多个坟墓，以后仅迁墓工作花费了近三年时间[3]。

（3）校地与城市的关系

金陵女子大学校地位于南京城西，基地背倚清凉山麓，北接汉口西路（现名），南临广州路（现名），西临虎踞关，与鼓楼相距约15分钟步程[4]。校园初建时，南面是海拔30m的南山，西面是海拔40m、山脊呈东西向的西山，北面有绵延的矮丘，建筑师墨菲充分利用周边环境，校园规划保留了原有山冈，因地制宜布置建筑物。

3. 金陵女子大学的设计及营造过程

（1）设计过程

金陵女子大学由美国著名建筑师墨菲主持设计[5]。全部工程分为两期进行，第一期工程为100～700号楼，含教学楼、学生宿舍等；第二期工程为图书馆和大礼堂。1919年10月18日～19日，美国纽约的墨菲和丹纳建筑事务所（Murphy & Dana, Architect）完成了金女大第一期工程100～700号楼的详细施工图纸设计，其中吕彦直承担了大部分工程设计任务[6]，第二期工程于1933年设计。

设计过程历时两年之久。从1918年7月开始，德本康夫人就新校园的建筑风格等问题与墨菲通过书信交换了意见。她“很欣赏绣花巷临时校园的古典房屋形式，主张按照中国古典建筑形式设计和规划新校园[7]”，她向墨菲提出了建造“不超过两层，带有中式屋顶”的房屋要求，并要求新校园建筑比她所见过的所有建筑更为接近真正的中国风格[8]”。对此墨菲

---

❶ 孙海英 . 金陵百屋房——金陵女子大学 [M]. 石家庄：河北教育出版社，2005：19.

❷ 张连红 . 金陵女子大学校史 [M]. 南京：江苏人民出版社，2005：30.

❸ 孙海英 . 金陵百屋房——金陵女子大学 [M]. 石家庄：河北教育出版社，2005：19.

❹ 张连红 . 金陵女子大学校史 [M]. 南京：江苏人民出版社，2005：29.

❺ 墨菲能确定为金女大的设计者具有以下几种可能的原因：一是墨菲自身出色的专业素养。二是墨菲与德本康夫人的渊源及德本康夫人对中国传统建筑风格的偏好。据考查，墨菲和德本康先生（Lawrence Thurston）同一时期求学于耶鲁大学，加之德本康夫人与墨菲在长沙雅礼大学设计期间已有联系（1906—1911年），在她1913年调任南京金陵女子大学的第一任校长之后，就十分关注建筑业的发展。三是业务联系的便捷性，墨菲1918年在上海设立了设计分公司。

❻ 笔者根据美国耶鲁大学图书馆查阅的金陵女子大学原始图纸图签得知。

❼ 张连红. 金陵女子大学校史［M］. 南京：江苏人民出版社，2005：29.

❽ 引自《亨利·墨菲在中国的适应性建筑》，第164页。

的回应是："我们要想出什么比大屋顶更值得设计的地方，否则我们试图从奇妙的中国建筑中提取其精华的努力，都将失去意义[1]"。

1918年9月，墨菲和佛塞斯（Forsyth）一同赴南京会晤了金陵女子大学校长德本康夫人和金陵大学校长包文先生，并视察了金陵女子大学新校址。墨菲认为整个场地最重要的特征就是"一条自东向西横贯中部的洼地，因而将这条洼地的中分线作为整个建筑群体的中轴线，就能将整个场地与建筑完美地结合成一体"。墨菲在这里实现了对中国传统建筑原则的第一次革新，因为在中国传统的总体规划里，中轴线总是严格地保持南北走向。然而南京这块场地南端分布着小山，直接否定了南北走向的可能性。墨菲的第二个决定是将校园建筑群体放置在山脚下的那块平坦高地上，而不是放在斜坡上或山坡顶上。在墨菲看来，采用这种格局的关键问题是：对于南京的气候而言，应侧重保证冬季而不是夏季的舒适。因此，最好的处理是利用小山的遮挡，而不是利用山顶的微风，因为这所大学在夏季最热的时候已经放假了。而且整个环境中最好的景观朝向，就是面向东部的小山巅，而那个小山巅恰好位于我们设计的主轴线上[2]。考虑到避免南京冬季恶劣的天气，将女生宿舍相对独立和隐蔽布置，保证让它们最大限度地享受到阳光，又可以更好地布置学校其他大量的单体建筑。四栋宿舍楼将以院落的形式布置在场地的最西侧。墨菲认为"我们的想法是将宿舍围合成的庭院精心设计成中国庭院的式样，整组建筑的每个细节都应该处理成中国传统的式样。"由石拱桥穿越着的池塘和传统的中国庭院，体现出一种完全中国本土化的风格。

墨菲向德本康校长及校方管理层提交了这份初步规划方案：宿舍顺着轴线从东至西，教学楼沿着长轴线自北向南布置，通过轴线组织突出重点建筑，运用一个开口的方庭来展示建筑物的立面等。1919年1月，纽约的管理层批准了墨菲的方案。德本康夫人和墨菲先确定了礼拜堂、图书馆、科学馆、教学楼、一栋教工宿舍和一个宿舍的小比例平面及立面，估算了每立方英尺建筑的造价，并初步确定出基本的建筑尺寸[3]。

1919年4月10日，墨菲会晤了金陵大学委员会的全体委员，商讨确定了六个问题[4]：

- 风格——采用"彻头彻尾的"中国风格。
- 材料——采用钢筋混凝土代替砖石结构。
- 造价——1919年春季是美金兑换成墨西哥币的最好时机，建筑设备从美国到中国的运费也相对较低。
- 确定第一批建造的建筑名单——两幢宿舍、诵经堂、科学馆和教工住宅。
- 确定工作计划——为确保1921年9月第一批建筑能竣工使用，墨菲提出了一个非常紧凑的计划表：

1919年4月15日－6月1日，竞标图准备；

1919年6月1日－9月1日，在纽约进行的施工图准备；

1919年10月1日，中国收到施工图的截止日期；

1919年10月1日－12月1日，在墨菲丹纳的上海工作室完成施工图，与德本康女士协商以及设计说明书准备；

1919年12月1日，墨菲和达纳上海工作室送出最终的图纸和说明书，给承包商制作工程预算；

1920年1月1日，预算估价完毕；

1920年2月1日，签订施工合同；

1920年3月1日，工程开工；

1921年9月1日，第一批工程竣工入住。

- 工程监理——说服校方，由墨菲在上海公司承担监理的职责。

（2）建造过程

1919年6月，德本康夫人和建筑师墨菲为新建筑打桩、划定楼群的四方界址[5]。1920年11月举行施工招标，基于价格上的因素，校方选择了一家南京本地

---

[1] 引自《亨利·墨菲在中国的适应性建筑》，第164页。

[2] 同上。

[3] Jeffrey W.Cody.STRIKING A HARMONIOUS CHORD：Foreign Missionaries and Chinese-style Buildings，1911—1949［J］. 中国学术，2003（1）：11-17.

[4] 引自《亨利·墨菲在中国的适应性建筑》，第170-173页。

[5] 孙海英. 金陵百屋房——金陵女子大学 [M]. 石家庄：河北教育出版社，2005：20.

的营造商——陈明记营造厂。1921 年 7 月新校舍的施工合同正式签署，建筑材料运到工地，工程建设正式开始[1]。

1921 年 7 月当墨菲返回纽约之时，正值金陵女大的建造工作全面展开，夏季的大雨使施工进展迟缓。德本康夫人在日记中记录了施工过程，“过去六个月以来我曾数次总结出，在中国盖房子的整个过程中，最容易的办到事情竟然是筹得足够的金钱……通往我们新基地的那条分支道路必须得到整修，地表周围仍遍布着那些不情愿迁走坟茔隆起的土丘，而即便在旱季，老天爷也不时地倾下瓢泼大雨，阻碍修路、迁坟、打地基之类的工作”。

1923 年新校舍一期工程全部竣工[2]，建成 100 ～ 700 号楼。1933 年开始建造第二期工程礼堂和图书馆。1936 年宋氏三姐妹捐建附中宿舍一座（东一楼），校友严彩韵捐建医务室一座，1937 年建成南山甲楼、乙楼两座教职员宿舍[3]。

目前保存完好的有第一期、第二期工程共 9 幢历史建筑。

4. 金陵女子大学的校园规划

（1）绣花巷租借的校舍

在介绍新校舍之前，有必要对早期金陵女子大学租用的南京城东绣花巷李鸿章宅院——临时校址简要介绍，这座精美的中国传统建筑给学校师生留下了深刻的印象，潜移默化地影响了德本康夫人，以致后来在新校区建设中德本康夫人表现出对中国传统建筑的特殊偏好。

李氏宅院属于典型的徽派建筑风格。院内有一百多个房间，被称为“百屋房”。1915 年 4 月，学校对李氏住宅进行改造、维修，使之成为校舍。从金女大毕业生绘制的绣花巷校舍平面图得知[4]，这个带有花园的私人住宅主要由两座并排而立的三间五进式宅邸组成，每个院落用圆形月门连通，坐北朝南，布局大致相同，沿中轴线布置门厅、轿厅、正厅，后部为二层的楼房，带有天井，二层设有跑马回廊。校方经过改造后，将宅邸的前部厅堂部分改造为门房、办公室、图书馆、教室、实验室等，中间布置起居室、饭厅、备课室作为过渡空间，后部居住部分为教师宿舍和学生宿舍。宅邸西侧布置厨房、厕所、工房等后勤用房，并在西南角设有小学教室。府邸东侧利用花园建成运动场，增设花架和休闲敞廊，种植花卉树木，园中还有凉亭、池塘，花园旁边的空地改为网球场、室外体操活动场等（图 4-93 ～图 4-95）。

图 4-93　金陵女子大学初期租用绣花巷时的校门
图片来源：南京师范大学档案馆

图 4-94　绣花巷校内的中式建筑内院
图片来源：南京师范大学档案馆

[1] 孙海英 . 金陵百屋房——金陵女子大学 [M]. 石家庄：河北教育出版社，2005：20-21.

[2] 冯世昌 . 南京师范大学志（上册）[M]. 南京：南京师范大学出版社，2002：419-420.

[3] 同上。

[4] 孙海英 . 金陵百屋房——金陵女子大学 [M]. 石家庄：河北教育出版社，2005：7.

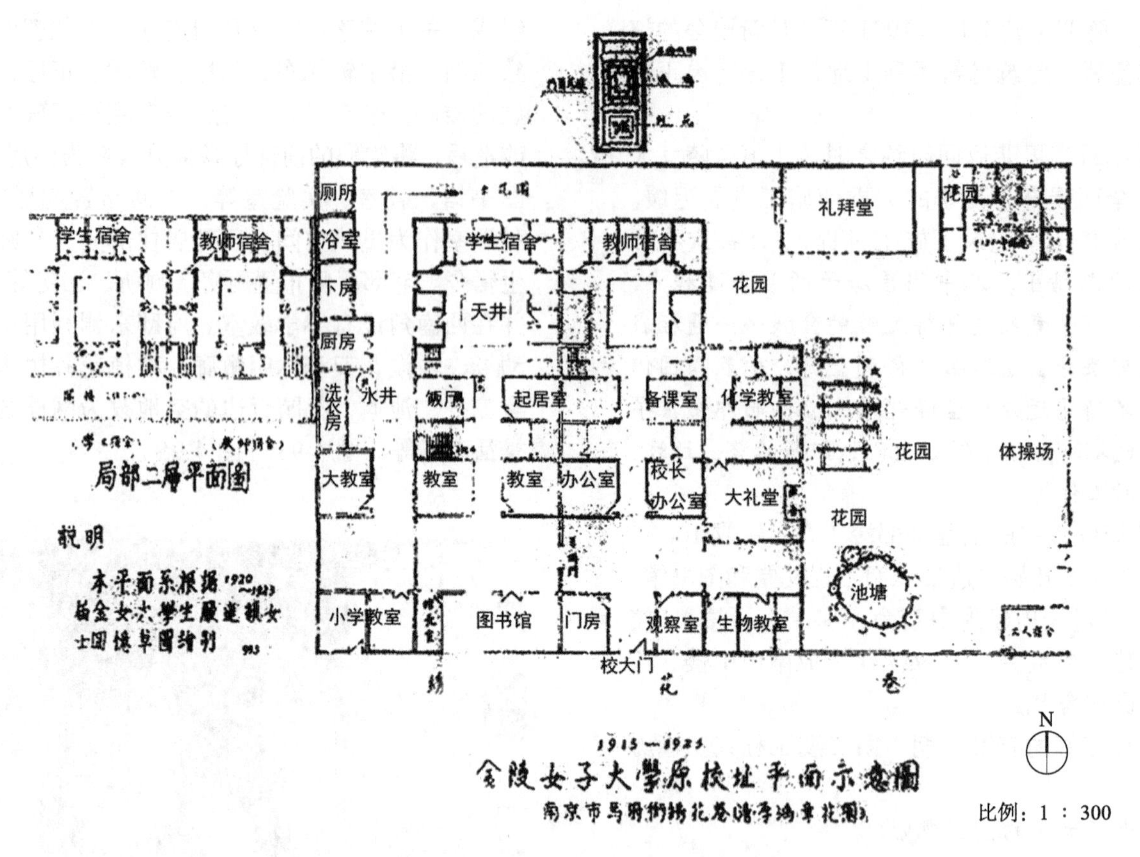

图 4-95 金陵女子大学绣花巷校舍总平面图

图片来源：孙海英 . 金陵百屋房——金陵女子大学 [M]. 石家庄：河北教育出版社，2005

（2）随园新校区

金陵女子大学随园新校区由美国著名建筑师墨菲主持设计。1919 年 10 月 18 日，美国纽约的墨菲和丹纳建筑事务所（Murphy & Dana，Architect）完成了金女大新校区总体规划鸟瞰图（图 4-96）、总平面图（图 4-98）、第一期工程 100 ～ 700 号楼的施工图纸设计[1]。1933 年开始建造二期工程礼堂和图书馆[2]。金陵女子大学建成后的鸟瞰图如图 4-97 所示。

图 4-96 金陵女子大学新校区设计鸟瞰图（Murphy & Dana，Architect 绘制）

图片来源：南京师范大学档案馆

[1] 总体规划鸟瞰图、总平面图、100 ～ 700 号楼的设计日期源自原始图纸图签。

[2] 二期工程礼堂、图书馆的设计日期不详，根据东南大学设计提供的《全国重点文物保护单位金陵女子大学旧址——10 号楼（礼堂）修缮加固工程勘察报告》可知，图书馆和礼堂建于 1933 年。

图 4-97　金陵女子大学建成后的鸟瞰图

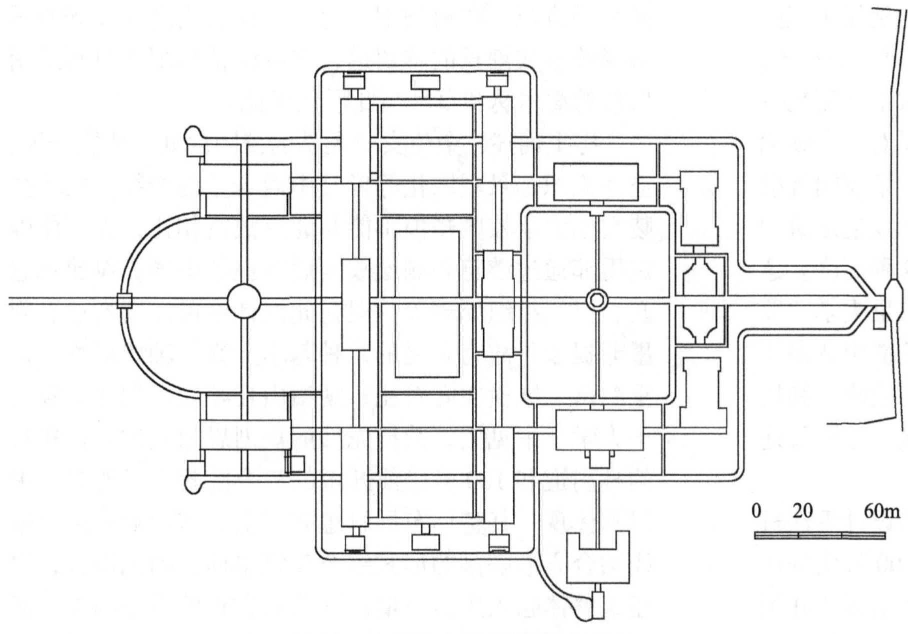

图 4-98　金陵女子大学总平面图

图片来源：笔者根据南京师范大学档案馆藏原图绘制

金陵女子大学校址是一块不规则的、接近方形的校地。整个场地最重要的特征就是有一条自东向西、横贯中部的洼地，基地南端分布着小山。设计师巧妙地利用地形避开南侧坡地，以西侧坡地定位设置校园东西向的主轴线，南北向为次轴线，主次轴线在主楼后面的湖泊处呈十字形交叉，基地主入口设在校地东侧。在此墨菲对中国传统建筑群体南北向的主轴线进行了大胆的改良，充分利用东西向的洼地布置主要建筑群，利用小山的遮挡避免了南京冬季严寒的天气，使整个场地与建筑完美地结合成一体（图 4-98）。

规划布局：金陵女子大学的校园规划表现出中国传统建筑群体沿轴线布置院落空间的规划模式，以三合院或四合院为基本单元，规整地组织单体建筑，通过主次轴线关系串联或并联院落，形成具有空间序列的建筑群。其校园布局方式受到紫禁城传统木构建筑群的影响，这与墨菲 1914 年参观令他“震惊”（thrilling）[1] 的紫禁城有关 [2]。校园规划设计中贯穿东西方向的主轴线是以东部丘陵的制高点来确定的，中轴线通

---

[1] 唐克扬 . 从废园到燕园 [M]. 北京：生活・读书・新知三联书店，2009：60.

[2] 1914 年，北洋政府内务总长朱启钤提议将紫禁城向全体国民及外国游客开放。当时仅开放了紫禁城外廷部分，内廷部分仍由清朝皇室居住。因此墨菲得以游览紫禁城。

过入口狭长的林荫道加强了空间的纵深感，图书馆和大礼堂向中轴线靠拢，形成主楼100号楼前部半封闭的院落空间，100号楼居中布置，控制空间构图的中心，与两侧的200号、300号楼围合成开敞的三合院，构成第一进院落，视觉对比由纵向深远转向横向宽敞[1]。穿过100号楼，后面是由学生宿舍围合而成的第二进院落，作为学生生活区，设计师墨菲有意将女生宿舍布置成由连廊连接的合院形式,合院居中布置一处人工湖，借鉴中国传统的造园手法，布置假山驳岸、花丛垂柳。湖泊是主次轴线转换的节点，学生宿舍两栋一组与回廊形成两个对称的三合院，分别布置在次轴线的南北两端，形成主次轴线纵横交错、等级分明的多重院落空间，自然形态的湖泊与严谨的方院空间形成鲜明的对比。中轴线终端引至西部丘陵的峰顶，峰顶有一处中式楼阁,借助地形的起伏达到一个完美的终结。楼阁、圆弧形连廊及其他建筑共同围合出校园的第三进院落，但遗憾的是这第三进院落没有实际建成。

空间组织：以东西向为主轴线，南北向为次轴线，主轴线居中布置重要建筑，两侧建筑严格对称均衡。虽然建筑数量不多,但在空间序列上很好地运用了“起、承、转、合”的处理手法，有序曲、铺垫、高潮和尾声；在空间层次上有平、有凹、有凸，渲染出丰富而统一的艺术效果；在轴线组织上采用纵横空间对比，湖泊山丘相呼应的构图手法。虽然金陵女子大学校园规模不能与北京故宫相比，但在此之前，尚无其他建筑师在大学校园规划中表现这种倾向和达到这种高度。这说明墨菲已经摆脱了当时风靡全球的弗吉尼大学“草陌式”校园的影响，从中国传统宫殿建筑群中获得了启发，采用由轴线相连的层层院落的空间构图、利用主次轴线有机组织建筑群，并将周边环境、地形及建筑群有机结合起来。

功能分区：校园规划按照西方校园的设计手法进行理性的功能分区，校地前部的100～300号楼构成教学区，后部的400～700号楼为学生生活区，并附有厨房、厕所等后勤附属平房。此种分区方式似有故宫外朝与内廷的影子。

道路网架：采用西方校园几何方正的道路网架。进入校门后，以狭长的林荫道沿校园东西向的主轴线作为校园主干道，南北向的次轴线作为校园次干道，100、200、300号楼围合而成的三合院之间采取西方式的道路十字交叉于方院中央圆盘的手法，后来取消居中的圆盘，改为完整方正的大草坪，在草坪前就分流左右道路，这种方式保持了方院的完整性，为师生提供一个露天的交流场所，在今天看来，还阻止了汽车的穿越，起到了人车分流的作用。方院、游廊沿轴线方向延伸，将其他建筑串联在一起，这种利用游廊构成的“支路”在多雨的南京极为适应。

景观绿化：采用中西合璧的景观设计手法。100号楼前方整的大草坪是西方式的景观布置手法，但方院周围的建筑布置却具中国古典趣味，用中国园林式的游廊代替中国院落四周的围墙，游廊低矮的卷棚顶其深窄平缓的轮廓反衬出主体建筑复杂优美的屋顶和庞大高耸的体量，游廊的细柱薄枋、缩形雀替均与主体建筑形成了强烈的对比反差。100号楼后面的人工湖上搭有中国园林式的小桥，以此获得具有中国传统园林的意境。在植物配置上，入口利用高大整齐的梧桐树阵形成细长的林荫道，在庭院植物配置时则采用低矮的灌木丛和草坪与此形成对比。

综上而述，金陵女子大学的校园规划、功能分区、空间组织、景观绿化等皆是中西合璧的产物。虽然金陵女子大学校园规模不能与北京故宫相比，也不能确定墨菲通过游览和测绘故宫后掌握了中国古典建筑意匠、空间组织原理等，但在此设计中可以清晰地看到墨菲提取了故宫布局的几种基本元素：轴线对称、多重院落、纵横空间对比、湖泊山丘呼应。例如金陵女子大学小中见大、欲扬先抑的规划思想通过入口狭长的林荫道和100号楼前开敞的三合院落形成的对比中得到体现；其整体布局思想亦深受故宫影响，采用轴线结合方形院落的形式组合建筑单体，因地制宜，将建筑整体融入周边环境；其几何方正的道路网架、规则方正的草坪又是西方大学校园布局的方式，但通过建筑物的错落营造出的中国传统院落空间形式，并采用游廊代替围墙、人工湖泊等营造成的中国古典园林意境又是中国古典建筑的设计手法。

---

[1] 董黎 . 中国近代教会大学建筑史研究 [M]. 北京：科学出版社，2010：147.

金陵女子大学的单体建筑　表 4-10

序号	单体建筑名称			设计者	设计时间	建成时间
	原英文名	原中文名	现中文名			
1	—	校门	已不存	—	—	—
2	Social and athletic building	社会与体育大楼（100 号楼）	100 号楼	Murphy &Dana Architects New York，吕彦直绘图	1919.10.18	1923
3	Science building	科学大楼（200 号楼）	200 号楼	Murphy &Dana Architects New York，吕彦直绘图	1919.10.18	1923
4	Recitation building	朗诵大楼、文学馆（300 号楼）	300 号楼	Murphy &Dana Architects New York，吕彦直绘图	1919.10.19	1923
5	Dormitory	学生宿舍（400 ～ 700 号楼）	400 ～ 700 号楼	Murphy &Dana Architects New York，吕彦直与 CHU 共同绘制	1919.10.18	1923
6	—	金陵女大礼堂（10 号楼）	随园音乐厅	—	—	1933
7	—	金陵女大图书馆（11 号楼）	华夏图书馆	—	—	1933

本表来源：笔者自绘。

1. 根据原始图纸可知：第一期工程 100 ～ 700 号楼梁、板、柱为钢筋混凝土，屋架为木制三角形屋架。第二期工程大礼堂换成了钢筋混凝土屋面。

2. 建筑物英文名、设计及绘图者、设计时间等均源自原始设计图纸的图签。

5. 金陵女子大学的单体建筑（表 4-10）

金陵女子大学单体建筑形态为中国传统宫殿建筑形式，内部功能完全根据西学要求设置教学、教辅、运动、生活等功能空间，平面布局以内廊式为主，是“当时将中式建筑风格用于现代建筑的典范”[1]。

墨菲在 1914 年参观紫禁城后[2]，将紫禁城之行的体验概括为中国建筑的五个要素——反曲屋顶[3]（curving, up-turned roofs）、建筑组合上的严整性（orderliness of arrangement）[4]、营造上的坦率性（frankness construction）、华丽的彩饰（gorgeous color）、大体量的石造基座（massive masonry base），称其为“适应性建筑”语汇，并将“适应性建筑”的语汇应用于金女大校园设计中，且进行了灵活改编。因此，金女大建筑群体具有共同特征：建筑外形为单檐歇山顶，基本为两层高，左右对称，注意到了斗栱在屋顶与墙身之间的过渡，虽然出现了斗栱与柱头错位的现象，但仍不失为一种巨大进步。

（1）100 号楼

100 号楼又名社会与体育大楼（Social and athletic building），是学校主楼。位于学校东西向的中轴线上（图 4-99）。

图 4-99　100 号楼历史照片

图片来源：南京师范大学档案馆

❶ 刘先觉，王昕 . 江苏近代建筑 [M]. 南京：江苏科学技术出版社，2008：138.

❷ 1914 年，北洋政府内务总长朱启钤提议将紫禁城向全体国民及外国游客开放。当时仅开放了紫禁城外廷部分，内廷部分仍由清朝皇室居住。因此墨菲得以游览紫禁城。

❸ 亦可理解为弧形的、起翘的屋顶。

❹ 通常这一项被翻译成：建筑各个构件和部分之间完美的比例关系。

100号楼坐西朝东，平面为矩形，建筑物占地面积713.01m²，建筑面积1431m² ❶，开间49.00m，进深15.00m。建筑物地下一层，主体二层，利用大屋顶下的空间做成阁楼一层，建筑物中部为大空间，一层设为社交大厅，二层设为体育活动中心。建筑物两侧为内廊式布局，中间走道，两侧布置办公室、休息室、厕所等小房间。在东向主立面居中设置主入口，南北两侧各设一个出入口，东、西两端各设一部楼梯联系垂直交通（图4-100）。

100号楼建筑形态为中国传统宫殿形式，单檐歇山屋顶，屋顶脊中加脊，中部高耸，利用歇山屋顶侧面开小窗采光通风。檐下斗栱，但无论是墨菲的原始设计图纸，还是实际落成的建筑，均表现为斗栱与柱头错位。建筑中部主体檐口高度10.77m，两侧檐口高度8.46m，一、二层层高均为3.30m ❷。建筑立面左右对称，为横向三段式体量构图。主入口有中式风格的雨棚，门窗形式皆为中式，建筑物中部主体部分的窗户为三交六椀菱花窗（图4-101）。

建筑为钢筋混凝土结构，梁柱板皆为钢筋混凝土，屋架为三角形木制屋架 ❸（图4-102）。

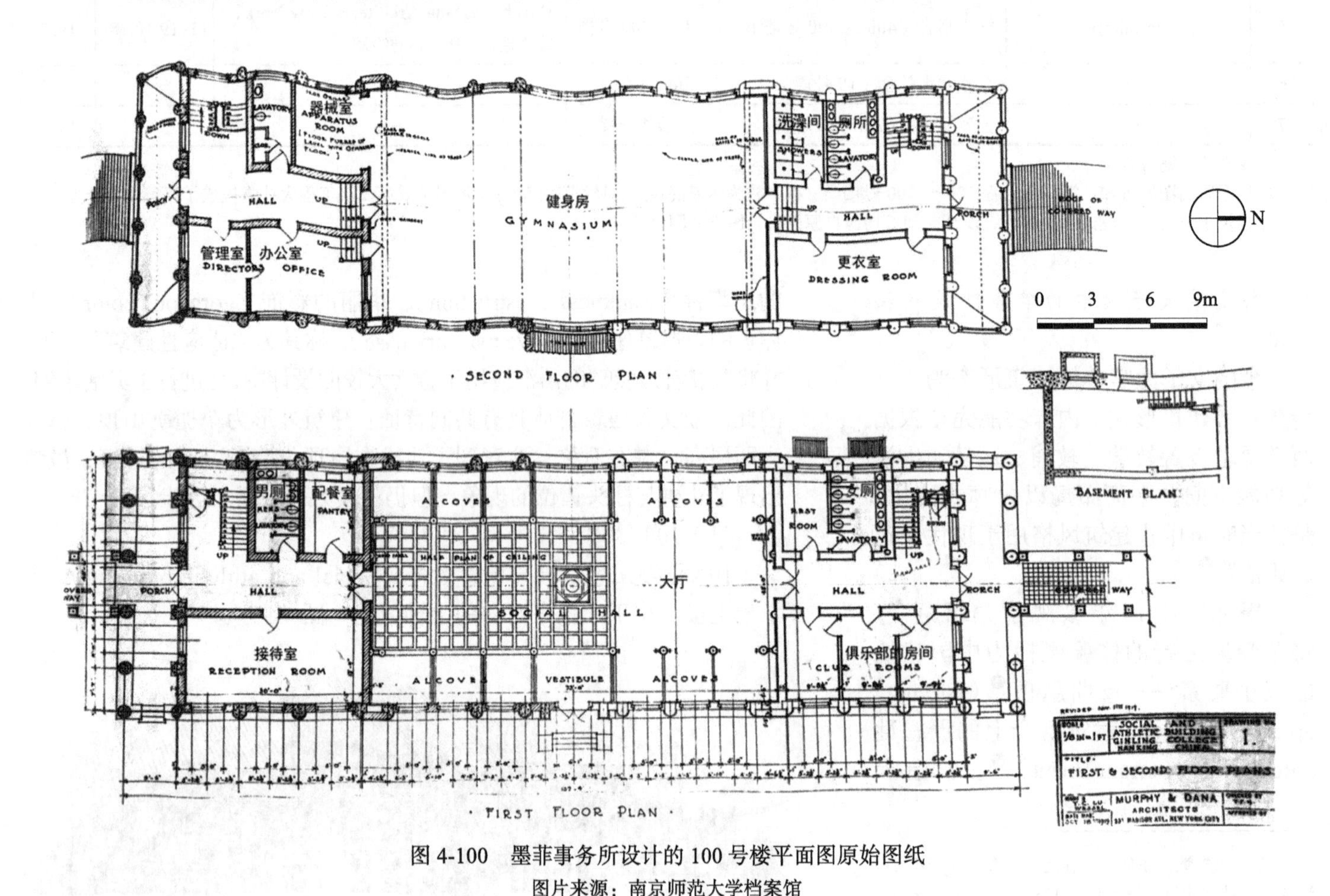

图4-100　墨菲事务所设计的100号楼平面图原始图纸

图片来源：南京师范大学档案馆

❶ 面积来源于：卢海鸣，杨新华.南京民国建筑[M].南京：南京大学出版社，2001：170-171.

❷ 建筑物平、立面尺寸均源自原始图纸。

❸ 见金陵女子大学100号楼原始设计图纸剖面图部分，耶鲁大学档案馆藏。

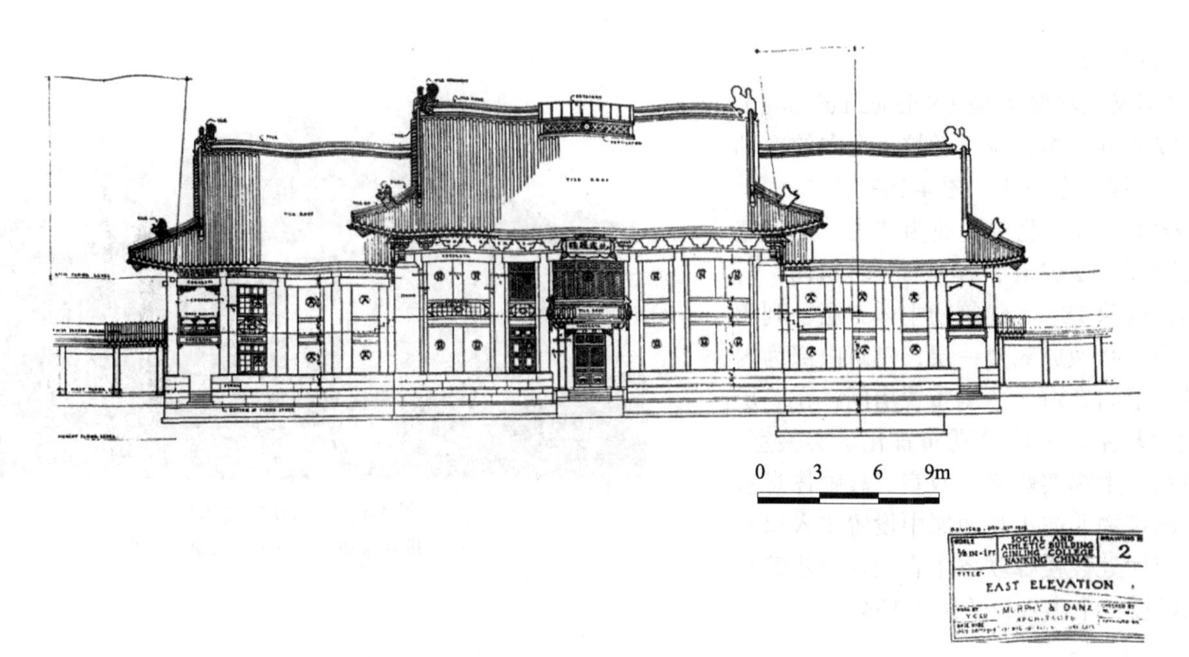

图 4-101　墨菲事务所设计的 100 号楼正立面图原始图纸

图片来源：南京师范大学档案馆

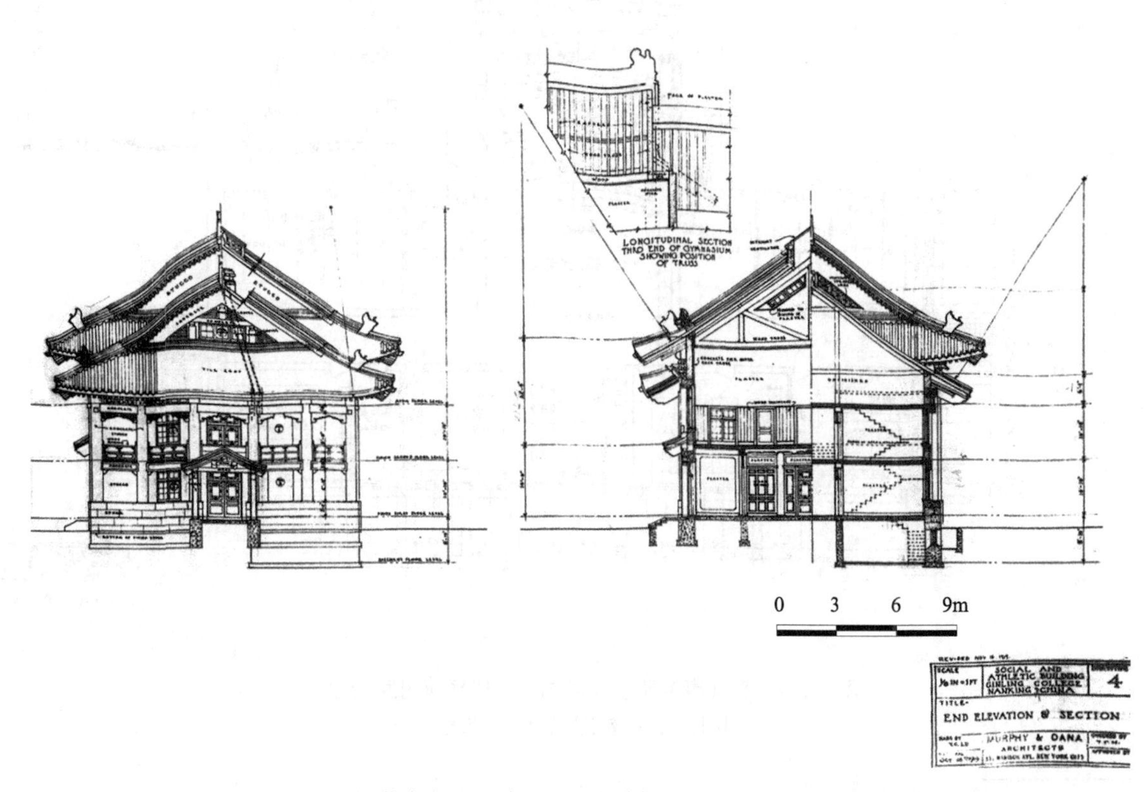

图 4-102　墨菲事务所设计的 100 号楼侧立面图、剖面图原始图纸

图片来源：南京师范大学档案馆

（2）200 号楼

200 号楼又名科学大楼（Science building），是当时学校的科学馆。位于学校南北向的次轴线上，100 号楼的东南侧（图 4-103）。

图 4-103　200 号楼历史照片

图片来源：南京师范大学档案馆

200 号楼坐南朝北，平面为“上”形，建筑物占地面积 752.93m^2，建筑面积 1541m^2 ❶，开间 41m，进深 18m。建筑物主体二层，利用大屋顶下的空间做成阁楼一层，建筑内部为内廊式布局，中间走道，两侧布置房间，在一层中部设置大教室，两侧分别布置化学实验室、物理实验室、生物实验室、教室、教师休息室等房间。建筑物北向主立面居中设置主入口及门厅，在门厅处设楼梯联系垂直交通，建筑物东西两侧各设一个出入口（图 4-104）。

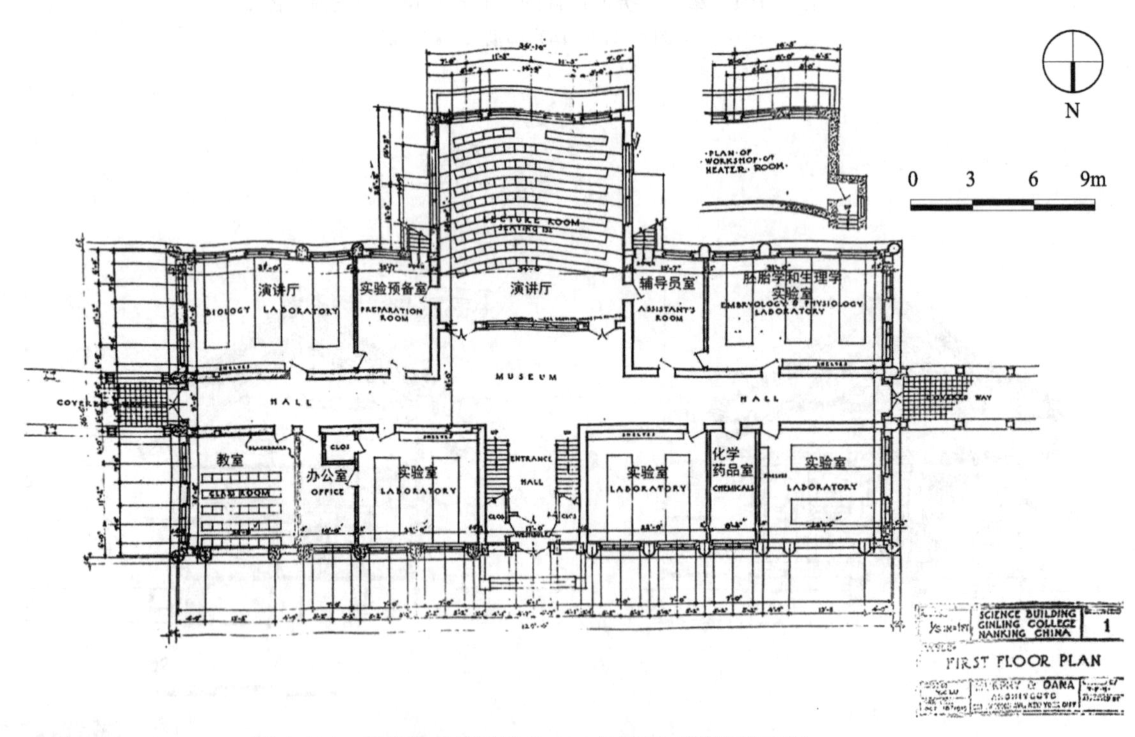

图 4-104　墨菲事务所设计的 100 号楼平面图原始图纸

图片来源：南京师范大学档案馆

❶ 面积来源于：卢海鸣，杨新华 . 南京民国建筑 [M]. 南京：南京大学出版社，2001：170-171.

200号楼建筑形态为典型的中国传统宫殿式，单檐歇山屋顶，利用歇山屋顶的侧面开小窗采光通风，檐下斗栱，在原始设计图纸和实际落成的建筑中，均表现为斗栱与柱头错位。檐口高度为10.49m，一、二层层高均为3.96m❶。建筑立面左右对称，门窗形式皆为中式，主入口大门刻有中式如意纹图案，窗户为三交六椀菱花窗（图4-105）。

建筑结构为钢筋混凝土结构，梁、柱、板皆为钢筋混凝土，屋架为三角形木制屋架❷（图4-106）。

（3）300号楼

300号楼又名朗诵大楼（Recitation building），是当时学校的文学院大楼。位于学校南北向的次轴线上，100号楼的东北侧（图4-107）。

300号楼坐北朝南，平面为矩形，建筑物占地面积732.24m²，建筑面积1492m²❸，开间为40.00m，南北向进深

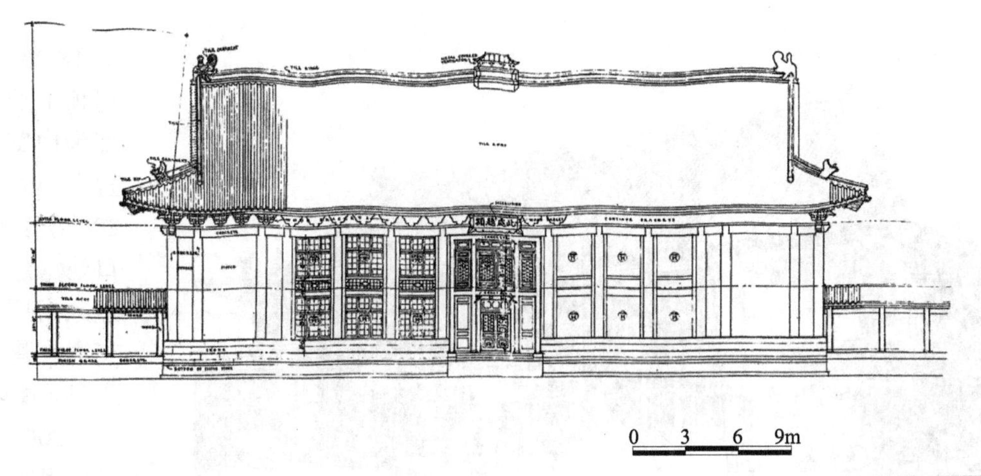

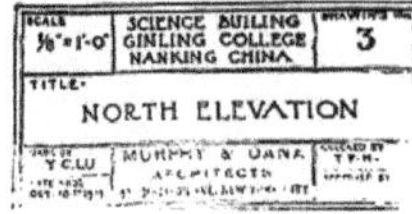

图4-105 墨非事务所设计的200号楼正立面图原始图纸
图片来源：南京师范大学档案馆

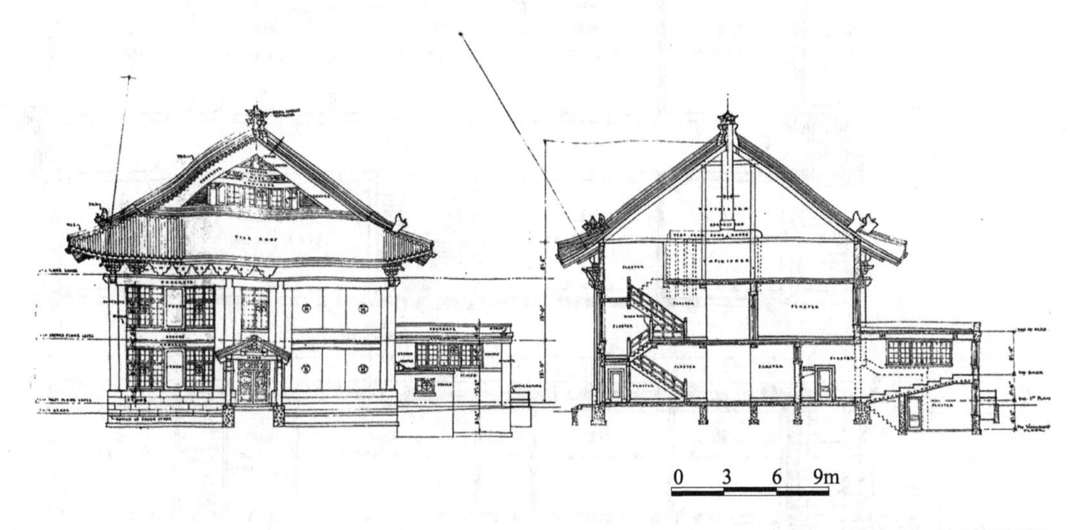

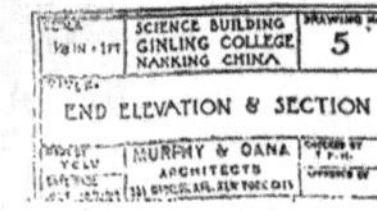

图4-106 墨非事务所设计的100号楼侧立面图、剖面图原始图纸
图片来源：南京师范大学档案馆

❶ 建筑物平、立面尺寸均源自原始图纸。

❷ 见金陵女子大学200号楼原始设计图纸剖面图部分，耶鲁大学档案馆藏。

❸ 面积来源于：卢海鸣，杨新华.南京民国建筑[M].南京：南京大学出版社，2001：170-171.

图 4-107　300 号楼建造时的历史照片
图片来源：南京师范大学档案馆

为 18.00m，建筑物主体二层，利用大屋顶下的空间做成阁楼一层，建筑内部为内廊式布局，中间走道，两侧布置大小教室和教师休息室等房间。与 200 号楼不同的是，300 号楼的正门入口处建有一座宽大的门廊。通门门廊后，进入门厅，门厅处设有楼梯联系垂直交通，建筑物的东西两侧各设一个出入口（图 4-108）。

300 号楼建筑形态设计手法与 200 号楼相似，亦为典型的中国传统宫殿式，单檐歇山屋顶，利用歇山屋顶的侧面开小窗采光通风，檐下斗栱，从墨菲

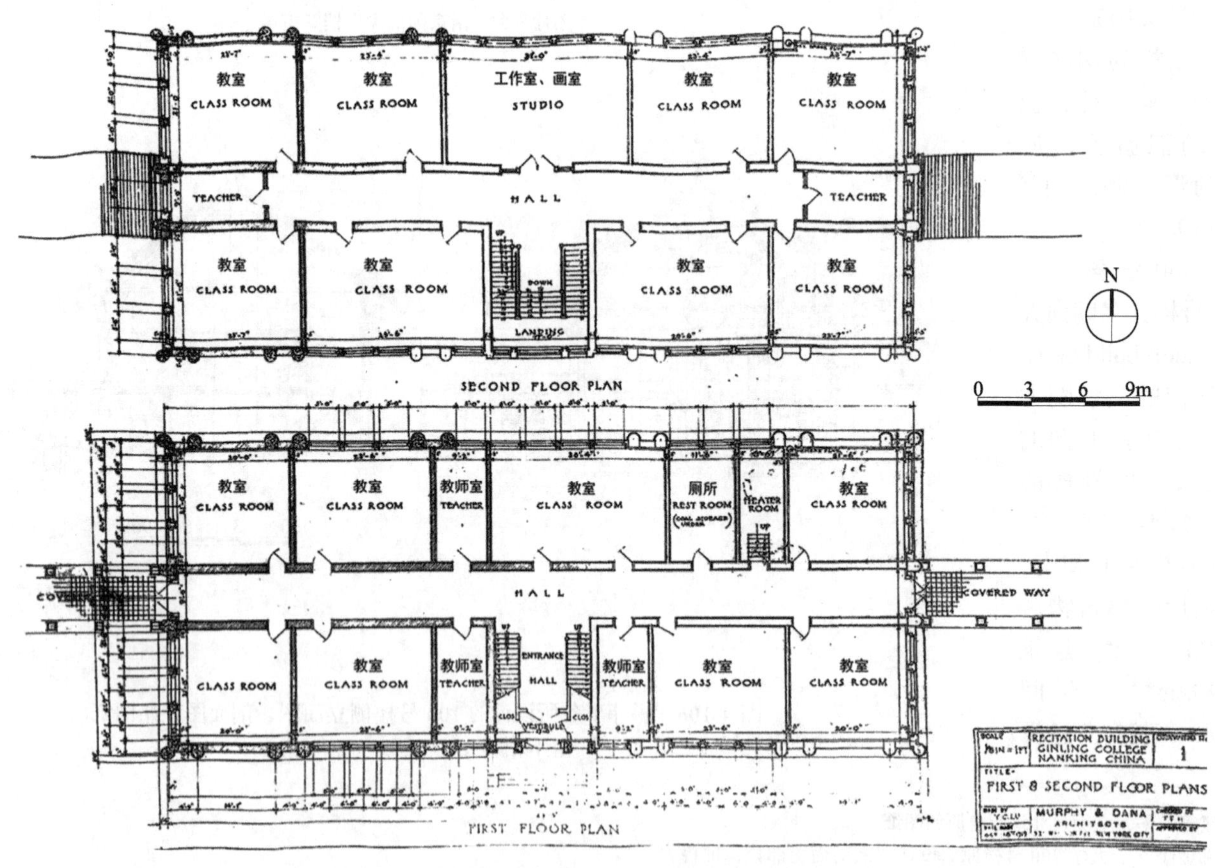

图 4-108　墨菲事务所设计的 300 号楼平面图原始图纸
图片来源：南京师范大学档案馆

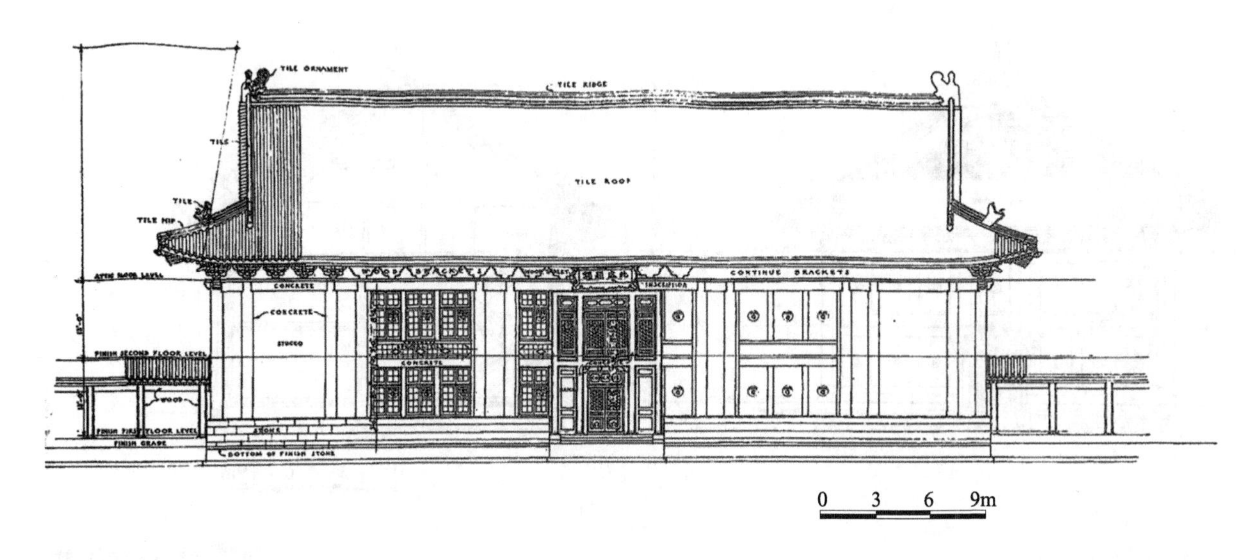

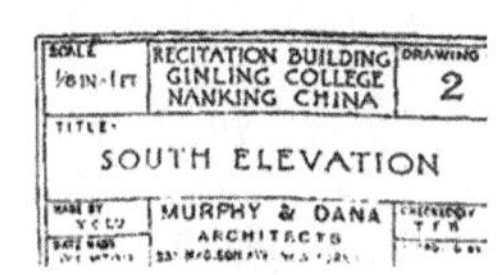

图 4-109　墨菲事务所设计的 300 号楼正立面图原始图纸
图片来源：南京师范大学档案馆

设计的原始图纸和实际落成的建筑中可以看到，300 号楼较之前面的 100 号和 200 号楼稍有改进，只有部分斗栱与柱头错位。檐口高度为 10.49m，一、二层层高均为 3.96m [1]。建筑立面左右对称，门窗形式皆为中式，主入口大门刻有中式如意纹图案，窗户为三交六椀菱花窗（图 4-109）。

建筑结构为钢筋混凝土结构，梁、柱、板皆为钢筋混凝土，屋架为三角形木制屋架 [2]（图 4-110）。

（4）400 ～ 700 号楼

400 ～ 700 号楼为四幢学生宿舍（Dormitory），采用同一套设计图纸，内部布局及建筑外观均一致，为中国传统宫殿形式（图 4-111）。

这四幢学生宿舍位于 100 号楼的后面和两侧，围合中心人工湖布置，形成了校园整体布局的第二进横向院落。每两幢宿舍为一组，与回廊结合，形成了两个对称的三合院。作为学生生活区，设计师有意打造一个优美的生活空间，在合院居中布置人工湖，借鉴中国传统的造园手法，布置了假山、驳岸、花丛、垂柳等，自然形态的湖泊与严谨的方院空间形成了鲜明的对比（图 4-98）。

这四幢学生宿舍坐西朝东，平面为矩形，建筑物占地面积 530.03m²，建筑面积 1151m² [3]，开间为 39m，进深为 14m。建筑物主体二层，利用大屋顶下的空间做成阁楼一层，建筑内部为内廊式布局，中间走道，两侧布置寝室。在建筑物一层的南侧设置饭厅、交谊室。一、二层南、北两端均设有宽大的廊道，可作为晾晒衣物之用。建筑物东向主立面正中设置主入口及门厅，在门厅北侧设置一部楼梯联系垂直交通，建筑物的东西两侧各设一个出入口（图 4-112）。

[1] 建筑物平、立面尺寸均源自原始图纸。

[2] 见金陵女子大学 300 号楼原始设计图纸剖面图部分，耶鲁大学档案馆藏。

[3] 面积来源于：卢海鸣，杨新华 . 南京民国建筑 [M]. 南京：南京大学出版社，2001：170-171.

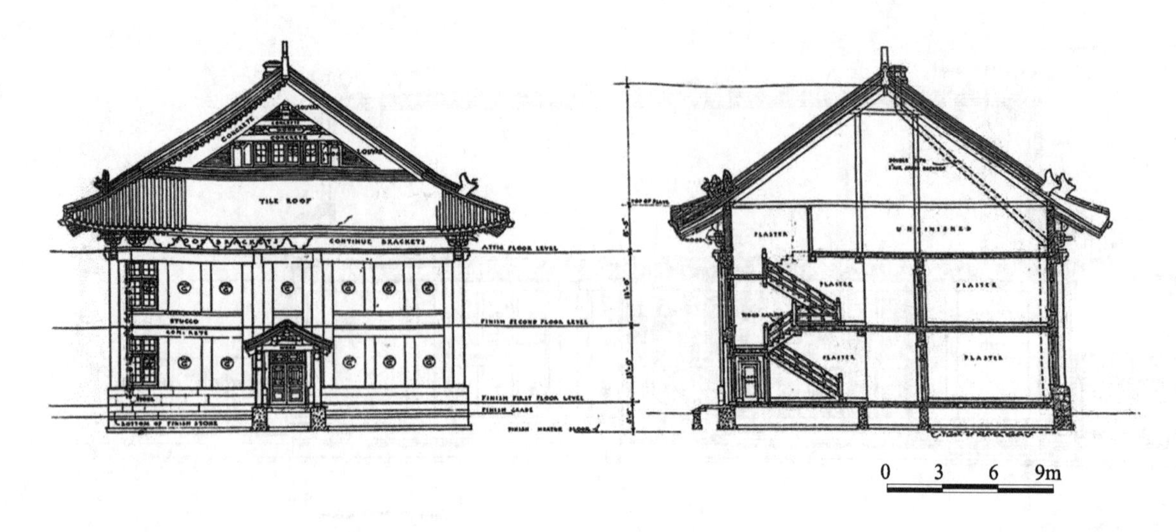

图 4-110　墨菲事务所设计的 300 号楼侧立面图、剖面图原始图纸

图片来源：南京师范大学档案馆

图 4-111　学生宿舍 400 ～ 700 号楼历史照片

图片来源：南京师范大学档案馆

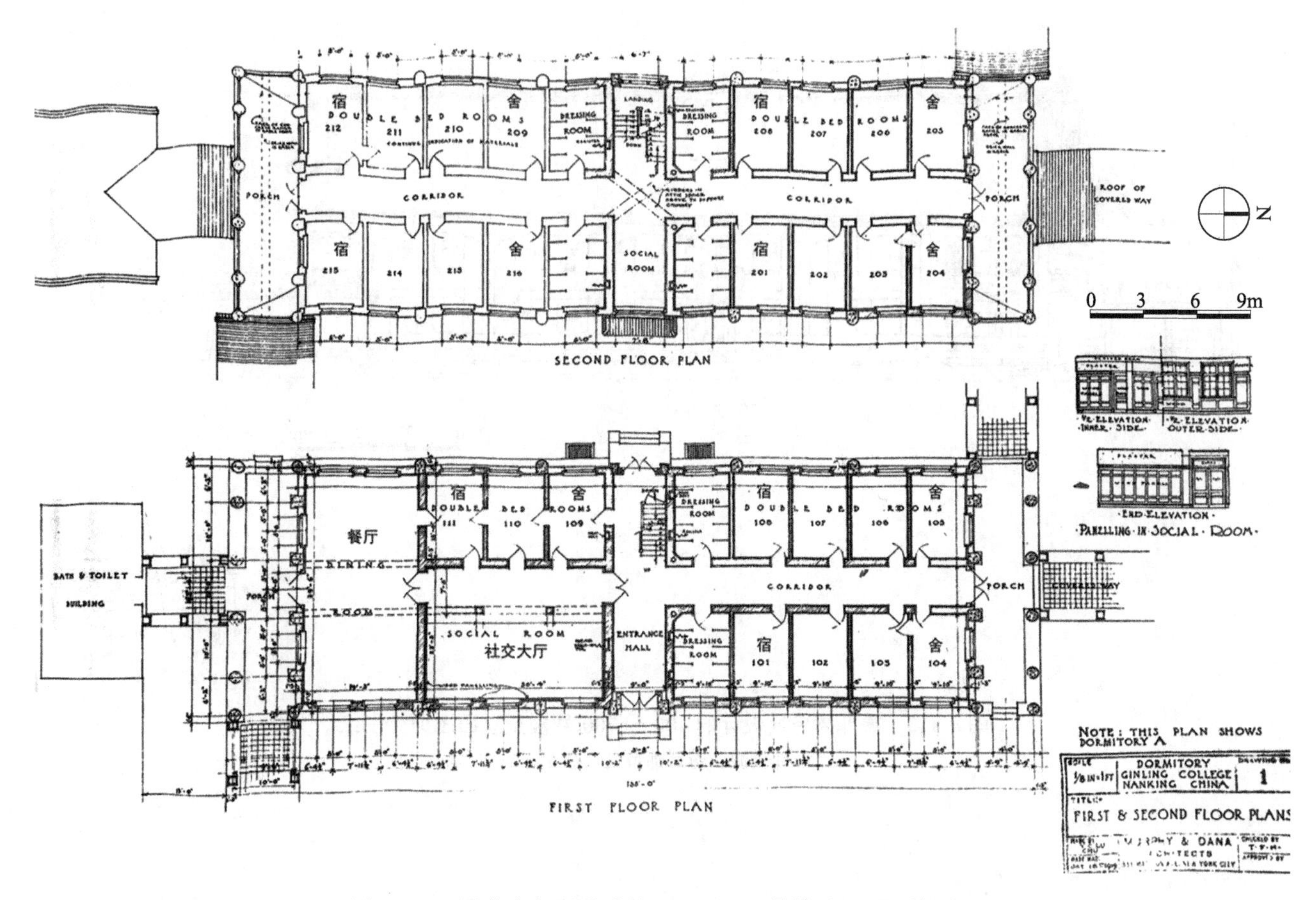

图 4-112 墨菲事务所设计的 400 ～ 700 号楼平面图原始图纸

图片来源：南京师范大学档案馆

这四幢学生宿形态一致，为典型的中国传统宫殿式，单檐歇山屋顶，利用歇山屋顶的侧面开小窗采光通风，与 100 ～ 300 号楼不同的是，400 ～ 700 号楼檐下不设斗栱。大屋顶屋脊结构高度为 12.56m，檐口高度为 7.96m，一、二层层高均为 3.30m[1]。建筑立面左右对称，门窗形式皆为中国传统形式，主入口大门刻有中式如意纹图案，窗户为三交六椀菱花窗（图 4-113）。

建筑结构为钢筋混凝土结构，梁、柱、板皆为钢筋混凝土，屋架为三角形木制屋架[2]（图 4-114）。

（5）建筑细部与装饰

最后，尤其值得一提的是金陵女子大学建筑细部与装饰，大量引入了中国古典建筑的细部做法，以求惟妙惟肖（图 4-115）。如吻兽、悬鱼、雀替、门簪、槅扇门、中式花格窗、抱鼓石、栏杆等。据笔者考证，墨菲的设计蓝图并未指明滴水瓦当图样，此为建造者发挥。部分建筑檐口瓦当雕刻蛟龙图案，滴水雕刻凤凰图样，中华人民共和国成立后维修时大多数瓦当替换成“南师”字样等。

重要部位使用高等级的三交六椀菱花门窗和如意纹裙板。内部装修亦着力表现中式建筑结构体系，天花、屏风、碧纱橱、挂落、楼梯栏杆、室内陈设均取材于中国传统建筑。

---

❶ 建筑物平、立面尺寸均源自原始图纸。

❷ 见金陵女子大学 400 ～ 700 号楼原始设计图纸剖面图部分，耶鲁大学档案馆藏。

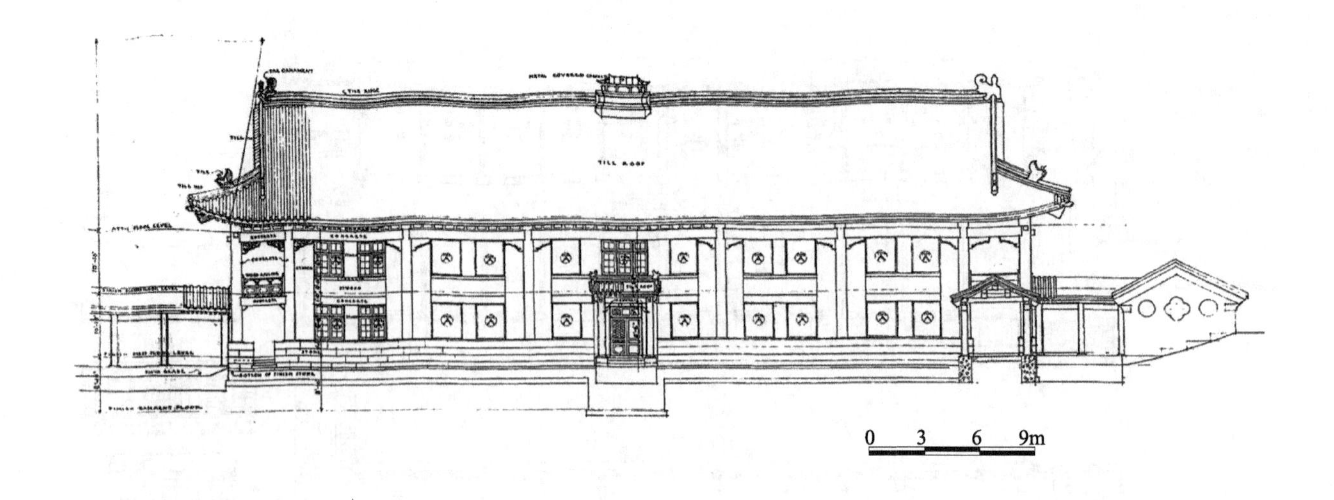

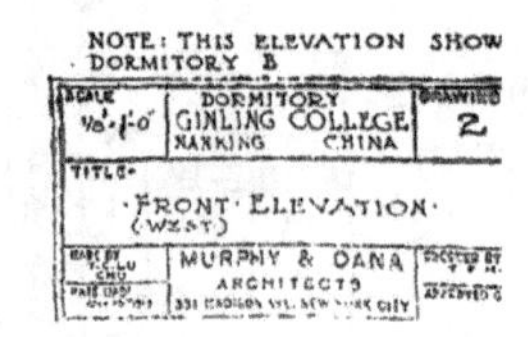

图 4-113　墨菲事务所设计的 400 ~ 700 号楼正立面图原始图纸

图片来源：南京师范大学档案馆

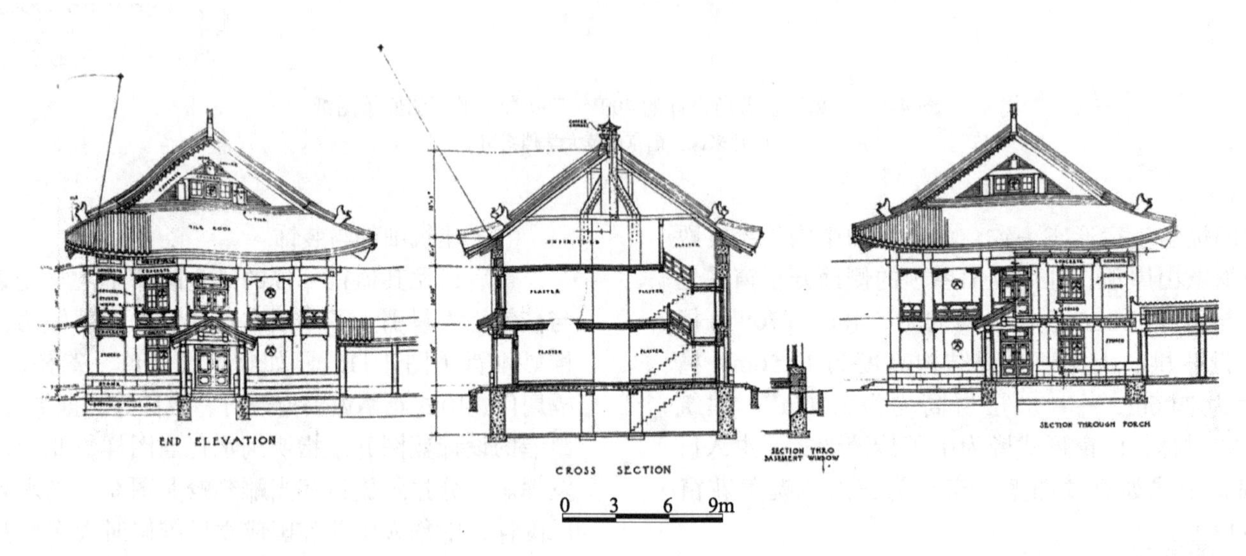

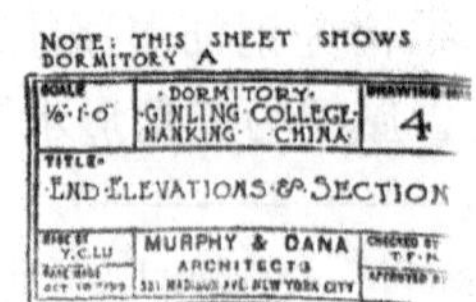

图 4-114　侧立面图、剖面图原始图纸

图片来源：南京师范大学档案馆

另外，墨菲在陈明记营造厂的帮助下，现场制作足尺的石膏转角模型用以研究造型问题。后来这种做法被广泛效仿。中国传统大木作的结构关系主要是由剖面控制的，即《营造法式》中的“侧样”，建筑立面外观效果只是建筑物内部结构关系的二维投形❶。而墨菲通过立面设计方法去控制建筑外部造型，仅凭图纸设计的二维操作，难以把握实际的三维效果。在陈明记营造厂的帮助下现场制作足尺石膏模型帮助他研究出了悬垂出的屋面和支撑物之间完美的美学关系，三维模型可以在任意角度进行观察，以期达到他理想中的效果❷。

对于墨菲图纸在建筑细节上的错误，施工时陈明记营造厂也一一改正过来。如墨菲绘制了正脊穿过吻兽腮部的图纸（图 4-115e），陈明记营造厂将其改为吻兽咬住屋脊（图 4-115f）。

6. 中国古典建筑复兴之作

在金陵女子大学项目中，墨菲对校园建筑“中国古典复兴”的设计手法走向定型，并在后续作品中基本沿用这种手法，成为一种设计套路。其基本设计手法包括❸：

1）构图比例：采用横向三段，竖向三段式构图。如 100 号楼将大屋顶中央部分凸起，两侧屋顶较低，

图 4-115　金陵女子大学建筑细部与装饰

（a）斗栱；（b）屋顶鸱吻；（c）山墙上的博风板；（d）原始设计图中的檐口瓦当和滴水；（e）原始设计图屋脊穿过吻兽腮部；（f）陈明记营造厂将其改为吻兽咬住屋脊；（g）施工现场制作的斗栱；（h）100 号楼内景

图片来源：南京师范大学档案馆

❶ 赵辰．“立面”的误会：建筑・理论・历史 [M]. 北京：生活・读书・新知三联书店，2007：118-132.

❷ 见费慰梅（Wilma Canon Fairbank）在 1987 年 2 月 7 日写给郭伟杰的信第 197 页。

❸ 董黎．中国近代教会大学建筑史研究 [M]. 北京：科学出版社，2010：150-151.

形成横向三段式构图。竖向三段式即保持中国传统建筑台基、墙身、屋顶的三分构图形式。

2）屋顶形式：以清代宫殿式歇山顶为最高等级，用于校园中心主体建筑，庑殿、硬山和卷棚顶则灵活运用于附属建筑。利用歇山顶两端开窗，满足采光通风需求（图 4-115c）。

3）仿制斗栱：用钢筋混凝土模仿中国古典建筑的斗栱，这种起源于墨菲的尝试后来成为一种风尚。以前的教会学校建筑大屋顶直接生硬地扣在墙身上（如金陵大学），墨菲首先意识到斗栱在屋顶与墙身之间的过渡作用，但遗憾的是他没有理解斗栱在木结构建筑中的结构功能，将其理解为一种装饰构件，因此出现了斗栱与柱头错位的细节错误。

4）墙身处理：利用凸出墙面的古典式红柱控制建筑立面构图，墨菲很了解中国古典建筑墙和间壁插入柱间的结构逻辑，因此在设计中有意突出柱子和墙体的关系，造成柱子承重的结构“假象”，利用柱子组合成不同的节奏与韵律丰富立面，不仅作为竖向立面构图元素，还利用“双柱”组合。这种做法使建筑“开间”发生了变化，并不完全符合中国传统建筑明间、次间、稍间、尽间依次变小的规律。这种自文艺复兴后期在西方建筑中出现的手法运用在仿中国传统木构建筑的金陵女子大学校园建筑中，获得了厚重沉稳的整体效果，丰富了立面造型。利用中国古典式红柱的另一个优点就是可以自然地导入其他细部做法，如窗棂、窗间墙图案、中式的大门和门簪等。

5）入口形式：摒弃以往中西合璧式建筑在入口处的抱厦处理方式，采用方形框架加少量中国古典建筑装饰，使建筑的外部体型与中国古典建筑更加贴近。

6）色彩搭配：摒弃以往教会大学建筑朴实简洁的外观形象，追求中国古典式华丽的色彩装饰效果，按照中国宫殿式建筑的用色习惯来区分结构构件。以黄色粉刷承重的实墙，用红色强调木柱和梁枋，檐下斗栱、额枋和雀替均使用丰富的彩画，并以褐色基座和青灰色的屋面加以衬托。室内装修的彩画更是仿照清代官式建筑做法，色彩丰富。

金陵女子大学建筑是墨菲“宫殿式”建筑的定型之作，体现了他对中国古典建筑的理解方式，重点在于院落与群体的组合，而不是对单幢建筑的追求，其设计手法适度地把握了中国宫殿建筑的要素[1]。“他的方法可以被视作为一种规范化的努力，这种努力最终排除了其他对于‘中国风格’的多元解释。”[2]

但墨菲对中国传统建筑进行了“适应性的改良”，体现了“适应性建筑”的灵活性。一是因地制宜，以东西向为主轴线，改变了中国传统建筑南北向为主轴线的做法；二是在轴线处理上巧妙借鉴了西方近代校园规划中较为成熟的主次轴线的院落布局方法，以广场为中心，两条轴线纵横交错，主次关系明晰，富有理性[3]，可谓是“中西合璧”；三是摒弃中国传统建筑沉重的大门和封闭的院墙，力图营造一种西方校园的开放式空间，并运用通透的游廊代替传统院落中的封闭围墙，建筑尽端一层架空与游廊自然衔接，构成开敞的内部交通，使院落之间相互渗透。

因此，金陵女子大学的校园规划布局、功能分区、空间组织、景观绿化、单体建筑均体现了中西方文化的交融，是墨菲“适应性的中国建筑复兴”（the adaptive renaissance of Chinese architecture）的代表作品。因为是“适应性”，墨菲可以不用担心别人指责他的作品不是“纯净的中国式”，这种“旧瓶装新酒[4]”的“中国建筑复兴”为中国传统建筑的传承与发展提供了一种新的探索。

第四节　本土学校与教会学校对比研究

民国时期国人创办的幼稚园、初中等学校、高等学校数量远远多于教会学校，学校建设特征既有共同点，也有差异，分析见表 4-11。

---

❶ 刘先觉，王昕 . 江苏近代建筑 [M]. 南京：江苏科学技术出版社，2008：139.

❷ 赖德霖 . 中国近代建筑史研究 [M]. 北京：清华大学出版社，2007：400.

❸ 刘先觉，王昕 . 江苏近代建筑 [M]. 南京：江苏科学技术出版社，2008：139.

❹ 郭伟杰在他的康奈尔大学博士论文中，关于墨菲的适应性建筑研究形象地称之为“旧瓶装新酒”。

本土学校与教会学校的建设特征比较（1911—1937 年） 表 4-11

办学主体	选址	校园规划	建筑形态	建筑类型与功能	建筑技术
本土学校	中小学集中式分布转变为按照人口密度分布，南京城交通、经济人口的迅速发展导致学校选址不再局限于城墙内，部分高等学校和军事学校在城墙外择址新建	初、中等学校：规模较小的学校仅单幢综合楼，规模较大的学校以周边建筑围合中心绿地设置，或以轴线结合院落的形式布局。 高等学校：引进欧美大学开敞的三合院形式，十分强调由“校门—广场—主楼”构成的主轴线，明确功能分区。 军事学校：行列式、均匀相等的兵营式布局	初、中等学校：多数外观朴素，类似普通民房，也有西方古典式、中国传统宫殿式、西方现代式的校舍。 高等学校：西方古典式居多，少数中国传统宫殿式。同一所学校的建筑形态趋于统一。 军事学校：西方古典式为主	功能逐渐完善，设有教学、教辅、生活用房和体育活动场所。高等学校尤其重视科研场所的建设，随着校—院—系大学三级建制的定型及学科专业化程度的加深，引发院系大楼的建设。 军事学校配设大型军训演练场所	随着建筑材料和结构技术的进步，出现了钢筋混凝土结构体系、 钢木结构体系。南京除钢铁厂外，设有水泥、砖瓦、石材等厂。引进现代化的水电设施
教会学校	随着传教活动范围的扩大，由城中向城北下关及城南、城西发展	初、中等学校：北美中心花园式布局，周边建筑围合中心绿地布置。 高等学校：美国大学校园“草陌式”（开敞的三合院形式）、中国传统建筑群体沿轴线布置院落空间的规划模式	中西合璧成为主流。 但在原晚清西式校园建筑基础上添建的学校，仍采用西方建筑形式，以保持校内建筑形态的统一性	学校规模扩大，建筑功能逐渐完善。 教会大学设有科学馆、科学试验场	利用混凝土的可塑性仿制中国传统建筑的斗栱、梁柱。除钢材进口外，其余材料取自中国本土，水电设备齐全

本表来源：笔者自绘。

本章小结

1911—1937 年是南京近代教育建筑的发展兴盛期。

一方面，本土学校在民国成立后继续发展。《壬子学制》与《壬戌学制》的颁行有效地指导了各类学校的建筑功能设置，相关政策的施行直接改变了南京中小学校集中在城中、城南的分布方式，从此南京的中小学校开始根据人口密度和学龄儿童的比例合理设置，中小学校在全城分布均匀。学校在设计上继续发展，学校规划受西方校园规划的影响，学校规划丰富多样，既有仿照北美校园“中心花园式”——周边建筑围合中心绿地的布局模式，也有欧美大学开敞的三合院形式，还有简单的行列式布局；建筑形态中西兼容，既有西方古典式，也有中国传统宫殿式，还有西方现代式；建筑功能设置齐全，与同时期的教会大学类似，设有教学、教辅用房、生活用房及体育活动场所，随着学科专业的细化，高等学校建有院系大楼，并建有实验室、科学馆、科研试验场等科研场所，军事学校配建有大规模的军事训练场；建筑技术也迅速发展，钢筋混凝土结构体系开始引入，大礼堂、体育馆、图书馆等大跨度建筑空间得以实现；建筑设备也得到发展，学校建筑内普遍配设有自来水和电灯。

另一方面，教会学校也迅速发展。该时期教会学校空间分布仍然受传教活动影响，随着传教范围的扩大，教会学校由城中向城西、城北扩张。学校设计手法灵活多样，教会中小学校规划以北美“中心花园式”——周边建筑围合中心绿地的规划布局模式居多，早期建设的金陵大学、金陵神学院、金陵女子神学院的学校规划均依照欧美大学开敞的三合院形式进行布局，稍晚建成的金陵女子大学其校园规划表现出中国传统建筑群体沿轴线布置院落空间的规划模式，以三合院或四合院为基本单元，通过主次轴线关系串联或并联院落，形成具有空间序列的建筑群。该时期教会学校的建筑形态以中西合璧为主，建筑功能设置齐全，设有教学、教辅用房、宗教活动用房、生活用房及体育活动场所，教会大学尤其重视科学研究，且资金充足，如金陵大学、金陵女子大学等在开设理、工、农、医等学科时，建设有相应科学实验室、科学馆、科研试验场等。在建筑技术上，引入钢筋混凝土结构体系，利用混凝土的可塑性创造出纯正的西方古典样式和中国传统宫殿形式的建筑；在建筑设备上，教会学校建筑内部均配有自来水和电灯。

第五章　1937—1945 年的南京近代教育建筑

1937—1945 年，南京的教育建筑发展趋于停滞。南京沦陷前，大多数本土学校与教会学校西迁。南京沦陷后，部分中小学校开始恢复，并仿照战前依人口密度划分学区，制定校舍设备标准。汪伪政府时期，中小学校发展缓慢并开始创办高等学校和军事学校。此外，该时期出现了日本人创办的中小学校和军事学校，招收日籍学生。总体而言，日据时期南京学校数量显著下降，学校建设全面衰退，学校建筑以修缮为主，少数扩添建，极少新建。

本章第一节分析了该时期南京的社会与学校状况，后续章节根据办学主体和学校类型分别探讨了中国人开办的学校、西方教会开办的学校、日本人开办的学校等各类学校的建设特征和相应的学校建设策略、规章制度等。在梳理学校建设史料时，以点线面结合的思路，先对 1937—1945 年的学校建设实况进行综述，归纳出该时期南京近代教育建筑的类型、学校数量、空间分布、学校营建方式和营建特征；再对各类学校分类研究，结合大量实例针对初中等学校、高等学校、军事学校等各类学校的校址与规划、建筑功能与形态、建筑技术等建筑本体特征进行详细探讨；最后选取典型案例进行深入剖析，通过对该时期当局创办的规模较大的南京市立第一中学进行典型案例研究，以期全面展现该时期教育建筑的特征。

第一节　社会状况与学校状况

一、南京沦陷前大量学校停办和内迁

南京沦陷前，为保存教育实力、坚持长期抗战和准备战后重建，文化教育机构开始内迁。1937 年 8 月的《战区学校处理办法》，规定各学校“于战事发生或逼近时，量予迁移，其方式得以各校为单位或混合各校各年级学生统筹支配暂行附设于他校。”随着国民政府的内迁，南京的学校和科研机构也陆续迁往西南、西北地区，其中迁往重庆者为最[1]。

但实际迁校过程比较混乱，缺乏国民政府的财政支持和有序安排，尤其是中小学的迁移，大多数学校不知道应该迁往哪里，怎么迁移，像是暂时的避难与流亡。随着战争形势的变化，原来的内

[1] 徐传德 . 南京教育史 [M]. 北京：商务印书馆，2006：271.

迁的学校被迫一迁再迁，迁校过程中国民政府并没有实行有效的组织和领导[1]。

1. 本土学校停办和内迁

南京沦陷前，国人创办的幼稚园、小学一律停办，中等学校少数停办，大多数内迁。高等学校、军事院校一律内迁。

2. 教会学校停办和内迁

南京部分教会学校（如金陵大学）认为有美国大使馆的保护就不怕日本人干扰，但面对日军占据南京城的严峻形势，也只有仓促内迁（表 5-1、表 5-2）。沦陷初期，留在南京的教会学校因有西方教会的特殊背景得以继续开办，自 1941 年美国参战后，教会学校全部被日军或当局接管。

二、日占时期南京的社会状况

1. 日军对南京城的破坏

1937 年 12 月 13 日日军进占南京城，日方采取军事占领、经济掠夺、政治欺骗、文化侵略的侵略政策[2]。

2. 人口剧减、经济凋零

日军在破城之初对南京城进行的轰炸、屠杀和掳

1937 年停办或内迁的教会中学　　**表 5-1**

学校名称	迁往地点
明德女子中学	该校于 1942 年底被日军侵占，原有教职员和学生全部离开学校，日军将其改为日本高等女子学校，专招日籍学生
私立汇文女子中学	1938 年迁往上海与其他教会学校组成华东基督教联合中学，1939 年联合中学解散后，该校仍迁返南京
金陵大学附属中学（金陵中学）	1937 年迁往四川万县，1941 年底金陵大学在成都筹办金大附中驻蓉分班
育群中学	1938 年迁往上海与其他教会学校组成华东基督教联合中学，1939 年联合中学解散后，该校迁往江西赣县
中华女子中学	1938 年迁往上海与其他教会学校组成华东基督教联合中学
私立道胜小学	1937 年南京沦陷后学校停办，1942 年增设初中，更名为“私立道胜中学”
私立金陵高级护士职业学校	未曾内迁，在日军侵占时一度停办，次年复校招生
上海震旦大学预科学校	1937 年学校被日军飞机轰炸后停办，1939 年改名为南京利济中学

本表来源：徐传德 . 南京教育史 [M]. 北京：商务印书馆，2006：272.

1937 年内迁的教会大学　　**表 5-2**

学校名称	迁往地点
私立金陵大学	迁往重庆
私立金陵女子文理学院	分迁武昌、上海、成都三地
金陵神学院	分为两部分，一部分师生南下到上海，另一部分西迁至成都。迁往上海的师生与金陵女子神学院在上海联合办学。1938—1939 年，该校部分师生迁往华西坝与金陵大学、华西协和神学院联合办学
金陵女子神学院	迁往上海，与金陵神学院等其他教会学校合办

本表来源：南京市地方志编纂委员会 . 南京教育志（下册）[M]. 北京：方志出版社，1998：987-988.

[1] 秦川明 . 战后南京中小学教育复员研究［D］. 南京：南京师范大学，2011：6.

[2] 徐传德 . 南京教育史 [M]. 北京：商务印书馆，2006:277.

掠使得城市满目疮痍，财力和物资衰竭，大量专业建筑师离开，人口剧减。

三、日占时期南京的学校状况

1. 战争对教育建筑的毁坏

日军的狂轰滥炸和疯狂掠夺摧毁了大量建设成果[1]，中、小学校舍被毁者40余所，被军警宪占据有15所，破坏之巨，史所罕见。根据抗战后南京市教育局对日占时期的小学校舍损毁状况调查统计[2]：战前新建的48校中，全部被拆毁者计有26校，分别为：大中桥、三条巷、小西湖、中央路、安品街、丰富路、惠如、竺桥、南昌路、香铺营、马道街、淮清桥、崔八巷、游府西街、新茎市、裴家桥、千家巷、陵园、中山门、午朝门、光华门、浦口码头街、通浦路、挹江门、邓府山、江东门等小学校舍。战前旧校舍全部被拆毁者有7校，分别为：高井、仙鹤街、集庆路、仙鹤门、西善桥、孝陵卫、尧化门等校舍。另有高等学校、中等学校的校舍损毁状况未能量化，真所谓校馆为墟，九仞之山，功亏一篑[3]（图5-1）。

2. 日占时期南京开办的学校

沦陷初期西方教会开办了临时补习班，1937年12月13日南京沦陷后，日军开始了惨绝人寰的大屠杀，留守南京的外人组成“安全区国际委员会”，安全区内教会学校的留守人员约翰·拉贝（John H.D.Rabe）、魏特琳（Minnie Vautrin）等人，利用校园作为南京大屠杀期间的难民营保护中国公民，并创办了大量的临时补习班和职业训练班，变相地收留难民，给难民传授文化知识和职业技能[4]。

另外，日占时期南京出现了日本人创办的学校，学校类型有中小学校、军事学校等，专收日籍学生，与中国人界限分明。

---

[1] 经盛鸿．日军大屠杀前的南京建设成就与社会风貌[J].南京：南京社会科学，2009（6）：87-92.

[2] 南京市教育局编．南京市教育概览[M].南京：南京市教育局，1948：12-16.

[3] 南京市地方志编纂委员会．南京教育志（上册）[M].北京：方志出版社，1998：372.

[4] 秦利明．战后南京中小学教育复员研究［D］.南京：南京师范大学，2011：6.

图5-1 被日军轰炸后的中学校舍

图片来源：南京师范大学附属中学校史室

第二节 办学策略和学校建设规则

一、办学策略

南京沦陷后，一切建设荡然无存，更无教育可言[1]。在日军的侵略行径下，注定了不可能投入精力和经费在校舍建设上。

二、教育制度对学校建设的管控

当时的教育部门规定了南京中小学校址的分布要求、中小学校的校舍设置标准。

1. 根据人口密度设置中小学校

1939 年，根据南京市当时的人口密度将城内划分为五个学区（图 5-2），以新街口为中心，城东南、西南、东北、西北 4 片分别划为第一、二、三、四区，后来下关划入管辖范围，成为第五区[2]。将乡区划分为四个学区，即安德门区、上新河区、燕子矶区、孝陵卫区[3]。

2. 规定校舍设置标准

当时《规划中小学情形之校舍扩充要求最低标准》（以下简称《标准》）规定如下：各校须有传达室一处、校长教员办公室各一处、大礼堂一处、相当之教室若干、适用运动场一处、图书馆一处、学校园一处、饮茶所一处。男女合校之小学，须有男女厕所各一处。

中学应增设教导处、事务处、级任室、仪器标本室、储藏室、教职员学生宿舍、盥洗室、浴室、厨房、饭堂等。

在实际建造中，各校以《标准》为指导方针，分期修建校舍。例如《推进教育事业计划》中拟订校舍建设计划如下：自 1938 年起，各中小学增校、增级修建校舍……兹拟于 1939 年度下学期，修缮督量厅、武定门、承恩寺、宫后山、磨盘街、船板巷、暨窑湾、头关、迈皋桥、七里洲、燕子矶等旧校址，为女子中学及新增各小学校舍，嗣后再视实际需要，分期修建校舍……为增级、增校之用。

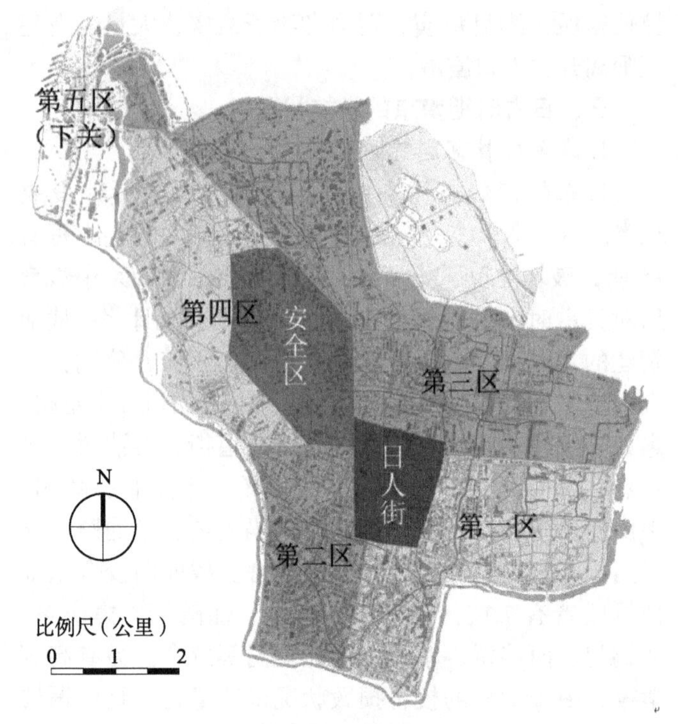

图 5-2　南京城区分区图

图片来源：陈勐．南京近代商业建筑史研究［D］．南京：东南大学建筑学院．2018：162

第三节 各类学校的建造实况

一、学校营建特征与空间分布

1. 学校类型

日占时期的学校类型有初中等学校、高等学校、军事学校。南京维新政府仅开办初、中等学校，汪伪政府时期初、中等学校继续发展，并开始创办高等学校和军事学校。日军占用原炮兵学校和工兵学校校舍后用作日军的军事学校，并在孝陵卫等营房内附设军事学校。

2. 营建特征

学校营建特征表现为私塾的再次繁荣、大量修缮、

[1] 南京特别市教育局编纂委员会．南京教育［M］．南京：南京中文仿宋印书馆，1939：1.

[2] 左静楠．南京近代城市规划与建设研究（1865—1949）［D］．南京：东南大学，2016：38.

[3] 南京特别市教育局编纂委员会．南京教育［M］．南京：南京中文仿宋印书馆，1839.

较少扩添建、极少新建校舍。

（1）私塾的再次繁荣

日占时期许多学生选择到私塾接受传统教育，导致了私塾的繁华再现。1912 年政府曾开始私塾改良，私塾数量逐渐减少，1935 年南京私塾数约占小学数量的三分之一，1939 年时南京私塾共计 160 所，学生达 6164 人[1]，而同时期的小学数量才 39 所[2]。

（2）大量占用或修缮原有校舍

1）利用战前原校舍

对于战火中损毁程度较小的校舍，被日军占为他用。

2）大量修缮战前原校舍

日占时期，大多数学校修葺战前原校舍使用。对于校舍地点不合适，或损毁过甚不能修理者，另觅公产房屋及民房使用[3]。

（3）较少扩添建校舍

（4）极少新建校舍

3. 空间分布

日占时期南京初、中等学校依照人口密度均衡分布，城区划分为五个学区，乡区划分为四个学区。

二、初、中等学校

1. 初、中等学校的统计与简介

1938—1939 年南京有市立小学 40 所，私立小学 21 所（其中私立教会小学 14 所，民间私人创办的 7 所）。1940—1945 年新增市立小学 29 所[4]，新增私立小学数量不详。

1938—1945 年，南京有各类中等学校合计 25 所（其中，中学校 19 所、中等职业学校 4 所、中等师范学校 2 所[5]，补习学校和临时补习班未讲入总数内）。其中，中国人创办的中等学校 19 所。

2. 初、中等学校的校址与规划

（1）初、中等学校校址

初中等学校依照人口密度均衡分布，城区划为五个学区，乡区划为四个学区（图 5-2），自 1938 年后每学期进行严密的人口调查以增级增校。学校大量利用战前校舍或略作修缮。

（2）初、中等学校规划

从 1938 年 6 月至 1939 年 10 月修葺的 68 所中小学校舍中可以了解到，新建小学仅 1 所，其余为大量修葺或占用战前原校舍。学校规划特征如下：

1）在原校舍基础上扩添建的学校，其校园规划布局不作改变，仅局部添建部分房屋以供使用。

例如南京市第一中学在战前贫儿园旧址基础上进行修葺和扩添建，学校总体布局未作改动（图 5-3），

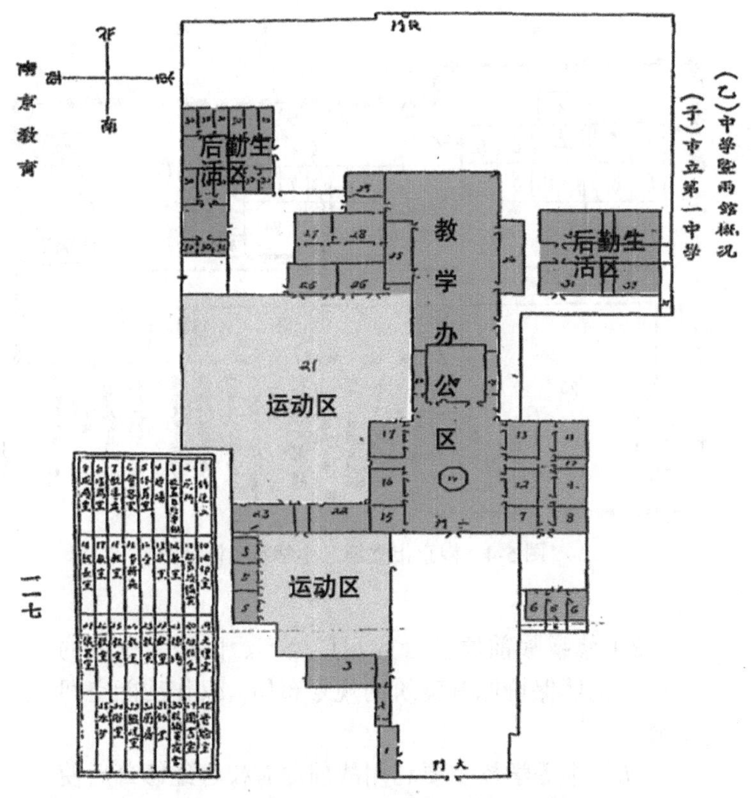

图 5-3　南京市立一中根据使用需求合理改扩建后有明确的功能分区

❶ 南京市地方志编纂委员会 . 南京教育志（上册）[M]. 北京：方志出版社，1998：72-73.

❷ 南京市地方志编纂委员会 . 南京教育志（上册）[M]. 北京：方志出版社，1998：72-73.

❸ 南京市地方志编纂委员会 . 南京教育志（上册）[M]. 北京：方志出版社，1998.

❹ 南京市地方志编纂委员会 . 南京教育志（上册）[M]. 北京：方志出版社，1998：183.

❺ 南京市地方志编纂委员会 . 南京教育志（上册）[M]. 北京：方志出版社，1998：372-373.

以轴线组织院落空间，仅根据教学需要进行功能置换。改建成学校后，根据教学需要明确功能分区，居中设置教室、实验室、图书室、办公室等教学办公区，后勤用房布置在基地东、西两侧，利用原建筑物的院落设置成大小两处运动场。

2）新建学校以座为单位，单体建筑呈行列式分布，道路网架笔直规整。

例如南京市立第二小学（图 5-4），两幢主要建筑放置在场地中心，并列、平行布置，其他附属建筑散布在校园边角位置，与主要建筑物平行，单体建筑一律南北朝向，仅有一幢二层楼房，其余皆为简易平房。道路网架几何规整，利用基地内的边角空地设有两个操场，在教学楼前设有学校园。建筑内部功能混杂，教学楼内设有教室、仪器标本室、图书室、大礼堂、应接室、办公室等各类功能空间，仅将宿舍、厨房另外设置。

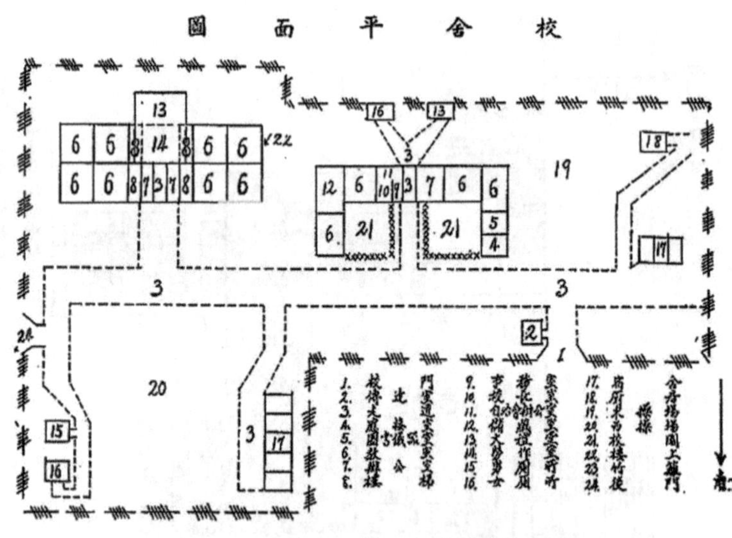

图 5-4　南京市立第二小学新建校舍图

3）修缮战前原校舍或租用公产、民房为校舍的学校，仍然保持原有建筑的规划布局，仅作功能空间的修复。

初、中等学校主要利用战前原有校舍经修葺后使用，恢复其使用功能，不改变原学校规划布局。对于租用民房的学校，仍保持原民居格局。

例如市立女中、汉中路小学修理校舍工程：市立女子中学校舍逼仄不敷应用，租附近王姓平房三进，经修葺后作为校舍……拟将糊纸格栅改为玻璃窗五樘，添做门一樘，内部添砌十寸墙一道，前檐上部原订分板添钉木条。南京市立汉中路小学修理校舍（1943 年 8 月 8 日）工程：成贤街 41 号[1]，修理教室四间、北面教室两间的全部油漆工程和落水管，修理办公室的全部油漆和落水管，修理男女厕所、厨房落水管，拆砌围墙并加高。

总体而言，日据时期校园规划处于停滞状态，表现为大量修葺战前校舍或租用民房和公产为校舍，新建学校和扩添建活动极少，建筑设计和建造水平有限，新建学校规划呈简单的行列式，学校建设侧重解决建筑使用功能，就连中小学校最为重视的室外体育运动场所和学校园也是见缝插针，利用空地布置。造成这种现状的主要原因是战争，战争使南京城内建筑废墟遍布、财力和物资衰竭、专业人才凋零。日据时期南京的学校建设全面衰退。

3. 初、中等学校的建筑功能与形态

（1）初、中等学校的功能设置

日据时期的南京教育建筑主要解决使用功能，以实用为主，校舍简陋，只能够满足基本的教学和生活需求。各学校均按照校舍标准设置教室、实验室、办公室、大礼堂、图书室等教学教辅空间，设置运动场、学校园等户外活动空间，设置学生宿舍、饮茶所、厨房、厕所等后勤用房。

下文以实例分析的方式，分别选取中学、市立小学、初级小学、短期小学等各种学校类型以期全面说明问题。

南京市立第一中学[2]校地总面积 20 余亩，每位学生平均占地面积 1.6 方丈。设有教室 16 间、理化仪器室 1 间、学生成绩室 1 间、大礼堂 1 座（可容纳 800

[1] 南京市档案馆，《关于南京市立汉中路小学修理校舍说明》，档案号：10020050704（00）0006。

[2] 南京市第一中学初时占用原成美中学校舍，因校舍狭隘，后勘修白下路升平桥前贫儿院旧址为一中新校舍，1939 年 9 月迁入。

人）、办公室 4 间（可容纳十余人）、图书室 1 大间（可容纳二十余人）、宿舍 10 间（可容纳八十余人）、教员预备室 1 大间（可容纳十余人）、膳房 1 大间（可容纳一百余人）、厨房 4 间 ❶。

南京市立第二中学共有学校建筑 36 间，包含普通教室 5 间、专科教室 4 间、教长室 1 间、教导处 1 间、事务处 1 间、教员预备室 1 间、理化仪器室 1 间、生物标本室 1 间、图书室 1 间、体育部 1 间、会客室 1 间、储藏室 1 间、宿舍 1 间、教职员宿舍 3 间、工友宿舍 1 间、传达室 1 间、商社 1 间、医药室 1 间、礼堂 1 间、饭堂 2 间、盥洗室 1 间、浴室 1 间、厨房 1 间、厕所 2 间、操场 1 处。

南京市立第一模范小学 ❷ 校地总面积约为 $2786m^2$，校舍有直接教育室 24 间、间接教育室 16 间、大礼堂 1 处、运动场 1 处。

南京市立第一小学 ❸ 设有礼堂 1 间、教室 6 间、办公室 1 间、校长室 1 间、应接室 1 间、合作社 1 间、宿舍 1 间、厨房 1 间、门房 1 间、校役室 1 间、厕所 2 间。

南京市立第二小学校舍均为新建，总计约占地 17 余亩。有教室 13 间、礼堂 1 间、办公室 3 间、应接室 1 间、图书仪器室 1 间、事务室 1 间、校长室 1 间、储藏室 1 间、学生自治会办公室 1 间、运动场 2 间、厨房 1 间、男厕所 2 间、女厕所 2 间、宿舍 8 间、学校园（绿地）2 处、传达室 1 间。

南京市立第九小学学校地面积为 $4791m^2$，房屋面积为 $1998m^2$，庭园面积为 $1820m^2$，运动场面积为 $974m^2$。房屋有大礼堂 1 间、教室 20 间、办公室 5 间、其他房 5 间。

南京市立第十八小学 ❹ 有音乐室 1 间、办公室 2 间、艺术室 1 间、总务室 1 间、事务室 3 间、会客室 1 间、成绩室 1 间、传达室 1 间、男女厕所各 1 间。

南京市立第三初级小学 ❺ 校地面积约 3 余亩，设有教室 11 间（可容纳 190 人）、运动场约 1 亩、学校园 3 处、图书室 1 间（与办公室合用）、娱乐室 1 间、办公室 2 间、礼堂 1 间（与教室合用）、宿舍 2 间、成绩室 1 间（与办公室合用）、运动室 1 间。并规划修理校舍、成立小图书馆等。

南京市立第八初级小学 ❻。共有校舍 13 间，包含有办公室 1 间、校工室 1 间、教室 5 间、会客室 1 间、校长室 1 间、图书馆 1 间、厨房 1 间、厕所 2 间。

南京市立第二短期小学 ❼ 设有教室 6 间、校务室 2 间、应接室 1 间、宿舍 1 间、校工室 1 间、学校园 1 处、运动场 1 处、男女厕所各 1 间。

通过综合整理上述各学校建筑发现，小学校几乎都配套有教室、校长办公室、教员办公室、大礼堂、图书室、传达室、运动场、学校园、饮茶所、男女厕所等。

中学校按照校舍设置标准，在小学校舍建造标准上增设有教导处、事务处、仪器标本室、储藏室、教职员学生宿舍、盥洗室、浴室、厨房、饭堂等。

学校仍采取编班授课的教学方式，学生座位以“插秧式”布置，所有学生面向老师看黑板，因此教室内

---

❶ 南京市档案馆，《南京特别市市立第一中学学校概况调查表》校舍部分，档案号：10090010001（00）0007。

❷ 南京市立第一模范小学沿革：抗战爆发前，为原市立山西路小学，1938 年 3 月，在原址创办南京市立第一小学，1938 年 8 月，创办为南京市第一模范小学，并附设幼稚园。

❸ 南京市市立第一小学沿革为：校址位于鼓楼渊声巷，为战前私立华南中学旧址，1938 年 9 月在此设立南京市立第二中学。1939 年 9 月，第二中学迁移至鼓楼，本校址改为南京市立第一小学。

❹ 南京市立第十八小学沿革：校址位于钞库街 61 号，为战前钞库街简易小学，1938 年 9 月，改办为南京市立第十二初级小学，1939 年暑假后改为南京市立第十八小学。

❺ 南京市立第三初级小学沿革：清光绪末年由地方创办公立慈仁小学，1912 年由江宁县劝学所接收，改为县立第七国民学校，1924 年改称燕子矶实验小学，1933 年市县割界交割后，改为南京市立燕子矶乡区小学，南京沦陷后改为南京市立第三初级小学。

❻ 南京市立第八初级小学沿革：1939 年 2 月，奉令于前南京市立二条巷小学旧址创办南京市立第五短期小学，是年 8 月奉令改办南京市立第八初级小学。

❼ 南京市立第二短期小学沿革：本校原为南京市立普育小学，创设于 1927 年 8 月，1929 年 8 月改为市立小西湖小学分校，1934 年 2 月改为市立剪子巷义务小学，同年 8 月，改为市立剪子巷简易小学，1937 年 8 月改为市立剪子巷初级小学校，1939 年 3 月，改办为南京市立第二短期小学。

部同样考虑了光线要求，有明确史料记载的是南京市立第八初级小学的教室取光面积达 67.32m²，南京市第十四小学教室采光极佳。

（2）初、中等学校的建筑形态

日占时期初、中等学校多为修葺原有校舍，至于恢复至何等程度却无从考究。

该时期中小学校舍简陋，主要解决使用功能，建筑形态处于次要地位。例如市立第二中学的传统宫殿式房屋系占用战前鼓楼小学校舍，其他多数学校校舍简陋，与民房无异，或者直接用民房作为校舍，如秣陵关立寻常小学。

4. 初、中等学校的建筑技术

日占时期学校建筑技术几乎没有发展，各学校多修缮战前旧有校舍，勉强维持办学而已。

三、高等学校

当时共 4 所高等学校，分布在鼓楼和城南。

租用民房办学的私立大学仅对民房稍加改造进行功能置换，设置教室、办公室、宿舍等功能，仅满足教学、办公、住宿、活动等基本使用要求。

四、军事学校

日占时期南京共有军事学校 8 所。日占时期的军事学校无新建校舍，全部利用战前原校舍。

五、西方教会开办的临时补习班和少量初、中等学校

南京沦陷前，大多数教会学校西迁。南京沦陷后，留守南京的外国人组成“安全区国际委员会”，安全区以美国大使馆、金陵大学、金陵女子文理学院、金陵中学等地为中心，面积约 3.86km²[1]。

沦陷初期，留在南京的少量教会小学因有西方教会背景得以继续开办，据相关统计：1939 年时，南京共有教会小学 14 所，分别为卫斯里堂补习班（小学）、汇文女子中学附属小学、益智第一小学、益智第二小学、金陵女子神学院附属小学、汇文女子中学附属小学、类思小学、明德女子中学附属小学、中华基督会小学、南京鼓楼基督小学补习学校、私立金陵小学、金陵基督教来复会附属小学、白下路圣公会小学、下关圣公会小学。这些学校利用原校舍或教堂办学。

1941 年时，南京有西方教会开办的中等学校 8 所，分别为明德女子中学、中华路基督会中学[2]、汇文女子中学[3]、鼓楼中学[4]、利济中学[5]、道胜初中[6]、金陵高级护士职业学校、金陵大学农场内设简易师范学校，另有一些临时补习班和补习学校[7]，如金陵女子大学服务部实验科、城中会堂补习班、金陵耕读学校、金陵补习学校、进德圣经女学校等。以上学校除利济中学为法国教会开办外，其余学校均为美国教会开办。这些中等学校和补习学校利用原校舍或教堂办学。

因南京的教会学校多为美国教会创办，自 1941 年美国加入第二次世界大战后，南京的教会学校全部被当局或日军接管。例如明德女子中学于 1942 年被日军占领，改名为日本高等女子学校；金陵高级护士职业学校被日军接管后改名为同仁会看护学校；汇文女子中学、鼓楼中学被汪精卫政府接管，1942 年改名为同伦中学，分男女两部，男部在原金陵中学，女部在原汇文女中。

当局或日军接管教会学校后，部分学校被更改校名，纳入当局统一管理，校舍设置要求也必须符合教育局统一颁布的校舍设置标准，被接管后的教会学校仍在原校址、原校舍办学。

六、典型案例分析：南京市立第一中学

1. 历史沿革

南京市第一中学系晚清时期创办的崇文中学校，1927 年改名为首都中区实验学校，1933 年改名为南

---

❶ 孙建秋 . 金陵女大（1915—1951）：金陵女儿图片故事［M］. 广西：广西师范大学出版社，2010：71.

❷ 由原育群中学部分留在南京的师生组成，日占时期改名为育德中学。

❸ 由原汇文女子中学部分留在南京的师生和内迁后又迁还南京的师生组成。

❹ 由原金陵中学部分留在南京的师生组成。

❺ 为战前的震旦初中，日占时期改名为利济中学。

❻ 为战前的益智小学，1941 年左右创办初中。

❼ 南京市地方志编纂委员会 . 南京教育志（上册）[M]. 北京：方志出版社，1998：372-373.

京市立第一中学，南京沦陷前该校大部分师生迁至四川，但南京本校仍留有部分师生。南京沦陷后，1938 年 5 月该校正式恢复❶，初时校名为南京市立初级中学，后来改名为南京市立第一中学❷。

2. 校址及校地

南京沦陷前，南京市第一中学位于中华路府西街，此处原为晚清时期的江宁府署。南京沦陷后，修缮白下路升平桥前贫儿院旧址作为市立一中的新校舍，1939 年 7 月该校师生迁入新校舍内❸。

3. 办学状况及校舍状况

该校在学制上仍采用“六三三学制”，即初中三年，高中三年。

1938 年 5 月，借用大香炉成美中学校舍正式筹设。1939 年修理白下路升平桥贫儿院为校舍。1942 年校地面积为 20 余亩，设有相应的教学、办公、后勤生房用房、体育活动场地。

4. 学校规划

从学校舍总平面图中可以看出（图 5-5），该校规划布局表现出中国传统建筑群体沿轴线布置院落空间的规划模式，由三进院落组合而成，设有大门、二门，院落中心设置有圆形花坛。学校建筑由多座平房组成，各座建筑功能不同，在每座平房内设置若干房间，如图 5-5 所示，校方将中轴线上的正房改为学校礼堂，中轴线上的主要房间改设为教室、生理化实验室、图书室、校长办公室、教员办公室等；在中轴线两侧靠近围墙处设置学生宿舍、饭厅、后勤厨房、厕所、工役室等；将院落改为学生室外活动场地。

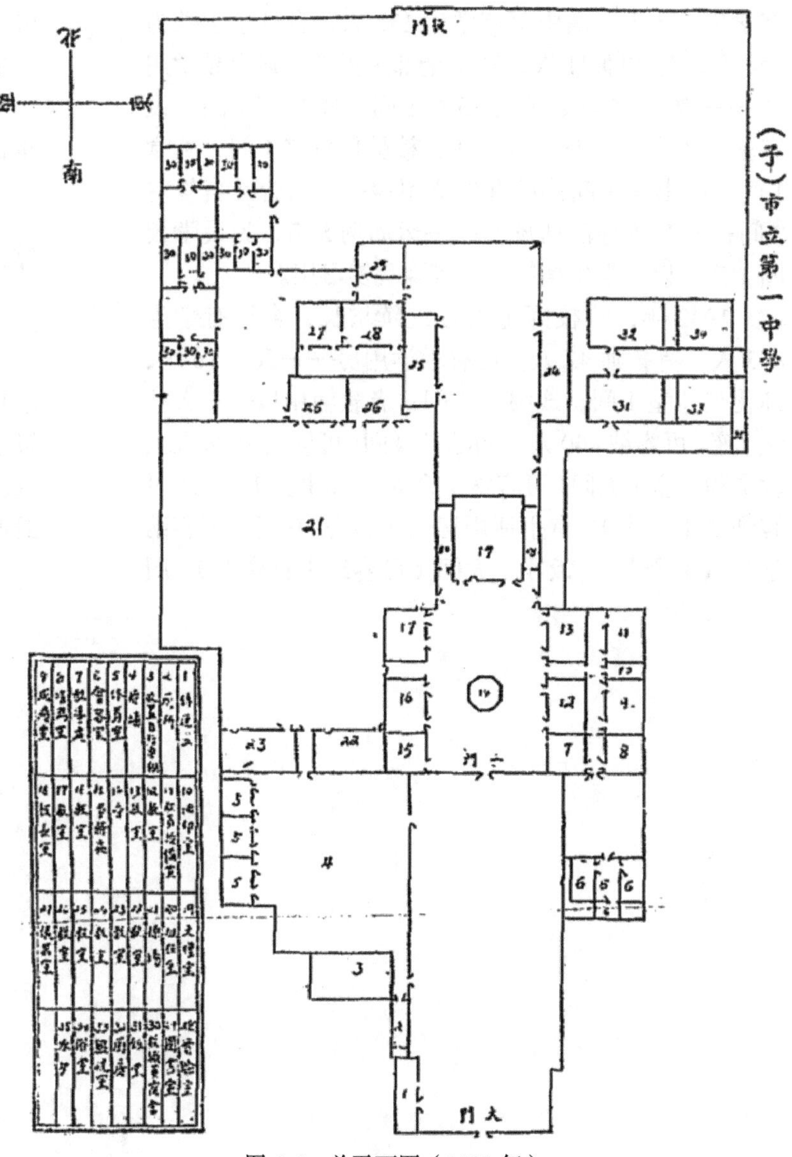

图 5-5　总平面图（1939 年）

5. 学校建筑

1939 年第一学期有学生 461 人，教师 12 人，师生全部为男性。该校设有教学用房——普通教室 12 间、特别教室及实验室 1 间；设有教辅用房——办公室 6 间、图书室 1 间、会堂 1 间；设有生活用房——饭厅 1 间、职员寝室 6 间；设有体育活动场所——体育器械室 1 间、运动场约 3 亩余。

1940 年 8 月，该校师生人数略有增加，初中部

❶　南京市档案馆，全国中等教育调查表，南京市立第一中学，档案号：10090010001（00）0007。

❷　南京市地方志编纂委员会 . 南京教育志（上册）[M]. 北京：方志出版社，1998.

❸　南京市档案馆，全国中等教育调查表，南京市立第一中学，档案号：10090010001（00）0007。

有学生571人，高中部有学生173人，合计学生数为744人，有教师41人，师生全部为男性。设有教学用房——教室15间、实习场所1间、成绩室1间；设有教辅用房——办公室5间、教员预备室1间、礼堂1间、图书馆1间；设有生活用房——宿舍及自修室2间；设有体育活动场所——运动场5亩，另设学校园1亩，以供学生植物劳作等课程实习用。

1942年，该校师生人数继续增长，合计有学生863人，有教师42人。已有教学用房——教室16间、理化仪器室1间、成绩室1间；有教辅用房——大礼堂1座（可容纳800人）、办公室4间（可容纳10余人）、教员预备室1大间（可容纳十余人）、图书室1大间（可容纳二十余人），有生活用房——宿舍10间（可容纳学生八十余人）、饭厅1大间（可容纳一百余人）、厨房4间，体育活动场所未变。学校总面积达20余亩，每生平均占面积1.6方丈。

总体而言，日占时期南京的教育建筑基本处于停滞状态。

本章小结

1937—1945年是南京近代教育建筑建设的停滞期。南京沦陷前，大量本土学校与教会学校内迁，战争摧毁了南京大量的教育建筑。该时期受战争的影响，南京教育建筑无论是学校数量还是校舍质量均降至近代最低水平。

第六章　1945—1949 年的南京近代教育建筑

1945—1949 年，南京的教育建筑逐渐恢复，主要建设活动集中在 1946—1948 年的三年间。抗战胜利后，内迁的学校迁回原址办学，抗战期间在后方建立的高等学校和军事学校也迁至南京办学，由于城内人口激增，导致南京爆发了严重的“房荒”，为解决大量师生的教学与生活问题，本土学校开始了原有校舍的修缮和新一轮的学校建设，但教会学校以修缮原校舍为主，少有添建。

本章第一节在分析该时期社会背景的基础上，第二～四节将本土学校与教会学校分节讨论后再作对比研究，详细论述了该时期本土学校与教会学校的建筑本体特征、校园规划建设特征以及相应的学校建设策略、规章制度等，并总结出该时期教育建筑的发展动因。在梳理本土学校和教会学校建设的史料时，以点线面结合的思路，先对 1945—1949 年的学校建设实况进行综述，归纳出该时期南京近代教育建筑的类型、学校数量、空间分布、学校营建方式和营建特征；再对各类学校分类研究，结合实例针对初中等学校、高等学校、军事学校等各类学校的校址与规划、建筑功能与形态、建筑技术等建筑本体特征和发展动因进行了详细探讨。

第一节　抗战后南京的社会状况与学校状况

一、社会状况

抗战胜利后南京人口剧增，1946 年底为 100.76 万人，1948 年高达 135.71 万人[1]，而房屋在抗战期间损毁严重，因此造成南京城内严重的“房荒”。学校一面搭建草棚上课，一面建筑永久校舍，一面整理中等学校[2]，战后初回南京时，政府拨发活动房屋以应急需，部分教室也临时充当寝室使用[3]。

抗战后国民政府财政赤字巨大且居高不下，军费开支高，引发了物价飞涨和极度通货膨胀[4]。

---

[1] 南京市地方志编纂委员会办公室编 . 南京简志 [M]. 南京：江苏古籍出版社，1986：91.

[2] 南京市教育局编 . 南京市教育概览 [M]. 南京：南京市教育局，1947：5.

[3] 朱斐 . 东南大学史 1902—1949[M]. 南京：东南大学出版社，1991：262-263.

[4] 张宪文 .中华民国史（第四卷）[M]. 南京：南京大学出版社，2005.12：106-110.

二、改组日占时期的学校

抗战胜利后国民政府针对学校的接收和复校工作颁布了相关的法令和政策，分情况接收、停办或重新核准。高等学校、中等学校、初等学校由各级教育部门分别接收，各级教育部门针对日据时期创办的各级学校进行甄别后，立即接管或解散。

三、内迁学校的复校与整顿

抗战胜利后，一方面，政府稳定各类学校师生的情绪继续教学上课；另一方面政府同时派员负责收复区学校的接收和复员工作，开展原校产校舍的接收与修缮，进行师生迁移、内迁物资输送、校产处理、复员费用申领、交通工具组织等一系列的内迁准备工作。

经过近一年时间的准备，约1946年5月前后内迁开始，至1947年4月，南京内迁的学校基本回原地复校。

第二节　本土学校原校舍的修缮与新一轮建设

一、学校建设需求

因大量师生迁回，南京城内房荒严重，为解决广大师生的教学、生活用房，在迅速复校的指导思想下，学校采取租借民房、寺观公所，维修战前校舍，并同时新建校舍的措施。战前已经建有校舍的，仍迁回原址复校；抗战期间在大后方建立的学校（主要为高等学校和军事学校），迁至南京因陋就简办学。该时期的校舍以解决使用功能为前提，注重经济实用。

二、修订教育制度及建设规则

1. 修订教育制度

1946年7月16日，南京市恢复教育局，战后初、中等学校的校舍营建活动皆由教育局管辖[1]，但高等学校不在其管辖范围内。

1948年初颁布了《大学法》《专科学校法》，作为高等院校管理的最高准则，然而应者寥寥，无法实施。相继修订了《中学规程》（1947年4月9日）、《职业学校规程》（1947年4月9日）、《大学法》（1948年1月12日）、《专科学校法》（1948年1月12日）、《师范学院规程》（1948年12月25日）等，虽是修订，但内容几乎没有什么变化，各类学校房屋设备的设置要求一如从前。

2. 修订建筑规则

南京市工务局针修订了《南京市建筑规则》，1948年6月重新颁布了《南京市建筑管理规则》（共11章327条），请照手续和营造方式一如战前，校舍营建内容未做太大的改动。但在通则方面有所改进，如首次提出了“请工务局核发建筑红线标准图”，与现今审批建筑红线的做法类似；在营造手续方面更加细化，提出了营造时要修建临时竹篱以保护建筑物和行人，修建临时房屋以供工人操作休息等；在建筑通则方面加入了楼梯和电梯的设计规范，加入了厕所、化粪池和阴沟的设计做法，适应当时楼房、室内厕所增多的实际情况；在防火设备方面，要求“太平门上及其他出路上应悬置15厘米玻璃灯，红底白字标明太平门或出路字样，在该屋使用期间应永久照明”；首次增加了工程罚则的内容[2]，对无照动工、擅改图说、未报动工、更换包商、逾期不能完工等情况都做了相应的处罚[3]。

此规则于1948年颁布，至1949年实际推行时间不足一年，其校舍营建内容亦无太大改变，实际上此规则对学校建设并无多大影响。

3. 教育制度和建设规则的实施状况

从1947年4月内迁学校基本返回南京复校，至1949年4月南京解放，抗战后南京教育建筑的建设时间大约两年。教育法规和建筑法规多在1948年颁布

[1] 南京市教育局编．南京市教育概览[M]. 南京：南京市教育局，1948：1-2.

[2] 王海雨．近代南京城市营建法规研究［D］. 南京：东南大学，2012.

[3] 南京市图书馆民国资料研究室，《南京市建筑管理规则》，馆藏号：MS ＼ TU984。

施行，实际推行时间仅一年左右，且这些教育制度和建筑法规仅是修订，内容与抗战前相比没有太大改动。因此可以说，抗战前后的教育制度和建筑法规在学校营建方面基本类似。

三、本土学校的实际建造状况

1. 办学力量及学校类型

抗战后在政府、私人等办学力量的基础上，新增一股办学力量——企事业单位，政府允许企事业单位创办幼稚园、小学[1]。该时期的学校类型主要有初中等学校、高等学校和军事学校三类。

2. 营建特征

抗战后学校的空间分布和营建模式皆沿袭抗战前，按照人口密度在全城合理划分学区设置中小学校，学校建设由教育部门与建设部门共同定夺，由校方拟订学校建设计划，报工务局审批，审批通过后方可照图样建设[2]。

在建造经费方面一如战前，市立学校经费从市财政拨付，教育局经管校舍修建的预决算费用，私立学校主要依靠私人捐资和征收学杂费[3]。

各学校建筑修缮与新建校舍并行，校舍简陋，市立中等学校有些教室以芦席搭成，仅避风雨[4]，新建的高等学校校舍多为不超过三层的简易房屋。

为解决教师和眷属的居住及生活问题，高等学校大规模地建造教师住宅，教师住宅区由此产生。

3. 空间分布

抗战胜利后南京市中小学校根据人口密度划分为13个学区，合理分布中小学校[5]。新建中等职业学校和高等学校、军事学校多位于城墙附近或城墙外，表现出由城内向城外扩张的趋势。在孝陵卫设立军事教育区[6]，集中新建军事学校。

四、初、中等学校的校舍修缮与校园更新

1. 后初、中等学校概况

抗战后，校舍及教学条件完备的改称为中心国民学校，条件不足的改称为国民学校。1947年南京有国民学校（小学）117所，1949年增长至269所（含市立和私立小学）[7]。

抗战后内迁的中学校大多数迁回原址复校，至1948年共有国人创办的公私立中学67所[8]、中等职业技术学校7所[9]，而同时期教会中学仅9所，中等职业学校仅1所。

（1）小学校舍

据统计，1948年南京有小学218所，仅18所小学新建校舍[10]，新校舍数量仅占总数的8.3%，由此可见，抗战后南京教育经费有限，校舍简陋。

（2）中学校舍

中学校舍多数维修，很少新建[11]，市立中学校舍设备相对较好，私立中学只有少数创办历史较长的学校（如钟英、安徽、成美、东方中学）校舍及设备尚好外，余者校舍简陋[12]。

（3）中等职业技术学校校舍

中等职业技术学校合计7校，学校规模较小，校舍较为简陋，大多数附设在实习单位内，高级助产职业学校附设在医院内。部分大学在校内设立职业科，

---

[1] 南京市地方志编纂委员会．南京教育志（上册）[M]. 北京：方志出版社，1998：81、182-183.

[2] 见《南京市建筑规则》请照手续章节，南京市档案馆，档案号：10010011035（01）0015。

[3] 南京市地方志编纂委员会．南京教育志（上册）[M]. 北京：方志出版社，1998：1577-1581.

[4] 南京市地方志编纂委员会．南京教育志（上册）[M]. 北京：方志出版社，1998：374.

[5] 南京市教育局编．南京市教育概览 [M]. 南京：南京市教育局，1948：1-70.

[6] 王虹铈．孝陵卫营房漫话 [M]. 南京：东南大学出版社，2011：211.

[7] 南京市地方志编纂委员会．南京教育志（上册）[M]. 北京：方志出版社，1998：182-183.

[8] 南京市地方志编纂委员会．南京教育志（上册）[M]. 北京：方志出版社，1998：374-377.

[9] 南京市地方志编纂委员会．南京教育志（上册）[M]. 北京：方志出版社，1998：625-626.

[10] 南京市教育局编．南京市教育概览 [M]. 南京：南京市教育局，1948：12-16.

[11] 南京市地方志编纂委员会．南京教育志（上册）[M]. 北京：方志出版社，1998：373-374.

[12] 南京市地方志编纂委员会．南京教育志（上册）[M]. 北京：方志出版社，1998：379.

但也有些职业学校另建校舍，例如高级印刷职业学校设在后宰门，高级窑业职业学校在中华门外分岔路口建有新校舍[1]。

（4）中等师范学校校舍

抗战后南京的中等师范学校仅 2 所——南京市立师范学校[2]和江苏省立江宁师范学校，前者在中华门外小市口设立分校，新建一幢综合楼作校舍，后者利用门帘桥（今白下会堂）原南京实验小学旧校舍[3]。

2. 原有建筑的修缮与改、扩建

抗战后南京市教育部门针对初中等学校校舍进行了系统性的修缮[4]（表 6-1）。

1946—1948 年南京教育部门组织维修的中小学校校舍　表 6-1

分类	单位（间）	百分比
中学	413	54.0%
小学	1032	43.3%
社教机关	45	2.7%
合计	1490	100%

注：单位（间）。在新式建筑中，以每一室所占之本间为一间，在旧式建筑中，则以旧式房屋每一间架为一间。

例如南京市立一中的校舍修缮：包含各处路面及墙壁修补，教学楼博爱、和平、明德三院墙面粉刷，大礼堂修缮，大门传达室加铺水泥路面，在操场西南角新建小屋，各处垃圾堆及碎砖瓦砾的清理等[5]。另外，学校新建了校门（图 6-1），校园景观也有增建和修缮，例如在和平院布置了一处小花园，命名为“劳圃”，将原荷花池填为平地，布置若干石凳，设鸟舍、兔舍、金鱼缸等，命名为“怡园”，在网球场基地铺一块草地，命名为“憩坪”。

图 6-1　1948 年南京市立第一中学的主校门

各单体建筑的修缮原则为恢复原样。在具体修缮时，明确了修缮范围，规定了建筑材料的要求和具体尺寸及施工方法。例如南京市立第二中学修理校舍工程施工说明书明确写道[6]：

一、本工程坐落于本市筹市口。

二、本工程包括修理三层校舍一幢。

三、板条平顶——除第三层板条平顶仅破坏一小部分外，其余均已全部破坏，应照原样修复。

四、杉木企口地板——除第二、三层之钢骨水泥大料存在外，余均全部炸坏，楼板拟用 120mm（直径）圆杉木、35 公分中距，全部为杉木企口楼板。

五、砖砌部分——砖墙于门窗边破坏一小部分为十五寸墙，其外墙应嵌灰缝，与原存者相同，内墙则

[1] 南京市地方志编纂委员会 . 南京教育志（上册）[M]. 北京：方志出版社，1998：624-626.

[2] 南京市立师范学校（现宁海中学），前身是创办于 1890 年的文正书院，民国时期曾用名“江苏省立第一中学”“江苏省立第四师范学校”“江苏省立南京中学”，1935 年在江苏省立南京中学的基础上成立南京市立师范学校，校址在中华门外小市口集合。1937 年冬，南京沦陷，学校被迫停办。1945 年 12 月南京市立师范学校复校，简易师范并入、校址由小市口迁至羊皮巷金銮小学。1946 年 2 月，原市立四中、五中及第二女子中学的几个师范班合并，编入该校，另在燕子矶设分校。

[3] 南京市地方志编纂委员会 . 南京教育志（上册）[M]. 北京：方志出版社，1998：910.

[4] 南京市教育局编 . 南京市教育概览 [M]. 南京：南京市教育局，1948：12-16.

[5] 南京市立第一中学编 . 南京市立第一中学二十周年纪念册 [M]. 南京：南京市立第一中学出版，1947：30-37.

[6] 南京市档案馆，《筹市口市立第二中学修理校舍工程施工说明书》，档案号：10030140479（00）0021。

先用灰砂打底，纸筋石灰光面再刷大白浆二道，地垄墙已全部破坏，用灰砂砖砌。

六、楼梯木栏杆——全部木栏杆照原图样新建，用洋松承造。

七、门及窗——全部门窗均用洋松承造，照原样新建，玻璃及五金均应配齐。

八、踢脚板及挂镜线均用洋松承造。

九、刷白——全部内墙均刷大白浆二遍。

十、白铁水落管——用24号白铁承造，照原样修复。

十一、旗杆用杉木承造。

类似的做法还有南京市立第四中学修理工程，皆以恢复原建筑式样为原则❶。

部分学校在修缮原校舍的基础上，进行了一定程度的改扩建。例如四所村棚户区小学在修缮原校舍的基础上，添建了4间教室，添建部分用阴影线覆盖。该修缮扩建图中不仅明确地写明了施工要求和具体做法，还附有门窗的具体做法和节点大样图❷。门窗一律添配齐全，墙壁、屋面则视损坏程度再作处理。学校大门利用旧有砖墩加以修整，并添配木门。将校内碎砖路全部翻筑，加筑边沟，接通原有暗沟，使排水畅通。在修缮旧有房屋的同时，添建部分教室。

修缮工程完工后，一般由工务局、教育局、市政府、审计部和校方等共同组织验收❸。从市立二中校舍工程修缮验收档案中了解到，虽然1948年南京市工务局颁布的《南京市建筑管理规则》首次提出工程罚则，但实际上在之前学校建筑已提前实施了罚则。

综上所述，抗战胜利后南京初、中等学校建筑的修缮内容包括教室、办公室等各类教学、教辅用房和生活用房。修缮标准为按照原有样式恢复。建筑外立面、楼地板、墙面、门窗均有不同程度的修理和新制。学校大门、道路、景观、管沟、水电线路也有翻新和修理。各学校建筑的修缮或新建均在南京工务局引导下进行，工务局对于工程审批手续、工程质量、工期均有严格的标准和罚则。虽然学校建筑相对简陋，但在制度法规、施工建造、工程验收等方面逐渐完善和规范。

3. 初、中等学校的校址与校园规划

据统计，1948年南京初、中等学校建筑新建、扩添建状况如下：新建校舍的学校有21校，有中央路、香铺营、白下路、南昌路、蓝家庄、朱雀路、大光路、绣花巷、三条巷、崔八巷、罗廊巷、于家巷、七区中心、八区中心、十区中心、中山门、迈皋桥、尧化门等小学，有市立第一民教馆、市立体育场、市立师范学校等。

扩充添建校舍的学校有18校：有市立二中、三中、四中、五中、一女中、二女中、商业职校，有大行宫、火瓦巷、逸仙桥、船板巷、四区中心、十二区中心、三牌楼、兴安路、笆斗山、太平门、盖家湾等小学。

综上所述，抗战胜利后南京初、中等学校建筑以修缮为主，新建其次，扩充添建最少。在新建的21所学校中，有18所是小学校舍；扩充添建18所学校中，有11所为小学校舍。下文主要针对这21所新建和18所扩充添建的学校建筑进行校园规划布局和单体建筑层面的分析。

（1）抗战后初、中等学校的校址

抗战前南京中小学校已经按照人口密度分布，抗战后大多数学校在原址复校，且根据人口密度将南京市划分为13个学区，分区入学，按人口密度配备小学校数。

中等职业学校除了在战前原址复校外，新建学校有两个特征：一是位于城墙附近或城墙外，如高级窑业职业学校新建校舍位于中华门外岔路口、高级印刷职业学校校址在后宰门、南京市商业职业学校校址在武定门外、南京市立师范学校分校设在中华门外小市口。二是附设在实习场所内，如淮河水利工程总局内附设有高级水利科职业学校，药学专科学校内附设高级药剂职业科、戏剧专科学校附设有职业科。

（2）抗战后初、中等学校的规划

根据抗战后初中等学校校舍修建情况可知，完全

❶ 南京市档案馆，《南京市立第四中学修理工程施工说明书》，档案号：10090011243（00）0032。

❷ 南京市档案馆，《四所村棚户区小学修缮图纸》，档案号：10010050209(00)0001。

❸ 南京市档案馆，《呈请派员验收市立二中修理工程由》，档案号：10030011421（00）0006。

新建的学校大多数为小学，新建中等学校仅市立师范学校 1 所，多数中学校添建了若干间教室和学生宿舍。下文主要针对新建中小学校和部分扩添建的中学校进行规划分析。

1）新建小学的校园规划

①单体建筑呈行列式或无序分布。单体建筑坐北朝南，呈简单的行列式布局；或者根据基地现状将教学楼、办公楼等主要建筑布置在场地中部，其他建筑见缝插针无序分布，部分学校考虑到当前有限的财力和未来发展需要预留扩添建用地（图 6-2）。

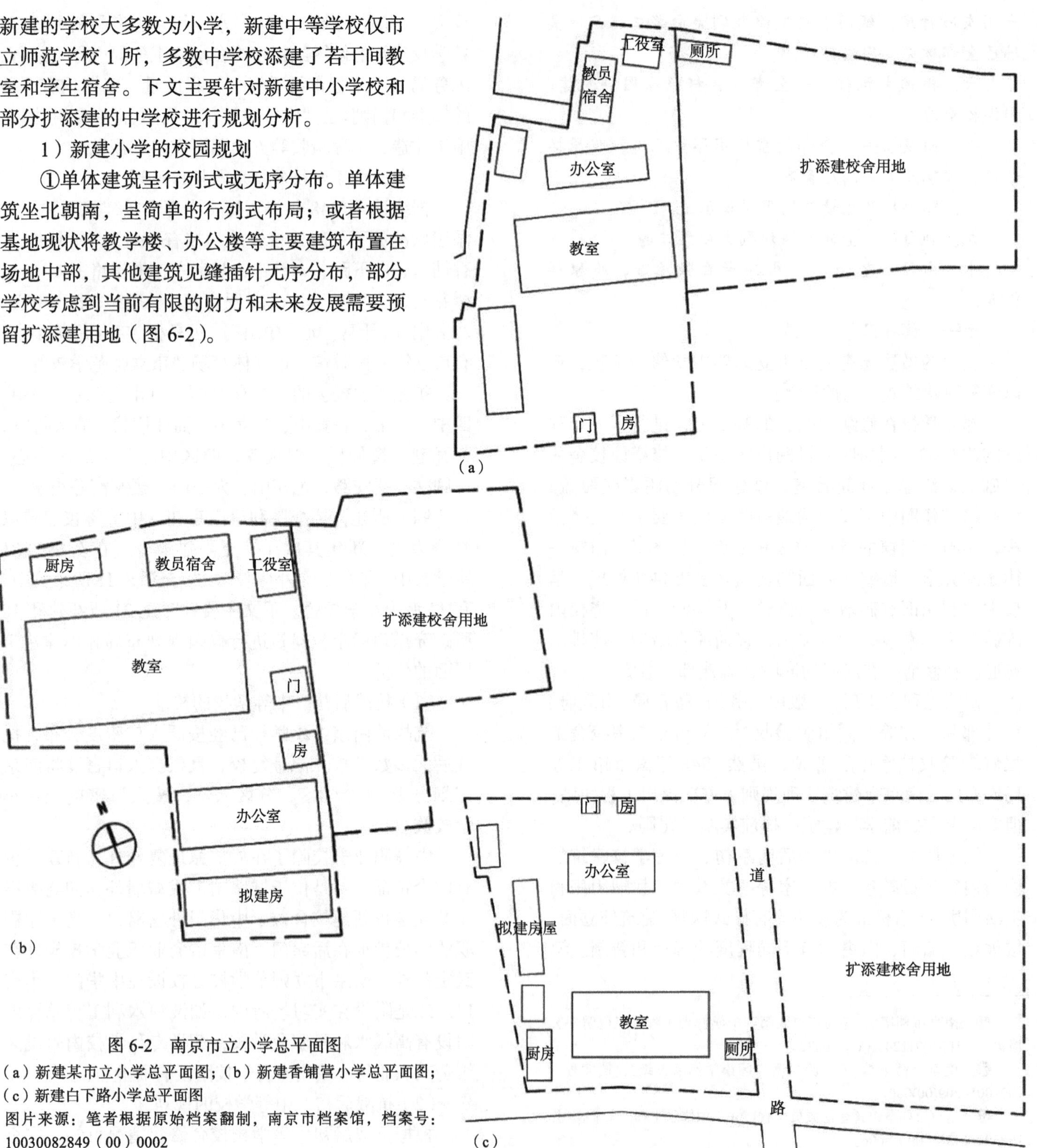

图 6-2 南京市立小学总平面图

（a）新建某市立小学总平面图；（b）新建香铺营小学总平面图；（c）新建白下路小学总平面图

图片来源：笔者根据原始档案翻制，南京市档案馆，档案号：10030082849（00）0002

例如某新建市立小学、白下路小学将主要建筑物——教学楼和办公楼居中设置，其他附属建筑依据基地现状见缝插针设置，附属建筑基本不考虑建筑间距和建筑朝向。新建香铺营小学将学校建筑设置在基地西侧，留出东侧大面积土地作为未来扩添建用地，校内建筑呈简单的行列式布局，主要建筑物教学楼设置在基地中部，其他建筑与此平行，一律南北向布置。

②结合地形因地制宜布置单体建筑，校园规划呈开敞的三合院形式，居中设置主轴线和主要建筑，两侧建筑对称布置。

例如中央路小学基地狭长，南北向长，东西方向短，设计者将学校建筑布置在基地南部，留出北端不规则地块作为体操场。学校建筑以开敞三合院的形式布局，居中设置东西向的主轴线和主楼办公楼，两侧对称布置两座教学楼，教学楼南北朝向。主要建筑和学校大门面向城市干道，其他附属建筑亦对称布置，学校规划功能分区明确，流线合理，校内道路笔直规整，因学校配设有半圆形的校园，部分道路根据需要设置成环形。

③学校仅建单幢综合楼。一座楼就是一所学校，在学校仅有的单幢综合楼中混合布置所有的教学、教辅及生活用房，利用室外空地作体操场。例如工务局设计的市立标准小学图仅有一幢综合楼，楼内设有教室、礼堂、办公室、图书室、书库等各类功能空间，各功能分区明确，合理地进行动静分区、清污分区，流线处理得宜。

④不作具体的校园规划，针对单体建筑进行标准化、模式化的设计。

不针对各种地形作一对一的规划，着重解决使用功能，根据使用要求配设相应的功能空间，对单体建筑进行标准化和模式化设计，以加快设计和施工进度。工务局根据单体建筑规模将校舍划分为甲、乙、丙三种类型，各校统一建筑类型与建筑样式，统一设计图样，批量建造。工务局附有工程说明书及设计图样。

《拟建甲、乙、丙种市立国民学校校舍》说明书[1]：

工程范围包括坐落在南京的所有甲、乙、丙三种校舍。

甲种校舍：高二层，共有教室24间，大礼堂、办公室、教员宿舍、工役室、厨房、男女厕所、门房等各一。

乙种校舍：高二层，共有教室16间，大礼堂、办公室、教员宿舍、工役室、厨房、男女厕所、门房等各一。

丙种校舍：高一层，共有教室8间，大礼堂、办公室、教员宿舍、工役室、厨房、男女厕所、门房等各一。

工务局同时绘制了两套丙种校舍标准图，两套方案的平面图相同，仅在立面处理稍有差异，方案一用清水砖墩做成南向外廊立柱，水泥勒脚，外墙用石灰粉刷，立面局部拉毛水泥；方案二用杉木做成外廊立柱，水泥勒脚，外墙用石灰粉刷后再刷黄色。

甲、乙、丙三种校舍外观简单朴素，坡屋顶，矩形门窗，立面线条简洁，外墙无多余装饰，简洁大方，讲求实用，建筑平面均采用中廊式或外廊式，利用楼梯作为垂直交通联系。这三种校舍的主要区别在于教室数量的设置上，其建筑外观上的区别主要是建筑层数的不同。

此外，工务局规定各学校大礼堂、办公室、教员宿舍、工役室、厨房、男女厕所、门房等建筑的统一设计标准，并附有图样。这些教学辅助用房和后勤用房皆十分简陋，两坡屋顶，矩形窗户，外观简单朴素，砖木结构。

另外，工务局另附说明[2]：“下水道、垣墙、路面均包括在内，分别照图切实办理。卫生、自来水、电灯等设备均不包括在内。本工程一切结构布置均须按照图样尺寸切实办理，未得工务局之许可不得任意更改。图样尺寸除少数为沿用英制外，均以公制（m）为标准单位。”这种标准化和模式化设计的尝试有利于战后校舍的快速建设。

[1] 南京市档案馆，《拟建甲、乙、丙种市立国民学校校舍等施工细则》，档案号：10030070241（00）0005。

[2] 南京市档案馆，《拟建甲、乙、丙种市立国民学校校舍等施工细则》，档案号：10030070241（00）0005。

2）中等学校的校园规划

①新建学校仅有单幢综合楼

南京市立师范学校为抗战后唯一新建的中等学校。抗战后该校因校舍不敷应用，另在燕子矶设立分校。新建学校仅有一幢建筑矗立于旷野，建筑内部综合布置所有的功能性空间，有教室、办公室、礼堂、图书阅览室、书库、学生宿舍等，俨然一座“建筑综合体”（图 6-3），如此设置是因为战后经费紧缺和时间紧迫等因素所致。

②扩充添建的中学校单体建筑呈行列式布局或无

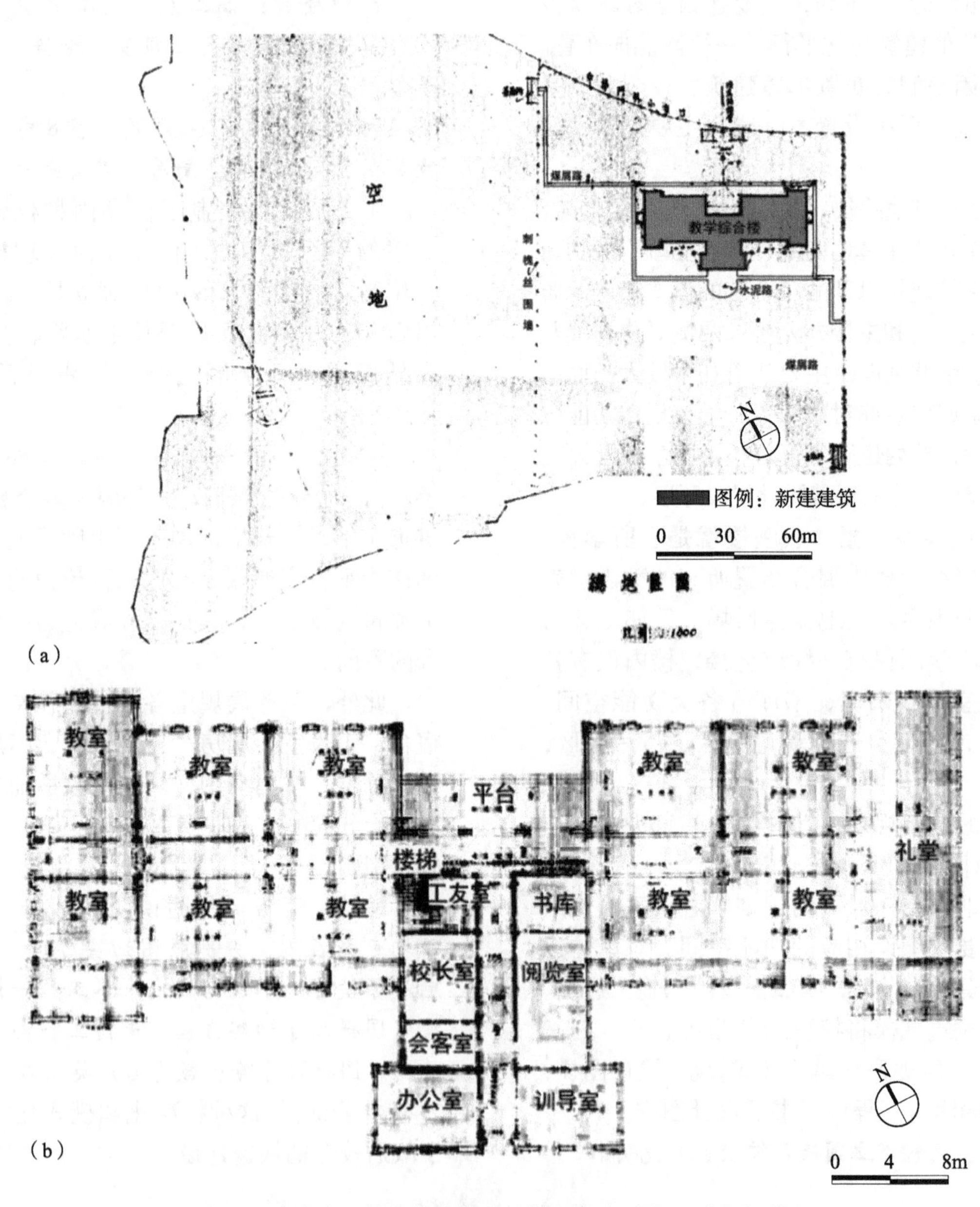

图 6-3　南京市立师范学校燕子矶分校总平面图、一层平面图

（a）总平面图；（b）一层平面图

图片来源：南京市档案馆，档案号：10030080614（00）0001

序分布

抗战后扩添建的校舍事先并没有通盘规划，而是根据当时的实际需求逐渐添建。以抗战后建设量较大南京市立二中为例，该校添建有教室、宿舍、饭厅、盥洗室各一座，添建建筑呈无序布局，并无通盘规划[1]。

4. 初、中等学校的建筑功能与形态

（1）初、中等学校的功能设置

抗战前南京中小学校的建筑类型与功能设置已经发展完善，抗战后其功能设置基本无变化，但校舍更加简陋，具有“麻雀虽小，但五脏俱全”之特征，教学、教辅、生活、运动等对应有专门性的场所空间。设有普通教室，生理化、图画、音乐等专用教室，实验室等教学用房；设有图书室、礼堂、办公室等服务于教学的辅助用房；设学生宿舍、教师寝室、厨厕、食堂、盥洗室、疗养室等生活后勤用房；有体育馆、运动场、各类球场等体育活动场所。

多数学校修缮旧房或租借民房使用，新建校舍多为小学教室，中等学校主要是教室和学生宿舍的添建[2]。

建筑平面形式多样，有矩形、工字形、T 字形、凹字形，以简单的矩形平面最为常见，但也出现了自由灵活布置的建筑平面形式。例如 1948 年拟建市立标准小学平面设计图中无对称轴线，以南北向为主的体块被东西向的体块穿插组合，形成十字形的平面空间，按照功能需求合理组织流线，以走廊联系各空间。虽然抗战后受经费限制，在一幢楼中混合布置教室、办公室、图书室、书库、礼堂等各类功能空间，但各功能分区明确，很好地处理了动静分区、清污分区。

建筑平面多用走道式组合，以中廊式居多，中间走道两侧设置房间，最大化地合理利用空间，广泛用于教学楼、学生宿舍等建筑。或采用外廊式，以南向单外廊居多。例如 1947 年拟建市立小学校舍为单层平房，在教室外侧设置南向外廊以获得良好的采光和通风。

（2）初、中等学校的建筑形态

抗战后初、中等学校的建筑形态简单朴素，讲求实用，这与当时教育经费紧缺、校舍建造时间紧迫以及现代主义建筑思潮流行有关。

虽然抗战前南京已经出现了现代主义风格的学校建筑，但仅以少量个案的形式出现。第二次世界大战后现代主义建筑思潮在欧美国家流行，这种思潮也影响到中国，很少有人再去考虑“中国固有之形式”了，对于创造结合中国特点的建筑思潮已逐渐淡薄[3]。抗战后经费短缺，重视功能、造型简约、追求经济效果的现代建筑几乎能满足当时的客观需求。

根据南京教育局抗战后统计的 21 所新建、18 所扩充添建的中小学校建筑史料[4]，归纳出抗战后南京中小学校建筑形态特征大致如下。

1）大多数中小学校校舍简陋，建筑形态与普通民房类似，或直接利用民房改建，外形为简单的两坡或四坡屋顶，立面简洁无装饰，建筑高度不超过三层。

2）现代主义形式的学校建筑增多，设计手法更加娴熟，重视基本功能、追求经济效果、造型简约。

例如市立第一民众教育馆采用平屋顶，矩形门窗，立面简洁，注重整体的比例与尺度，追求立面的光影效果，讲求体块的穿插，显示出娴熟的现代主义设计手法（图 6-4）。南京市立二中新建大礼堂以解决使用功能为前提，建筑外观简洁（图 6-5）。

五、高等学校的校舍修缮与校园更新

1. 抗战后高等学校概况

抗战胜利后，国民政府对南京的高等学校进行了合并和整顿[5]。至 1948 年底，南京共有国人创办的高等学校 11 所。抗战后南京的高等学校建筑以修缮、扩添

---

[1] 南京田家炳高级中学校史室提供的档案文书记载。

[2] 南京市教育局编 . 南京市教育概览 [M]. 南京：南京市教育局，1948：12-16.

[3] 刘先觉 . 中国近现代建筑艺术 [M]. 武汉：湖北教育出版社，2004：80.

[4] 新建、扩添建学校总数来源于：南京市教育局编 . 南京市教育概览 [M]. 南京：南京市教育局，1948：12-16.

[5] 南京市地方志编纂委员会 . 南京教育志（上册）[M]. 北京：方志出版社，1998：988-989.

图 6-4　新建市立第一民众教育馆

图 6-5　南京市立二中新建大礼堂

建、新建并行，同时注重校内道路的修整、景观的设置，针对校园进行了整体更新。

2. 原有建筑的修缮与改、扩建

（1）改、扩建

1）西平院的改建

目前东南大学校内图书馆西侧、南高院的正前方有三栋平房，抗战结束后，校方将其改为工学院的教室与实验室。第一、二栋平房分设机械系的热工、汽车实验室，航空系的风洞实验室及化工系的化工机械实验室；第三栋为建筑系的办公室、建筑设计教室、美术教室、模型室[1]。

[1] 朱斐. 东南大学史 1902-1949[M]. 南京：东南大学出版社，1991：274-275.

这三栋平房外形一致，建筑形态简朴，两坡屋顶，外墙统一用青砖砖筑，清水砖墙，勒脚部位用水泥抹灰，矩形门窗，山墙面亦有窗户，至今仍作为实验室使用（图 6-6）。

（a）

（b）

（c）

图 6-6　东南大学四牌楼校区内三幢平房

2）工艺实习场的扩建

工艺实习场建于1918年，初时为7间。1948年在建筑物东侧和北侧进行了扩建，工程内容包含修缮原机械工厂，新建东侧5间第四分厂，新建北面木工厂，新建男女厕所等[1]。

本次扩建沿袭原建筑形态，立面造型与原建筑保持一致，主要侧重建筑功能的扩充与完善，扩建部分为大跨度的实习工厂，柱距6～8m。修缮部分包括水电设备的维修，如拆换落水管、更换电线等，拆除原屋顶白铁皮，改铺洋瓦等。

3）图书馆屋顶改建

抗战前图书馆为钢筋混凝土平屋顶，抗战后维修时改为坡屋顶，白铁屋面。建筑立面造型和内部功能未做任何改动[2]。

（2）修缮

针对四牌楼战前兴建的原校舍进行了全部修缮，以“修旧如旧”为原则，建筑形态不做改变，仍保持原西方古典建筑风格，主要针对房屋破损部分进行修理、更换，并维修水电设备，包括木楼板的翻修、拆除更换吊顶、室内局部隔墙的砌筑或拆除、木门窗和玻璃的更换、重做油漆、修理漏水的屋顶、屋架结构加固等。

修缮实况如下：

木料油漆：本工程所用之柳安洋松杉木均须无虫蚀腐烂开裂死节等，油漆应用上等淹立司羊干漆，外侧新大门再加上等振华出品凡立水一度。

屋顶油毡：屋顶及泛水如有起壳及损坏裂缝处，应拆换重做，另见图样。材料用德士古二号柏油毛毡三层，计柏油二皮，油毡一皮浇牢接头处，须有至少三寸长之搭头，上铺绿豆砂一层。墙脚转弯处须铺有九寸高之油毛毡，用柏油浇固，另见详图。水沟及积水处将淤泥杂物清理，务使水流畅通，原有砖砌明沟一律拆除并于水沟位置加铺二尺宽柏油油毡一道（三皮加绿豆砂石）。

落水斗及落水管：水斗水管内淤泥堵塞均应疏通，破裂者拆换。三角顶夹层内两端各拆换6" 生铁管两节，三楼夹层内拆换6" 弯头生铁管一节，共计五根，另见图样。全部斗管先应将铁锈旧漆刮净，然后上红丹漆一度，灰黑色油漆一度，所有落水管口均须添装铁丝罩一双。

新木门：添做新木门材料用柳安，用料尺寸厚度及式样线脚等均照原式配做。残缺破坏者应添补齐全。

旧门窗：除指定新做及修换门外，其他门窗均暂不修理。

纱窗：各厕所应添装纱窗及拆换绿纱，均详见图样，内添纱门一道，新添之纱窗材料用干燥无裂缝之杉木及每英寸十四眼之绿纱并全部漆深棕色，油漆一底一度，如可启开之纱窗上须装2" 长之白铁绞缝两块，2" 长之白铁风钩一副。

衣帽间、隔墙：衣帽间新添建之夹板墙用2" ×3" 杉木筋，16" 中距上下横档三道，新料尺寸做法另见图样。厕所短隔板用柳安三夹板，6" 木板间墙则用双面三夹板，厕所木门装三寸暗弹簧铰链。

讲台木踏步：新添三尺宽原色原样洋松木踏步。

地下室：室内积水及一切杂屑等物一律清出打扫洁净后，内粉刷地面修理办法临时决定，作加帐计算，地下室所缺钢窗照原式配齐。

水泥粉刷：所有墙内侧水泥粉刷如有裂缝、脱壳、脱落等情况，以及因修理屋顶油毡而致损坏之水泥粉刷等，须敲去重做并须做硬底。墙顶面均须做粉面向外翻势。

3. 高等学校的校址与校园规划

（1）校址

抗战后南京的高等学校大多数位于城墙内，少数学校在城墙附近或城墙外择址新建校舍。战前原有的4校已有永久校址，均迁回城墙内原校址复校。战后新建的7校中，4所学校在城墙内租房或添建或新建房屋，3所学校在南京城墙附近择址新建校舍。

（2）校园规划

抗战后，南京的高等学校有新建、扩添建，校园规划也与战前明显不同。归纳如下：

[1] 东南大学档案馆，《实习工厂》，档案号：3011518 95。

[2] 东南大学档案馆，《图书馆基建图纸》，档案号：3010122。

1）抗战后择址新建的学校，结合地形以行列式布置单体建筑，仍然十分重视主轴线控制的大门—广场—主楼的校园核心区域，学校有明确的功能分区。

2）新建宿舍区单体建筑外形相似，呈行列式布局。

3）新建学校仅建有单幢综合楼。

4）部分新办学校租借公所、民房为校舍，仅为解决使用功能。

5）部分扩添建的学校在原校舍基础上见缝插针添建。

战后南京高等学校的校园规划状况量化分析见表 6-2。

1945—1949 年的大学校园规划（合计 11 所，仅统计本土学校）

表 6-2

学校规划	学校数量	所占比率
新建校舍呈行列式布局	4	36.4%
新建单幢综合楼	1	9%
在原校舍基础上见缝插针添建	3	27.3%
租借民房公所为校舍	3	27.3%
合计	11	100%

本表来源：笔者自绘。

追溯其原因，主要是因为战后南京房荒严重，无论是新建校舍的简单行列式布局，还是扩充添建、租借民房公所为校舍，皆为节省资金、缩短建设周期所致。

4. 高等学校的建筑功能与形态

（1）功能设置

抗战后高等学校在功能设置上最主要的变化在于大量地、成规模地建造教师住宅，是为当今高校教师住宅区的原型。大学附设的中小学校似乎也能从近代大学中寻到源头。虽然战前南京已有教职员宿舍的出现，但多数为单身教员的集体宿舍，数量较少。抗战后由于南京城内“房荒”严重，配建了大量的教员及教眷住宅，并成规模建造教师宿舍区。

另外，虽然抗战后百废待兴，新建学校建筑形态简单朴素，但功能设置齐全，教学、科研、教辅、生活等用房一一配设，体育活动也有配置。由于校舍紧缺，多数学校建筑内部功能混杂，在有限的校舍内混合设置各种使用功能，有时还会将相近使用性质的建筑空间兼用。

（2）建筑形态

抗战后高等学校建筑形态简洁朴素，以实用为主，建筑形式让位于功能。详述如下：

1）大量新建校舍外形简洁，无装饰，采用两坡或四坡屋顶，建筑高度不超过三层。战后新建的校舍多属此类，为坡屋顶平房或不超过三层高的楼房。宿舍建筑外形相似，仅作少量变化，或者干脆采用同一套设计图纸，造型雷同，批量生产。这种相似性的设计不仅节约了设计和建造的时间，也节省了材料，适合战后建设的实际需求。

2）校门或少量重要建筑采用现代主义建筑形式。部分学校的校门或校内少量重点建筑（如教学楼、办公楼）采用现代主义建筑形式，简洁新颖的建筑形式给人耳目一新的感觉。

六、各类学校的建筑技术

抗战后由于经费有限，为了短时间内解决大量师生的教学和生活问题，学校建筑均比较简陋，大多数新建的中小学校校舍甚至新建大学校舍采用砖木结构体系。

小学校舍多采用砖木混合结构，例如南京市甲种小学教学楼长约 45.75m，中部主体宽约 15.10m，两翼部分宽约 20.50m，教室为 6.0m × 8.0m，外墙用砖墙承重，建筑内部用杉木企口楼地板，木制大梁，木制楼梯，采用三角形木制屋架，为典型的砖木结构体系。

新建市立师范学校综合楼虽然建筑体量较大，仍采用砖木结构体系。建筑物南北向长 64.08m，东西向宽 21.14m，最大的教室为 7.0m × 9.0m，建筑物高二层，外墙用砖墙承重，建筑内部一层地面为水泥地坪，二层楼面用杉木企口楼板，木制大梁，木柱，洋松木楼梯，采用三角形的杉木屋架，为加强稳定性，在各榀屋架之间设剪刀撑[1]。

抗战后南京的建筑材料厂也逐渐恢复生产，各学校也针对建筑内部的水电设备进行了维修，新建的学校建筑基本上都会设置电灯和自来水。

第三节　教会学校的校舍修缮与添建

一、西方教会从复兴—应变—撤退的办学历程

1944年下半年第二次世界大战胜利已成定局的时候，西方教会已经着手准备如何在战后复兴中国的传教事业。抗战胜利后，内迁的教会学校尤其是教会大学都制订了修复、重建校舍和扩大规模的复兴计划，开列所需款项，各自为复兴学校在国内外发动募捐运动[2]。

解放战争中，随着国民党军队的败退，在华西方教会开始撤离。

二、教会学校的复校与整顿

抗战胜利后，西迁的教会学校陆续迁回南京，至1946年全部回迁完毕。抗战后，南京的教会学校建筑多为修缮，少数添建（表6-3）。

三、初、中等教会学校的修缮与添建

1. 抗战后初、中等教会学校的统计与简介

抗战后西方教会再无新办学校。至1949年，有教会创办的幼稚园1所[3]，教会小学6所[4]，教会中学10所[5]。

2. 原有建筑的修缮与添建

抗战后，各初、中等教会学校对校舍均有不同程度的修缮，修缮原则为修复原样。

抗战后南京的教会中学（合计10所）　　表6-3

学校名称	现名	设立时间（年）	校址（校舍）
私立明德女子中学	南京幼儿师范学校	1884	莫愁路战前原校址，修缮原校舍
私立汇文女子中学	南京市人民中学	1887	乾河沿战前原校址，修缮原校舍
私立金陵中学	金陵中学	1888	乾河沿战前原校址，修缮原校舍
私立中华女子中学	南京大学附属中学	1896	保泰街战前原校址，修缮原校舍
私立育群中学	中华中学	1899	花市大街战前原校址，修缮原校舍
私立道胜中学	南京市第十二中学	1917	下关挹江门，中山北路，战前原校址，原校舍
私立青年会中学	南京市第五中学	1913	保泰街战前原校址，原校舍
私立金陵女子文理学院附属中学（高中）	南京市第十中学	1924	宁海路东瓜市，1946年建附中宿舍900号楼、附中教学楼东二楼
私立弘光中学	南京市第九中学	1924	为战前的上海震旦大学预科学校，日据期间改名为南京私立利济中学，1945年复名为震旦中学，1946年改名为私立弘光中学。抗战后分设男女两部，男子部设在林森路，女子部设在秣陵路
私立鼓楼医院高级护士学校	南京卫生学校	1918	1947年在南京中山东路新建一座二层高的校舍

[1] 南京市档案馆，《1947年南京市工务局关于送拟建市师范学校校舍工程图表》，档案号：10030080614（00）0001。

[2] 顾长声．传教士与近代中国［M］．上海：上海人民出版社，1995：410-430.

[3] 南京市地方志编纂委员会．南京教育志（上册）[M]. 北京：方志出版社，1998.：81.

[4] 抗战前南京有私立明德女子中学附小、私立汇文女中附小、私立道胜小学、私立类思小学等4校，日据时期美国教会创办了私立中华女中附小、新生小学两所学校，抗战后教会仅将其更改校名。

[5] 南京市地方志编纂委员会．南京教育志（上册）[M]. 北京：方志出版社，1998：373-378.

下文以1946年明德女子中学校舍修缮为例，管窥抗战后南京教会学校的修缮状况。

《南京市私立明德女子中学暨附属小学、幼稚园报告书》(1946年上学期)中提到[1]：本校校舍自沦陷后，损坏殊多，亟待修理，限于经济，先行修理或添置如补水沟、装配门窗及玻璃、填盖日本人遗留之防空洞，培养草地，增加菜圃，修理大操场，北首小厨房，增盖老虎灶及水房一所，添建新厨房一间，储藏室一间，添置篮球场一处、排球场二处，并随时注意校景之布置。

至1946年1月本校现有校舍[2]：计分教室、卫生室、音乐室、礼堂、寝室、健身房、美劳教室、实验室、图书阅览室、职员办公室、校长室、教员休息室、教师宿舍、厨房、饭厅、祷告室等。计划下学期修缮房屋费二十万元，修理浴室设备费十万元，新建小学厕所设置费二十万元，并修理运动场地等。

关于校舍改善计划(1947年2月17日)[3]：(1)增加特别教室，用于家事、缝纫、图书等科应有特别设备之教室以利教学，下学期拟将大操场西北隅之平屋三间分作以上各科教学之用，中为会客室。(2)充实理化实验室，现有课室大楼之化学实验室仅可作化学实验之用，物理教学不便合用，因此不得不另开物理实验室一间，与生物教室合用，下学期拟将化学实验室相连之教室暂时改为物理与生物教室。

在1947年7月校董事会议讨论中，曾有计划购买毗连之园地，但此计划并没有实施[4]。抗战后明德女子中学校舍建筑根据轻重缓急进行维修，修缮原则为不改变原有建筑形态，并根据实际需要，零星添建生活、教学等急需用房。

四、高等教会学校的修缮

1. 抗战后高等学校的统计与简介

抗战后西方教会没有再创办新的大学，也无新建校舍的记录，学校仍为抗战前的金陵大学、金陵女子大学、金陵神学院、金陵女子神学院等4校。

2. 原有建筑的修缮

抗战后南京高等教会学校建筑主要为修缮，以不改变原建筑形态为原则，修缮活动有拆除乱搭乱建的临时建筑物，修复损毁的屋顶、墙面、地面和门窗玻璃，维修水电设备等。

例如金陵大学在《本校南京校产接收就绪》中写道：全部校舍在表面上并无损失，尤其北大楼（即文学院)、理农二院、新图书馆等，门窗齐全，完整如初；惟其内部，则零乱破烂，且其中夹板、杂物、用具均已移动，且多散失，仪器药品损失更重……教职员住宅，仍有一部分被人占用，室内杂物面目全非，修建整理，亦需相当时日也[5]。

金陵神学院与金陵女子神学院均有不同程度的校舍修缮工作。

金陵女子大学于1945年10月收回了南京的校园[6]。抗战后的金陵女子大学校园建筑表面依旧完好，楼房没有遭受严重的结构损坏，只是局部拆除或加砌了隔墙，封闭了一些门或另开了一些门。但建筑内部设施破坏严重[7]。图书馆和音乐室大礼堂的木地板破坏严重[8]，针对以上校舍损坏状况，对其进行了全部整修，以修缮和内部装修为主。

[1] 南京市档案馆,《南京市私立明德女子中学暨附属小学、幼稚园报告书》，档案号：10090011456(00)0001。

[2] 南京市档案馆,《南京市私立明德女子中学校概况报告书，1946年1月》设备部分，档案号：10090011456(00)0001。

[3] 南京市档案馆,《南京市私立明德女子中学暨小学部、幼稚园概况报告书，民国三十五年度第二学期(1947年2月17日)》关于校舍改善计划，档案号：10090011456(00)0001。

[4] 南京市档案馆,《南京市私立明德女子中学第十九届(复校后第三届)校董会议事程序(1947年7月2日下午5时)》，档案号：10090011456(00)0001。

[5] 《南大百年实录》编辑组.南大百年实录(中卷)[M].南京：南京大学出版社，2002：79.

[6] 张连红.金陵女子大学校史[M].南京：江苏人民出版社，2005：210.

[7] 张连红.金陵女子大学校史[M].南京：江苏人民出版社，2005：211.

[8] 孙建秋.金陵女大(1915-1951)金陵女儿图片故事[M].桂林：广西师范大学出版社，2010：152-153.

第四节　本土学校与教会学校对比研究

一、学校数量比较

在 1945—1949 年间，南京的本土学校数量远远多于教会学校。抗战后南京的本土学校数量大幅度增长，初、中等学校达三百余所，高等学校、军事学校各有十余所；教会学校在抗战后再无新办学校，仅将内迁的学校迁回南京原址复校。

二、校园建设特征比较

本土学校与教会学校的建设特征比较见表 6-4。

本章小结

1945—1949 年是南京近代教育建筑的恢复期。

抗日战争胜利后，国民政府针对战前颁布的教育制度和建设法规进行了修订。由于抗战胜利后南京人口激增，本土学校数量大幅度增长，学校分布范围扩大，突破城墙范围向城墙外扩张，该时期新建的学校多在城墙外或城墙附近择址新建校舍。为应对抗战后南京城爆发的严重“房荒”，快速解决广大师生的教学和生活用房问题，以活动房屋应付急需。在建校时间紧迫、经费短缺的条件下，抗战后的学校建筑以经济实用为主，侧重功能、兼顾形式，学校建设以修缮战前原校舍和扩添建、新建校舍并行，现代主义建筑得以推行。学校建筑相对简陋，建筑结构以砖木混合结构居多。该时期的教会学校则以修缮原有校舍为主，少有添建，再无新开办的学校。

在抗战复校后的三年中，由于时间短暂，教育经费有限，南京的学校建设再未达到抗战前的发展状态，大多数学校建筑简陋，以经济实用为主，侧重功能，形式次之。

本土学校与教会学校的建设特征比较（1945—1949 年）　　**表 6-4**

办学主体	选址	校园规划	建筑形态	建筑类型与功能	建筑技术
本土学校	中小学校仍然按照人口密度分布，新建学校选址在城墙附近或城墙外	初、中等学校：新建学校多呈行列式布局，或见缝插针无序布置，或新建单幢综合楼。 高等学校：行列式布局	初、中等学校：大多数校舍简陋，与民房无异，或直接利用民房改造而成。少数新建学校采用简洁的现代主义建筑形式。 高等学校：新建校舍多为简洁朴素的坡屋顶形式，校门或少量重要建筑为现代式	主要解决使用功能，建筑形式次之。高等学校首次出现教工住宅区	恢复至战前状态
教会学校	无新建学校，各校迁回战前原址复校	各校以修缮校舍为主，仅有零星添建	—	—	恢复至抗战前状态

来源：笔者自绘。

第七章　南京近代教育建筑的历史成因探讨

总体而言，南京近代教育建筑的历史成因包含内在因素和外在因素两个方面，即内在变革——中国近代社会意识形态影响下的南京近代教育建筑变迁；外来影响——中西文化交流影响下的南京近代教育建筑的发展。内在因素与外在因素相互影响，共同推动了南京教育建筑的近代化转型。本章在分析近代教育建筑的概念与本质的前提下，针对这两个影响因素一一探讨。

教育建筑的概念基本等同于学校建筑（school building），是将校舍（building）、校园（campus）、运动场（play grounds）、附属设施（facilities）加以适当安排，形成一个整体适宜的教育环境，从而实现教育计划。教育建筑的本质是为师生达成教育目标而设立的教学、活动等空间场所，包含教育理念、校舍设备、使用者等三方面。因此，教育建筑与教育业的发展唇齿相依，是伴随着教育业的发展而发展的。

将南京近代教育建筑史的发展进程放置于近代社会发展的大背景下来看，南京近代教育建筑的产生与发展是当时的社会变革、教育文化业的发展、建筑业的发展、人为因素等共同推动下的逐步近代化的过程，这种近代化主要体现于学校类型、学校数量和学校建设逐渐发展演变。

因学校类型、学校数量的发展演变属于客观的历史事实，本文在此单独探讨。

从学校类型的发展演变过程来讲，本土学校经历了洋务学堂、维新学堂、新政学堂的发展过程，学校类型逐渐丰富、完善。洋务学堂主习"西文西艺"，学堂类型有军事学堂、技术学堂、外国语学堂；维新运动加快了新式教育改革的进程，该时期大小书院一律改为兼习中西之学的新式学堂，利用寺观、公所、民房等创办新式学堂。庚子新政期间，清政府于1905年正式颁布诏令，废除科举考试，仿照西方教育体系建立新式教育体系，并引进日本学制，先后制订了《壬寅学制》《癸卯学制》引导学校建设。新政期间，南京的新式学堂渐成规模，含蒙养园、初等学堂（含初等小学堂、高等小学堂）、中等学堂（含普通中学堂、中等师范学堂、中等实业学堂）、高等学堂（高等师范学堂、高等实业学堂、大学堂）、军事学堂（陆军学堂，马队、炮队、工程、辎重速成学堂，武备学堂），办学层次齐全，学堂类型丰富。新政学堂奠定了近代新式学堂的基础，学堂类型基本定型。

教会学校经历了小学堂、中小堂、高等学堂的学校类型演变过程。教会最初采取自下而上的办学策略，吸引贫苦人家的孩子入学，创办之初多为小学，后来学校规模逐渐扩大，开始创办中学。19世纪90年代之后，教会办学重心转向高等教育，在南京创办了4所教会大学，同时，教会中小学也在继续发展扩大。

从学校数量的增长过程来讲，学校数量与当时的社会背景密切相关。晚清时期南京本土学校数量逐渐增长，初时仅有8所洋务学堂，新政学堂发展至百余所。辛亥革命爆发后，大多数本土学堂停办。民国时期学校逐渐复办。北洋政府时期由于长年军阀混战，教育经费短缺，学校数量增长缓慢，至1927年时，中学数量较清末时稍有减少。1927年后，政局相对稳定，经费相对充足，国民政府采取初等小学强迫入学制，各类学校数量增长，尤其小学数量增长迅速。至1936年，南京有幼稚园26所，小学校231所，中等学校20余所，高等学校6所，军事学校20余所。日占时期学校数量锐减。南京沦陷前大量学校外迁，日占时期当局恢复了部分学校，至1945年，南京有中国人开办的小学校90余所，中等学校19所，高等学校4所，军事学校8所。抗战胜利后，大量内迁的学校迁回原址复校，抗战期间在大后方创办的高等学校和军事学校也迁回南京办学，教育部门还接收改组了日占时期开办的学校，因此抗战后各类学校数量均有增长。至1949年，小学校数达269所，中学校数达67所、中等职业技术学校7所，高等学校11所，军事学校14所[1]。

教会学校数量受社会背景与传教策略的影响。晚清时期有教会中小学10所，教会大学1所，至1937年，教会中小学增至13所，教会大学增至4所。日占时期大量教会学校内迁，留守南京的西方教会开办了一些短期补习班和少量初、中等学校。抗战胜利后，内迁的教会学校迁回南京原址办学，再无新办学校。

从学校建设的发展过程来讲，学校建设（例如教育目标、学制、建筑规则的制订，校园空间的营造等）与社会意识形态和中西文化交流密切相关。

第一节　内在变革

在中国近代社会历史进程中，政府对于教育这项关系国计民生的大事非常重视，以自上而下的形式管控其发展，制订了相应的教育目标，制订了相关的教育制度和建筑法规引导和管控学校建设，并投入大量的经费保障学校建筑的具体营造。

在统一的教育目标、统一的“编班授课”教学方式、统一的教学内容、统一的学制和建筑规则管控下，同层次、同类型的学校建筑，其建筑功能具有鲜明的共性。但是，受到当时建筑思潮、建筑技术、负责学校营造的校方和建筑师等人为因素的影响，各校的校园规划、建筑形态、建筑技术又有其个性所在。因此，南京近代教育建筑的发展受多方面的影响，是内在变革和外来冲击合力作用的结果。

一、教育目标更迭对应的教育建筑变迁

近代执政府更迭，对教育的控制手段和教育目标不同，使教育发展的全过程呈现出阶段性的变化[2]，相应的教育建筑也呈现出“跃变式进化”。南京近代校园形态演变体现了各执政府管理下的跃变化发展，校园形态具有明显的时期特征，静态看是共性多，个性少，动态看则突变多、持续与稳定性少[3]。

1.“学而优则仕”传统教育对应的教育建筑形制

中国古代儒家的教育理念强调“入世”，主张“学而优则仕”，教育为国家服务。政府管理和控制学校、制定规划、确立人才培养规格和选拔制度、确定教材。相应的教育建筑与其学而优则仕的教育理念相辅相成，从中国传统教育建筑学宫、书院模式来看，学宫建于城市，位于京城或王城；早期的书院多建于山林，后来书院官学化，是因为要考虑官府管理及考试便利，其建设位置逐渐从山野转移至城市，书院开始受到官学建筑的影响。学宫和书院的选址、形制以及建筑风貌均由政府确立，严格按照等级要求进行建造，与其他礼制建筑有着鲜明的共性。

2.“中体西用”教育思想对应的晚清新式学堂形制

晚清时期新式学堂一直以“中体西用”为教育思想。因此，无论是教学内容的设置，还是学校建筑的

---

[1] 以上学校数量均源自：南京市地方志编纂委员会 . 南京教育志 [M]. 北京：方志出版社，1998.

[2] 李兴华 . 民国教育史 [M]. 上海：上海教育出版社，1997：4.

[3] 姜辉，孙磊磊，万正旸，等 . 城市建筑系列——大学校园群体 [M]. 南京：东南大学出版社，2006.

具体营造，均体现了中体西用的教育思想。例如新式学堂中、西兼学，保留旧学读经课程，保留旧学对应的祭孔场所，定期举行祭孔活动。同时设置新学对应的教学（普通讲堂、生物化专用讲堂）、教辅（礼堂、图书室、办公用房等）、生活用房（学生宿舍、厨厕）和体育活动所（体操场）。新建的新式学堂是教育理念“中体西用”的物化体现。

3. “五育并举”教育宗旨带来的教育建筑变化

1912 年后，教育宗旨体现了“德、智、体、美[1]”全面发展的教育思想。该时期教育宗旨体现在校园营建上最明显的变化是废除“忠君、尊孔”教育宗旨，祭孔场所消失，新学对应的教学、教辅、生活用房和体育活动场所等功能逐渐发展完善。

为了适应德育、智育、体育、美育新的教育宗旨和教育内容，各校设置了体操场（体育教育），设置了美化校园环境和了解自然课程的校园（美育教育），设置举行大型聚会和道德教育的大礼堂（德育教育）。

二、法规制度对教育建筑的引导与管控

1. 教育制度及建筑规则的制订

1927 年以前，南京没有制订学校建筑规则，南京的教育建筑主要受到统一颁行的学制管控。1902 年清政府颁布了《壬寅学制》，但因不够完善未能施行，1904 年清政府颁布了《癸卯学制》，并在全国范围内推行，南京的新式学堂亦照章行事，在此学制的详细规定下，南京的初等学堂、中等学堂、高等学堂皆按学制要求配设各类房屋。1912—1913 年颁布施行的《壬子·癸丑学制》在全国范围内推行，要求各地一体遵循，该学制详细规定了初中等学校、职业学校、师范学校、高等学校等各类学校的房屋设置要求；历经十年修订和教育的反复改革，1922 年颁行的《壬戌学制》在学校建筑设置上新增了部分内容，建筑功能设置更加详细，一直沿用至 1949 年。

1927 年后在建筑规则方面主要制订了《南京市工务局建筑规则》管控全城的公私建筑营造，这些建筑规则与学制共同引导南京的学校建设。

2. 教育制度及建筑规则的实施

上述教育制度和建筑法规经政府颁布后，以自上而下的方式在全市推行，得到了较好的实施，是指导学校建设行之有效的规范和准则。南京先后成立了教育行政管理机关负责学校营建管理工作。政府建设部门亦参与学校营建的管理事宜。

教育制度（主要为《癸卯学制》《壬子·癸丑学制》《壬戌学制》等三个学制）对教育建筑的引导和管控主要体现在学制详细规定了各类学校的建筑功能设置要求。例如初、中等学校必须设置教学用的普通教室、生理化、图画等专用教室等；教辅用的器具标本储藏室、图书室、礼堂、教职员办公室，学校园等；生活用的学生寝室、自习室、教员宿舍、厨厕、食堂、盥洗室、疗养室等；体育运动用的体操场、体育馆等。职业学校加设专业实习场，高等学校加设科研实验场、各类专业实习场所等。

《南京市建筑规则》详细规定了各校建筑的具体营造。该规则补充了小学校舍设计通则方面的要求，例如小学校舍最高不得过二层，教室窗地比不小于 1/5，窗台离地至少一厘米，教室内之净高至少为 3.5 厘米，小学楼梯两旁设扶手及栏杆，设男女厕所及盥洗所等[2]。

3. 教育经费保障校园的实地构筑

在政府统一教育目标、教育制度、建筑规则的同时，投入教育经费保障校园的实地构筑。

晚清时期，官办学堂的建造经费一般由中央和地方共同拨款，或由有关地区和部门共同分担经费以及原书院学产收入等，私立学堂经费由创办者筹措，官府适当补贴[3]。

正因为校舍建造经费的大量投入，才保证了南京

[1] 熊明安．中华民国教育史［M］．重庆：重庆出版社，1990：24-25. 教育部公布的教育宗旨是：“注重道德教育（德育）、以实利教育、军国民教育辅之，更以美感教育完成共道德”，道德教育（即德育）、实利教育（即智育）、军国民教育（即体育）、美感教育（即美育）。

[2] 南京市档案馆，《南京市工务局建筑规则》，档案号：10010011035（01）0015。

[3] 南京市地方志编纂委员会 . 南京教育志（下册）[M]. 北京：方志出版社，1998：1575.

近代教育建筑得以顺利建造，否则教育目标、制度法规皆为空中楼阁无法实施。

第二节 外来影响

中西文化交流对南京近代教育建筑的影响包括教育业和教育建筑营造两方面，因此，本文在厘清中西教育建筑发展历史的基础上，再详细分析中西文化交流如何影响到南京近代教育建筑的发展。

一、中西教育建筑在南京的交汇

1. 近代南京是中西文化交流的“重镇”

南京是中国近代史上最具影响力的城市之一，地处南北交汇、东西交错的重要地理位置，是中西文化交汇重镇。

教会学校是中西文化交流的“媒介”，从“传教布道”到“以学辅教”，教会意识到办学带来的巨大收益。近代南京本土学校与教会学校并存，在具体的校舍建设活动中相互影响，教会学校曾因成熟的校园建设模式一度成为本土学校的参考模板。

南京是美国基督教会的重要据点，教会学校除了震旦中学为法国天主教会创办（还是从上海搬至南京的）外，其余均为美国教会创办，因此，南京的教会学校受美国校园建设影响较深。

2. 中西文化交流影响了南京教育业和教育建筑

中西文化的交流影响了南京近代教育业，例如洋务运动时期即效仿西方学校编班授课，引进西学教育内容；庚子新政之后，清政府彻底废除科举，引进西方教育体系，仿照日本制订新式学制。民国期间效法欧美教育体系，仿照欧美学制制订了《壬子学制》《壬戌学制》，尤其是《壬戌学制》仿照美国当时成熟的教育体系制订，确定了小学六年、初中三年、高中三年的学习年限，确定了各级各类学校的教学内容和教育方式。

中西文化交流也深刻影响了南京教育建筑的具体营造。学校的空间分布、规划、建筑形态、建筑功能、建筑技术等均受到中西文化交流的影响。例如南京引进了西方中小学校依照人口密度合理分布的方式，西方的建筑思潮、建筑技术影响了南京的校园形态。

二、中西文化“从碰撞到交融”的过程所对应的校园形态

南京近代教育建筑于中西文化交流上，既有主动引进，也有被动吸收，一方面，西方教会学校强势入侵至南京；另一方面，其先进的教学理念及校园建设模式，一度成为本土学校的效仿对象。

1. 碰撞—拼贴

在校园空间方面，学堂规划延续传统书院的布局形式，考虑教授西学的需要，在局部空间进行功能置换（西风渐开时南京传统书院多属此类，另辟讲授西学的理化实验室等新的功能空间），或是另立一条轴线发展，形成多轴并置的布局形式，择址新建的洋务学堂、新政学堂多属此类，典型实例有江南水师学堂、三（两）江师范学堂。当然，这也与当时主管、参与校园建设的人员有关，晚清学堂的建造缺乏专业建筑师，虽然单体建筑易于模仿，但面对校园规划则显得力不从心，这点在三（两）江师范学堂的空间组织中暴露无遗：学堂局面宏敞，布局上稍有瑕疵。自讲堂、宿舍、自修室及图书仪器标本室，无虑数十百楹，多系各自为间，不相依附。此当时建筑不尽能如法，故管理极难。将来教师学生之上课授课，管理人执事人之奔走肆应，均极不便[1]。

在建筑形态上表现出中西文化二元“拼贴”的特征。在晚清中弱西强的背景下，国人将引进西方建筑形式与西方先进的工业文明等同起来，因此，该时期官办学堂的部分重点建筑为洋楼，其他建筑仍为中国传统形式，中西两种建筑形式并存（图 7-1 ～图 7-4）。

2. 复兴—交融

1912—1949 年这段时间，可视为南京近代中西教育建筑文化的交融期。这种交融分为两条线索，一是中式“大屋顶”形式，一是西方现代主义建筑的引入，两者在教育建筑中的体现有前后时间差。

[1] 苏云峰．三（两）江师范学堂——南京大学的前身，1903—1911[M]. 南京：南京大学出版社，2002：141-142.

图 7-1　江南水师学堂西式的校门和西式建筑

图片来源：南京市档案馆民国文书

图 7-2　江南水师学堂的中式建筑

图片来源：笔者自摄

图 7-3　三（两）江师范学堂内中式、西式建筑混合布置

图片来源：东南大学档案馆

图 7-4　安徽公学在中式房屋上加建西式大门

图片来源：徐传德 . 南京教育史 [M]. 北京：商务印书馆，2006

教会学校率先兴起了中西合璧的思潮，如董黎先生所言，在近代西方文明占强势地位的社会背景下，中西合璧的教会学校建筑是由中西两种建筑文化双向流动的结果，并以有形实体的形式存在，所以弥足珍贵[1]。

20 世纪初，教会学校在建筑形式上中国化，主张用西方先进的建筑科技手段，塑造出具有“中国特色”的建筑形式，普遍采用最具中国建筑特色的大屋顶形式，虽然此时期的大屋顶是将西式屋架的“内核”套上了中国传统屋顶形式的“外皮”。南京最早开始中西合璧的教会学校是 1911 年之后开始建设的金陵大学建筑群，采用同时期西方校园流行的“草陌式”（mall）校园规划，单体建筑形态模仿中国北方传统官式建筑，但将中式的大屋顶直接扣在西式的墙身上（图 7-5），屋顶与墙身之间缺少过渡。20 世纪 20 年代建成的金陵女子大学建筑群模仿了北京故宫的布局形式和宫殿式单体建筑形态，设计者墨菲已经捕捉到了中国传统

[1] 董黎 . 中国近代教会大学建筑史研究 [M]. 北京：科学出版社，2010.

建筑更深层面的东西，在大屋顶和墙身之间设有斗栱过渡（图 7-6），学校采用中国传统建筑群体沿轴线布置院落空间的规划模式，以三合院或四合院为基本单元，规整地组织单体建筑，运用西方校园明确功能分区的规划理念，融合中国传统造园手法和意境，将中国传统建筑风格与学校新功能有机结合，形成了中国皇家园林模式的校园形态。

始于西方教会学校的中西合壁式建筑拉开了中国古典建筑文化复兴的序幕，其建筑形态将当时先进的工业技术和中国传统建筑式样相结合，其建筑构思的着眼点是意欲展现中国悠久的传统文化和西方现代科学的融合，这种基于中西文化交流下的中西合璧式建筑具有开创性的意义。中西合璧的教会学校建筑呈现出中西文化双向流动的特征，是近代中西建筑文化交融背景下的有形实物，更显得弥足珍贵。

图 7-5　金陵大学建筑将中式大屋顶直接扣在西式墙身
图片来源：南京大学档案馆

中西建筑文化交融的另外一条线索——西方现代主义建筑在南京教育建筑中的引入。现代主义建筑起源于 20 世纪 20 年代中期，在 1926 年，南京的教会学校中就出现了现代主义形式的建筑——育群中学教学楼（图 7-7）。20 世纪 30 年代中期，现代主义建筑形式较为集中地出现在近代校园中，此时正处于本土学校的建设高潮期，故而有些本土学校也采用了现代主义风格，例如南京市立二中教学楼为平屋顶、注重建筑物的比例与尺度，墙面简洁无装饰（图 7-8）。但值得注意的是，此时期南京的近代教育建筑，尤其是大学校园建筑仍以中国固有之形式和西方古典主义形式为主，现代主义建筑以个案的形式出现。

南京沦陷期间，南京的校园建设活动趋于停顿，以大量维修战前校舍为主，极少新建。20 世纪 30 年代兴起的现代建筑运动被迫中断。抗战胜利后，国民政府再无精力和经费修建耗资巨大的中国固有式建筑，中国固有之形式逐渐少有人问津。

图 7-6　金陵女子大学建筑在屋顶与墙身间设斗栱
图片来源：南京师范大学档案馆

图 7-7　教会学校育群中学现代式的教学楼（1926 年建）
图片来源：中华中学校史馆

图 7-8　本土学校市立二中现代式的教学楼（1937 年建）
图片来源：南京田家炳高级中学校史室

抗战后新建的校舍多属于受现代主义影响的建筑，侧重功能，以经济实用为主，各项装饰趋于简洁，是一种简易性、临时性的房屋，建筑特征为双坡或四坡屋顶，墙身无装饰，主要解决使用功能。但现代主义建筑在南京教育建筑领域仍处于引入期，并未得到发展，建成实例较少。

三、中西文化交流推动了南京教育建筑的近代化进程

（1）人是推动教育建筑从传统向现代转型的首要因素，人为思想观念转变下的教育理念转变是促使南京近代教育建筑从传统向现代转型的前提和深层次原因。

（2）近代中西文化交融的三个层面即器物层面、制度层面、精神层面的渐次嬗变并非截然分开、互不相干的，而是相互影响、交错进行的。

（3）近代建筑技术的发展是促使教育建筑从传统向现代转型的重要客观基础。

综合来说，因为国人的主动引进和西方建筑文化的强势入侵，内、外两种力量的相互作用和相互影响，推动了南京教育建筑的近代化转型。

本章小结

本章在前文历史研究的基础上，结合南京近代教育建筑产生的社会背景和发展特征，归纳总结出南京近代教育建筑的形成动因主要包含内在变革和外来影响两重因素，在内、外两种力量的相互作用、相互影响下，南京近代教育建筑逐步从传统向现代转型。笔者认为，内在变革主要体现在本土学校上（同时也受到西方建筑文化的外来影响），在中国近代西强中弱的社会背景下，在西方文化的强势入侵下，人们的思想观念开始转变，教育理念相应转变，开始仿照西方学校创办新式学堂，开始引进西方的学制和校园建设理念，政府制订了相应的新式学制和学校建设规则引导新式学堂的建设，并逐步引进西方建筑技术进行校园空间营造。教会学校初期直接移植西方校园建设模式，后来受民众影响，教会学校建筑开始中西合璧，创造出一批“大屋顶”形式的建筑，吸收中国传统文化走“本土化”发展路线。因此，在内在变革和外来影响下，南京近代教育建筑经历了从碰撞拼贴到复兴交融的发展历程。

后　记

本书以文献梳理和实地考察为基础，系统呈现了南京近代教育建筑的发展历程，通过对南京近代教育建筑历史发展脉络的剖析，揭示其发展动因，进而探讨中国近代时期教育理念和建筑空间的相互作用。

本书聚焦于“近代教育的变迁如何影响教育建筑空间营造”的问题展开研究，将近代教育的转型分为三种方式，分别探讨了这三种教育转型方式所对应的教育建筑空间形式。第一类是中国传统教育建筑向新式学堂的转型，如南京的私塾、书院和学宫改造成适应西学教学的新式学堂；第二类是西方教会学校的出现及其本土化发展；第三类是受西学影响国人创办的一系列新式学堂从传统向现代的转型，论述了近代教育理念的变迁如何影响教育建筑的空间发展。

对比当前针对南京近代教育建筑独立、分散的研究状态而言，本书首次全面、深入、系统地研究了南京近代教育建筑，为当今的教育建筑遗产保护提供了历史线索，为当今的校园建提供了经验。